KB091691

공정 중심의 품질경영

원형규 지음

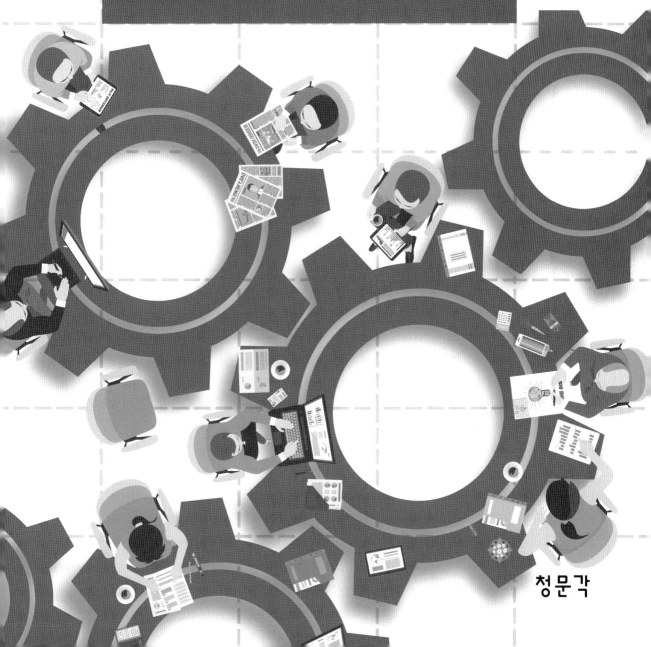

청문각

머리말

　품질경영은 고객이 만족하는 제품을 공급하고자 하는 기업의 경영활동이다. 고객이 원하는 제품을 공급하는 일은 기업 경쟁력의 근간이 되며, 따라서 기업 활동의 핵심적 역할을 차지한다.

　이러한 역할을 달성하기 위해 기업은 제품의 탄생으로부터 소멸에 이르기까지 제품의 생명주기 전 과정에 걸쳐서 불만족스러운 활동이나 결과들을 개선하기 위한 활동들을 끊임없이 전개하고 있다. 이 활동들의 범위가 매우 넓고 복잡하기 때문에 기업은 하나의 경영시스템을 구축하여 이들을 관리하고자 노력하고 있다. 본서는 이러한 기업의 품질경영 활동들을 파악하고 이들을 경영시스템으로 구축하는 데 필요한 내용 및 방법에 관해 기술한다. 본서를 기술하는 데 ISO 9000 국제품질경영 시스템을 많이 참조하였다.

　본서는 모두 15장으로 구성되어 있다. 1장과 2장에서 품질의 중요성, 품질 기법들의 발전역사 및 정의를 기술하며, 3장에서 10장까지는 고객을 만족시키는 제품 탄생과 관련된 기업활동들을 기술한다. 3장에서는 고객의 욕구이론을 통한 제품품질의 형성과정을, 4장에서는 고객의 욕구를 파악하여 제품관련 사양으로 변환시키는 마케팅 활동을, 5장에서 9장까지는 설계활동, 제조활동, 검사활동, 리콜활동, 제품의 신뢰성 구축 활동을, 그리고 10장에서는 품질을 전략적으로 활용하는 경영전략에 대해 기술한다.

　11장부터 14장까지는 기업의 품질활동들을 하나의 경영시스템으로 관리하기 위한 방법론을 다룬다. 11장에서 품질활동을 공정의 개념으로 파악하기 위한 방법을, 12장에서 공정에 대한 평가 방법을, 그리고 13장에서 품질개선의 효과적 방법론으로 알려진 PDCA 사이클과 이에 근거하여 관련 공정들을 하나의 경영시스템으로 묶기 위한 방법론을 기술한다. 14장에서는 2015년에 개정된 ISO 9001의 품질경영 시스템에 대한 개략적인 내용을 소개한다. 마지막으로 15장에서는 품질개선에 쓰이는 기법들을 소개한다.

　기업의 품질경영 활동들에 대한 기초적 이해를 돕고, 나아가 품질과 관련된 활동들을 하나의 경영시스템으로 구축하는 일에 도움이 되기를 바라는 마음으로 미진하나마 본서를 내놓는다. 본 서가 완성되기까지 많은 도움을 준 청문각의 편집진에게 감사의 말을 전한다.

차례

01 서론

1.1 품질의 중요성   11
1.2 사례: 러시아의 쇼핑객들   17

02 품질 활동의 발전 및 정의

2.1 품질 활동의 발전   23
2.2 품질의 정의   30
2.3 품질 구성요소   32

03 품질 형성 이론

3.1 제품의 다양성   39
3.2 기본 욕구와 파생 욕구   41
3.3 소비자의 행동   45
3.4 생산자의 행동   49

04 품질과 마케팅

4.1 마케팅 기능   57
4.2 신제품 개발   59
4.3 고객 반응 정보를 얻기 위한 만족도 설문 조사   65

05 품질과 설계

5.1 설계 기능의 역할   73

5.2 설계 품질향상을 위한 주요 활동   75

5.3 품질 기능 전개   78

06 품질과 생산

6.1 공정의 정의   87

6.2 불량품 발생원인   91

6.3 공정 개선   95

6.4 관련 ISO 9001 요구사항   100

07 검사

7.1. 검사의 필요성   105

7.2. 검사의 종류   107

7.3 수락 샘플링 계획   113

08 제품리콜

8.1 리콜의 역할   121

8.2 리콜의 원인   122

8.3 리콜 프로그램 구축 고려사항   125

8.4 제품리콜 절차   130

09 신뢰성 경영

9.1 서론   137

9.2 신뢰성의 통계적 특성   139

9.3 수명특성곡선: 욕조곡선   141

9.4 시스템 신뢰도   143

9.5 신뢰성 프로그램   146

10 경쟁 전략

10.1 전략적 계획   155

10.2 경쟁 전략   158

10.3 전략적 경영활동   164

11 공정의 정의

11.1 공정의 정의   169

11.2 공정 구성요소   171

11.3 공정 정의 5단계   175

12 공정의 평가

12.1 공정의 부가가치   183

12.2 공정 성능 평가   186

12.3 수익성   188

12.4 품질 비용   192

13 품질시스템 모형

13.1 품질경영 시스템의 역할   199

13.2 기업의 전략적 선택   201

13.3 품질경영 시스템 구축 방법   206

13.4 품질경영 시스템 모형   211

14 ISO 9001 품질경영 시스템

14.1 서론   219

14.2 품질경영 시스템 기초   220

14.3 ISO 9001 요구사항   224

15 품질개선 기법

15.1 체크 시트를 이용한 자료 수집   231

15.2 흐름도   233

15.3 히스토그램   235

15.4 파레토 차트   238

15.5 원인-결과 다이어그램   240

15.6 산점도   242

15.7 관리도   244

참고문헌   250

찾아보기   258

1
서론

1.1 품질의 중요성

1.2 사례: 러시아의 쇼핑객들

"품질은 싸고 좋은 물건을 만들기 위한 기업 노력의 결과물이다."

품질은 개개인의 소비생활에서 매우 중요한 역할을 한다. 일반적 소비자라면 값싸고 질이 좋은 제품을 선호할 것이고, 기업은 소비자가 찾는 제품을 공급하기 위해 부단한 노력을 펼칠 것이다. 국가가 이러한 개인 및 기업의 활동들이 잘 이루어질 수 있도록 정책을 편다면, 이는 국가 경쟁력을 높이고 국민들의 물질생활의 풍요로움을 제공하는 원동력이 될 것이다. 본 장에서는

- 품질의 중요성
- 사례: 러시아의 쇼핑객들

등을 기술한다.

1.1 품질의 중요성

물건을 구입하고자 할 때, 고객은 어떤 점들을 고려하는가? 물론 대다수는 물건의 가격을 먼저 떠올릴 것이다. 아무리 좋아 보이는 물건이라도 값을 지불할 능력이 없다면 그 물건은 고려 대상에서 제외될 수밖에 없을 것이다. 그러나 충분한 여유가 있다 하더라도 아무 물건이나 덥석 구입하지는 않을 것이다. 주부들이 장을 볼 때 가격이 맞는다고 이 물건 저 물건 장바구니를 채우지는 않는다. 비록 가격이 싸다 하더라도 물건에 흠이 있지는 않은지, 혹 상한 곳은 없는지를 꼼꼼히 살펴본 후 구입 결정을 한다. 마찬가지로 고객은 정도의 차이는 있겠지만, 어떤 물건이든지 구입하기 전에 많은 생각을 한다. 이 물건이 제대로 작동할 것인지, 고장은 안 날 것인지, 디자인이 마음에 드는지, 내가 좋아하는 브랜드인지 등은 고객이 흔히 생각하는 사항들이다.

예를 들어 고객이 자동차를 한 대 구입한다고 하자. 자동차 가격은 만만치 않고, 가격대 간의 차이가 크고, 자주 교체할 수 있는 물건이 아니므로 구입 시 신중한 판단이 요구된다.

11

구입하기 전에 먼저 고객은 이 자동차의 용도에 대해 생각해볼 것이다. 무엇 때문에 사려고 하는가? 가족들을 위한 차인가 아니면 나 혼자 출퇴근용으로 쓸 차인가? 고속도로 운전을 빈번히 해야 하는가? 시골이나 산길의 비포장도로들을 운전해야 하는가? 무거운 짐을 실어야 하는가? 등 먼저 용도를 결정할 것이다. 이제 만일 가족들을 위한 승용차를 구입한다고 하자. 그러면 가족이 모두 함께 탈 수 있는 실내 공간의 크기가 적당한지, 좌석은 안락한지, 실내 디자인, 자동차의 외관 및 색상은 마음에 드는지, 트렁크 크기는 충분한지, 그리고 제조자가 누구인지도 관심의 대상이 될 것이다. 더 나아가 좀 더 기술적으로 자동차에 대해 관심을 가진 고객이라면 자동차의 성능, 경제성, 안전성, 신뢰성, 내구성 등과 같은 특성에 대해서도 꼼꼼히 따져 볼 것이다.

일반적으로 고객의 의사결정에 영향을 미치는 주요한 항목들로 가격, 품질, 납기 및 서비스 등의 요소들을 들지만 그 중에서도 가장 중요한 요소로 가격과 품질이 언급된다[Ono and Negro, 1992]. 여기서 가격은 명목상 가격을 말함이 아니라 제품을 얻는 대가로 고객이 지불하는 실제 화폐단위의 크기로써 할인하거나 중고품 교환이 있을 시 이를 고려하고 나서 실제 지불한 액수를 말한다. 품질은 고객을 만족시킬 수 있는 제품 구성요소들의 내적 능력이라 정의되기도 하는데, 위에서 언급한 자동차의 경우, 자동차의 성능, 경제성, 안전성, 신뢰성, 내구성, 디자인 등을 총칭하여 이들이 고객을 만족시키는 정도를 말한다. 제품의 품질을 말할 때 좋다, 나쁘다, 우수하다, 저급하다 등의 형용사를 수식어로 사용하여 좋은 품질, 나쁜 품질, 우수한 품질, 저급한 품질 등을 사용하여 고객을 만족시키는 정도의 높낮이를 표현한다[ISO, 2000]. 납기는 고객이 주문하고서 물건을 인도받을 때까지의 시간을 말하며, 서비스란 구매한 제품에 하자가 있어 이에 대한 환불 내지는 시정을 요구하거나 제품을 사용하던 중 고장이 날 때 고객이 원하는 바를 해결해주는 판매 후 활동을 말한다.

물론 고객이라면 누구나 싸고 좋은 제품을 원한다. 여기서 말하는 좋은 제품이란 물론 제품의 품질이 우수함을 의미한다. 성장을 원하는 기업이라면 고객이 바라는 저렴한 값과 우수한 품질의 제품을 공급하여야 한다. 이것이 바로 오늘날 많은 기업들이 품질활동을 벌이고 있으며, 또 벌여야만 하는 타당한 이유가 되고 있다. 기업은 품질활동을 통해서 고객이 원하는 싸고 좋은 제품을 공급할 수 있으리라 믿기 때문이다. 그런데 여기서 품질활동을 통하여 좋은 제품을 생산할 수 있다는 논리는 아주 타당하게 들리지만, 물건 값을 싸게 공급할 수 있다는 생각에는 얼핏 수긍하기가 어려울 수도 있을 것이다. 일반적으로 좋은 제품이란 가격이 비싸거나 비싸야 한다는 일반 상식과 대치되기 때문이다.

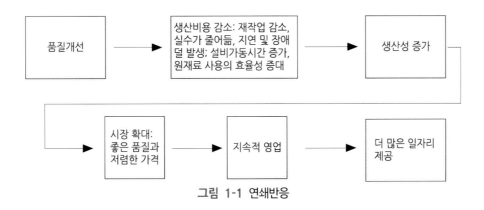

그림 1-1 연쇄반응

다음의 슬로건은 제2차 세계 대전 후 일본의 경제부흥을 가져오게 한 대표적 표어이다
(그림 1-1). 이 표어에서는 품질을 개선하면 재작업 및 실수가 줄어들고, 이는 생산성 증가
를 가져오게 되며, 싸고 좋은 제품을 공급할 수 있게 되어 시장이 확대되고, 지속적 영업을
가능하게 하여 결국에는 더 많은 일자리를 제공할 수 있음을 연쇄반응으로 보여준다
[Deming, 1993]. 품질활동으로부터 시작되는 연쇄반응 속에서 제품가격이 낮아질 수 있음
을 제시한다.

이 표어는 전후 모든 일본 기업의 최고 경영자 회의 때마다 칠판에 전시되곤 하였으며
1970년대 이후 일본의 상품이 세계 시장의 전면에 경쟁적으로 나타남으로써 이 연쇄반응의
결과를 확인하는 계기가 되었다. 이 표어는 품질개선으로부터 시작하지만, 역으로 품질개선
을 소홀히 하면 생산비용이 증가되고, 생산성이 저하되어 시장 확대가 어려워지며, 지속적
영업이 불가능하게 되고, 결국에는 자신의 일자리마저 잃게 된다는 무서운 사실을 가르쳐
주고 있다. 이 표어를 좀 더 확대한 그림이 그림 1-2이다. 이 그림은 좀 더 포괄적으로 기업
의 품질활동을 통하여 기업의 경영성과인 이익 증대를 실현할 수 있는 여섯 가지의 경로들
을 제시한다[Hardie, 1998].

첫째 경로는 품질활동이 적합성 개선을 가져오고, 이는 재작업, 수리, 폐기물의 감소 등을
통해 낭비요소가 줄어들며, 따라서 일정한 원자재로 더 많은 우량 제품을 생산하게 되어
단위제품당 생산 비용이 감소하여 결국에는 수익 증대를 기업이 누리게 된다. 둘째 경로는
첫째 경로에서 파생되는 경로로, 적합성 개선은 반환, 불평 등으로 인한 보증비용이 감소하
게 되어 이 또한 비용 감소를 통해 수익 증대로 연결된다. 셋째 경로는 품질활동을 통해
고객의 요구사항을 정확히 수렴하여 고객이 기대하는 제품을 출시하여 이들의 기대를 충족
시키게 되면 불만족 사항이 줄어들게 되고 이는 고객 만족을 높이고 더 나아가 시장 점유율

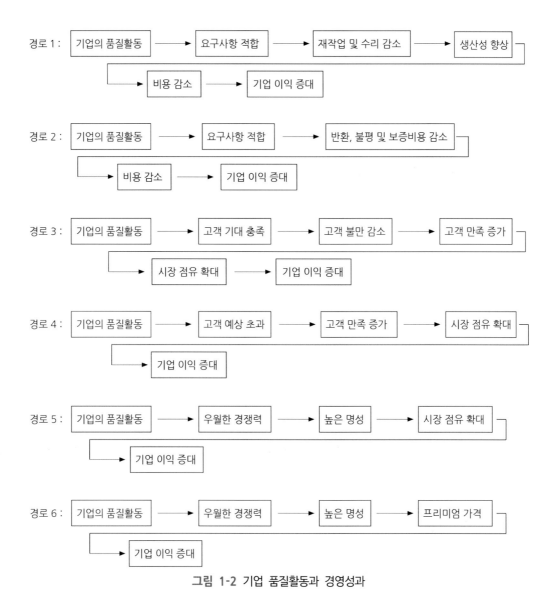

경로 1: 기업의 품질활동 → 요구사항 적합 → 재작업 및 수리 감소 → 생산성 향상 → 비용 감소 → 기업 이익 증대

경로 2: 기업의 품질활동 → 요구사항 적합 → 반환, 불평 및 보증비용 감소 → 비용 감소 → 기업 이익 증대

경로 3: 기업의 품질활동 → 고객 기대 충족 → 고객 불만 감소 → 고객 만족 증가 → 시장 점유 확대 → 기업 이익 증대

경로 4: 기업의 품질활동 → 고객 예상 초과 → 고객 만족 증가 → 시장 점유 확대 → 기업 이익 증대

경로 5: 기업의 품질활동 → 우월한 경쟁력 → 높은 명성 → 시장 점유 확대 → 기업 이익 증대

경로 6: 기업의 품질활동 → 우월한 경쟁력 → 높은 명성 → 프리미엄 가격 → 기업 이익 증대

그림 1-2 기업 품질활동과 경영성과

을 확대케 하여 결국 기업의 수익 증대를 가져오게 한다. 넷째는 품질활동을 통해 고객의 요구사항을 미리 예측하여 고객의 예상을 뛰어 넘는 제품을 공급함으로써 고객의 만족도를 높이고, 나이가 시장 점유율 확대를 통해 수익 증대를 가져오게 한다. 다섯째 경로는 품질활동을 통해 경쟁사보다 높은 경쟁력을 확보하게 되어, 이는 기업의 이미지를 제고시키고, 높은 명성은 시장점유 확대와 여섯째 경로로 프리미엄 가격을 형성하게 되어 결과에는 모두 수익 증대로 이어지게 된다.

이러한 경로들을 통하여 나타나는 기업의 수익 증대는 즉각적으로 나타나는 결과라기보다는 기업의 지속적 품질개선활동을 통하여 시간을 두고 나타나는 연쇄반응 현상으로 보아야 한다. 마찬가지로 각 경로의 둘째 단계에서 보이는 각기 다른 네 가지 반응들도 시간적 변화에 따른 기업품질활동의 발전 모습을 보여준다. 즉 기업의 초기 품질활동은 불량품이나 결함 등의 감소를 목표로 하는 요구사항 적합성 활동에 초점을 두고 전개하고, 이 활동이 어느 정도 성숙한 경지에 도달하면 고객의 욕구를 좀 더 충실히 반영하는 제품을 개발하는 고객 기대 충족의 단계에 이르게 된다. 그리고 이 단계가 지나면 고객의 욕구가 변하는 경향을 미리 예측하여 고객이 생각할 수도 없던 제품을 만드는 고객 예상 초과 단계에 주력하게 되며, 이러한 노력을 지속적으로 추진한다면 다른 기업들이 따라 올 수 없는 명성을 자랑하는 우월한 경쟁력을 갖춘 기업으로 우뚝 서게 될 것이다. 오늘날 명품을 공급하는 기업들이 오랜 연륜을 자랑하고 있음은 이들이 오랜 세월에 걸쳐 좋은 제품을 만들기 위한 노력을 부단히 해왔다는 사실을 증명한다고 볼 수 있다.

품질이 기업의 성과에 어떠한 효과를 가져 오는지에 대해서는 자동차 업체 관련 기사의 사례를 들어 보자.

1998년 4월의 어느 신문 보도에 의하면, 1993년과 1994년에 생산된 자동차 100대당 불량 건수가 한국 101.2개로 미국의 61개, 일본의 44.4개보다 월등히 많았으며, 1997년 업체 간 비교에서도 38개 세계 주요 자동차업체들이 생산한 차량의 불량률을 바탕으로 작성된 품질 순위에서 한국의 현대자동차와 기아자동차가 각각 34위, 38위를 차지하였었다. 동 보도에 따르면, 이후 품질이 문제되면 한국자동차가 무기로 내세워 온 가격경쟁력과 관계없이 세계시장에서 도태될 수밖에 없다는 사실을 강조하고 있다[매일경제, 1998.4.6]. 그러나 2009년 8월의 현대와 기아자동차 미국시장 판매실적이 월 10만대를 넘었다는 보도와 함께 그 이유로써 미국 정부의 중고차 현금보상 프로그램 덕분으로 미국 내 신차 구입이 증가했다는 소식과 둘째 이유로 품질경쟁력이 높아졌다는 점을 들고 있다. 이러한 사실은 10여 년 전의 자료와 비교할 때 한국의 자동차 산업이 그 동안 품질활동에 얼마나 많은 노력을 기울였는지를 말해 준다. 또한 전 세계적으로 치열한 자동차업체들 간의 경쟁 속에서 살아남기 위해서 협력사와 유기적 협조 시스템을 통해 원가를 절감하고 품질을 향상시켜야 함을 강조하는 기사도 나와 있다. 본사에서 아무리 조립을 잘 하더라도 기본 부품, 즉 협력사 제품들의 품질이 떨어지면 함께 무너질 수밖에 없으며, 협력업체의 부품품질이 조립품질로 이어지고 궁극적으로 완성품품질이 향상되어야 비로소 기업의 흔들림 없는 생존이 가능할 수 있다는 사실을 지적하고 있다[매일경제, 2012].

또한 별도로 450여 개에 달하는 제조 및 서비스 회사들로부터 입수한 자료 분석을 통해서도 다음과 같은 사실들이 밝혀졌다[Juran & Gryna, 1993]. 기업의 경영성과에 가장 큰 영향을 미치는 요소가 바로 경쟁사들과 비교한 상대적 품질의 우월성이며, 품질은 가격 경쟁력을 높이고 시장 점유율 확대와도 관련성이 있으며 높은 가격을 받을 수 있게 한다. 그러나 비용 증가와는 관련성이 거의 없는데, 이는 잘못된 작업을 감소시키려는 노력과 폐기물을 줄이고자 하는 노력에서 오는 절약이 제품기능을 향상시키는 데 들어가는 비용 증가를 상쇄시키기 때문이다.

품질의 중요성은 중국 소비자 의식 조사 자료에서도 여실히 나타나고 있다[세계경제, 2004]. 2004년 7월의 조사에 의하면 중국 소비자들에게 조사한 설문에 따르면 제품 브랜드 선택 시 결정요인으로 품질이 중요하다는 의견이 90% 이상으로 선두를 달리고 그 다음 요인으로 건강 영향, 고객 배려, 자신의 이미지 부합성, 그리고 마지막으로 가격을 들고 있다. 쇼핑장소 선택 시 결정요인으로도 품질, 서비스, 상품 다양성, 편리성, 가격, 주변의 권유 순으로 나타나고 있다. 두 자료에 의하면 중국 소비자들에게도 가격은 의사결정 요인에서 상대적으로 낮은 요인으로 평가받고 있으며, 품질이 가장 높은 요인으로 인식되고 있다.

후발국가에서는 제품이나 상품을 제조하고 판매하는 데 있어 경쟁력을 갖추기 위해 종종 값싼 노동력에 의존한다. 그러나 국민의 삶을 향상시켜 개발국가의 대열에 합류하기 위한 문턱을 넘기 위해서, 그리고 국제표준 및 선진국과의 교역이 증진되면서, 경쟁력을 확보하기 위해서는 값싼 노동력으로부터 좋은 품질의 제품생산 쪽으로 목표가 바뀌어야 한다. 값싼 노동력에 지속적으로 의존하게 되면 경제적 혜택이 소수의 산업 자본가들에 더욱 치우치게 되는 경향이 있어 소득의 사회적 불균형이 심화되며, 비인간적이라는 국내외적 비판이 거세지고, 더 심해지는 경우에는 노동개혁의 필요성과 함께 종종 폭력과 비극적 참상이 수반되는 사회적 소용돌이에 휘말리는 현상이 발생할 수도 있다.

따라서 품질은 선진사회로 진입하는 데 있어 반드시 고려되어야 하는 대상이다. 질 좋은 제품을 만들려는 기업의 노력은 종업원들의 적극적 동참 및 이들의 기술적 발전 없이는 불가능하다는 사실은 품질경영의 기본원리로써 ISO 9001 품질경영 시스템에서 강조되고 있다[ISO 9001, 2015]. 따라서 질 좋은 제품을 공급하고자 노력하는 기업에서 노동의 질을 높이려고 노력함은 당연한 귀결이며, 이는 개인의 생활을 안정시키고 나아가 사회의 안정 및 국가의 안정을 확보하는 길이 될 것이다.

선진 사회의 경영 조직들에서조차 품질은 기업의 성장과 우월한 경쟁적 위치를 지속적으로 점하게 하여 준다. 왜냐하면 품질은 기본적 소비자의 의사결정요인이며, 효과적인 품질 보증 프로그램을 통해서 투자 대비 실질적 업적을 분명히 가져오기 때문이다. 따라서 품질은 후발사회에서는 물론 선진사회에서도 추진되어야 할 중요한 경영 전략으로 선택되고 있다.

지금까지 언급한 바와 같이 품질은 기업의 경쟁력 확보에 중요한 요인일 뿐만 아니라 사회의 안정과 번영에도 중요한 역할을 하고 있다. 만일 한 국가사회가 국민이 원하는 제품을 공급할 수 없는 상황이 된다면 어떠한 현상을 보이게 될까? 다음의 사례는 이러한 물음에 대한 답을 간접적으로 보여준다.

1.2 사례: 러시아의 쇼핑객들

러시아는 높은 석유 값으로 인하여 2012년 동계올림픽 개최를 비롯하여 그 동안 사회적 안정을 향유할 수 있었고, 서유럽과의 긴장관계에서도 사회적 동요를 최소화할 수 있었다. 그러나 2014년에 불어 닥친 국제 유가의 급락은 산업기반이 취약한 러시아의 미래를 암울하게 바꾸어 버렸다. 다음은 어느 잡지에 실린 기사 내용이다[Matlack and Ragozin, 2015].

지난 12월 중순 20%에 이르는 루블화의 환률 폭락으로 말미암아 러시아 소비자들은 혼란에 빠졌다. 거대 쇼핑몰과 가전 매장마다 텔레비전, 세탁기, 마이크로오븐 등을 구입하려는 소비자들로 북적거렸다. 이들은 연말연시의 특별할인 기회를 이용하여 필요한 물품을 구입하려는 것이 아니라 루블화 폭락으로 예상되는 가격인상에 대한 방지책으로 너도나도 구매에 나선 것이다. 많은 상점들이 루블화 폭락 전에 쌓아놓은 재고를 처분하고 있었기에 가격인상은 아직 없지만, 애플은 이미 35% 가격인상을 단행했고 이케아(Ikea)는 판매를 잠정 중지하기까지 하였던 것이다. 일반적으로 자국 통화의 가치하락은 2015년에 5% 정도 축소될 것으로 예상되는 러시아 경제에 도움이 되어야 마땅할 것이다. 값싼 루블화는 국내 제조업자들이 수출시장에서 우위를 점하게 할 수 있을 것이며, 소비자들은 국산 상품으로 눈을 돌려 성장에 활력을 가져오게 할 수 있을 것이다.

실제로 러시아 정부는 국민들에게 국산품 사용을 적극 권장하는 정책을 펴고 있었다. 그러나 이러한 처방은 제조사들이 사람들이 원하는 제품을 만들 수 있을 경우에나 먹혀든다. 현실은 이렇게 할 수 있는 러시아 기업이 별로 없다는 데 있다. 컴퓨터나 스마트폰? 러시아인들은 애플이나 삼성 및 기타 외국 브랜드들에 이미 사로잡혀 있으며, 이런 현상은 가전기기, 의류 및 아동 완구에 이르기까지 다를 바 없는 실정이다. 식품이나 음료 이외에 모스크바 쇼핑센터에서 팔리는 거의 모든 물품이 해외로부터 수입된 것들이다. 수출품목으로 러시아에서도 자동차를 생산하지만, 주 국산 브랜드인 라다는 품질이 열악하다는 평가를 받고 있어 외국산 자동차의 수입가격이 올랐음에도 불구하고 판매 감소로 고전하고 있는 실정이다. 모스크바의 한 학생은 러시아 제품을 사고 싶어 하며 심지어 자신은 애국자라고까지 말하고 있지만 러시아산 스마트폰인 요타폰을 32,990루블(약 60여만 원)을 지불하고 사는데 주저하고 있다. 적어도 자신의 친구들이 그것을 사서 즐길 때까지는 확신할 수 없다는 입장이다. 소비자 조사에 따르면 거의 모든 분야에서 서구의 품질이 더 나은 것으로 인식되고 있음을 보여주고 있다. 예외 분야가 있다면 식품인데, 이 분야에서도 러시아인들은 프랑스산 치즈나 노르웨이산 연어를 탐닉하고 있는 실정이다.

물론 미국산 제품이 미국 상점에서 희귀한 것도 사실이다. 그러나 미국 제조사들이 저비용 국가들에 생산을 위탁하고 있지만 R&D와 같은 고가의 작업들을 본부 가까이에 둠으로써 미국 내에서 제품혁신에 박차를 가하고 있다. 캘리포니아에 있는 애플에서 디자인되고 중국에서 조립되고 있음을 생각하면 된다. 이에 반해 어떠한 러시아 기업도 유사한 자랑을 늘어 놓지 못하고 있다. 러시아의 R&D 비율은 자국 경제의 1%에 불과한데, 미국은 2.7%이고 중국도 거의 2%에 달하고 있다. 따라서 러시아 경제는 소규모 영업이 성공하기에 필요한 가치 사슬(value chain), 자금 조달(financing) 및 기타 지원 활동들을 만들어내지 못하였다.

수년 동안 러시아의 석유 수익금은 수입품을 향유할 만한 방법들만을 제공하였지 자국 산업이 경쟁력을 갖출 수 있도록 개혁을 법제화하려는 정부 차원의 압력을 완화시키기만 하였다. 관료주의와 부패가 기업가들을 낙심시키고 있음에도 불구하고 소련시대 이래 보조금 지급을 받는 공장 도시들은 지속적으로 존치되어 왔다. 그 결과 소규모 영업은 미국과 유럽에서는 국내 총 생산(GDP)의 50~60%에 이르는 반면 러시아에서는 20%에 불과한 실정이다. 반면 국영기업들은 점차 경제적 영향력을 확대하여 2010년 GDP의 35%를 차지하였지만 오늘날 50% 이상에 달하고 있다.

러시아 중앙은행은 루블화를 지원하기 위해 이자율을 17%로 올렸고 이는 결국 비즈니스 투자를 더 어렵게 하고 있다. 어느 비즈니스라 하더라도 정상적 영업으로는 이렇게 높은 이자율로 돈을 벌 수 없기 때문이다.

이러한 현실에 처한 연말연시의 구매자들은 값비싼 수입품 외에는 다른 대안이 없는 상황에 직면해 있다. 심지어는 수제 선물용품이라 하더라도 수입자재가 포함될 수 있다. 모스크바 근교의 야외 시장에서 팔리는 수제품 장갑도 가격을 올려야 하는 처지인데, 이는 러시아산 털실은 품질이 떨어져 수공업자가 사용을 기피하여 필요한 털실을 이탈리아에서 수입하고 있기 때문이다.

▌생각할 점

1. 질이 좋은 제품은 반드시 비싸야 하는가? 비싼 제품은 반드시 품질이 좋은가? 제품의 품질과 가격과의 관계에 대해 살펴보자.

2. 제품의 품질이 기업의 경쟁력에 미치는 영향에 대해 살펴보자. 유명 기업의 제품은 품질이 좋은가?

3. 제품의 품질이 국가 사회 전반에 미치는 영향에 대해 살펴보자.

2

품질 활동의 발전 및 정의

2.1 품질 활동의 발전

2.2 품질의 정의

2.3 품질 구성요소

> "건축자가 집을 지었으나 튼튼하지 못하여 집이 무너져 가솔을 죽이면, 그 건축가는 사형되어야 한다." "건축자가 벽을 일직선으로 정렬하지 못하였을 경우 자신의 비용으로 곧게 하여야 한다."
>
> 함무라비 법전(기원전 2150년경)[1976]

품질에 대한 개념은 인류역사가 시작된 이래 우리와 함께 있어 왔으나, 하나의 경영 또는 제조 기능으로서 인식되기 시작한 것은 비교적 최근에 이르러서이다. 초기의 품질 활동은 검사 위주의 수동적 기능으로 제조나 작업 부서만의 영역에서 다루어져 왔다. 그러나 오늘날의 품질 관련 행위들은 기업의 전체 영역으로 확산되어 구매, 설계, 판매 심지어는 최고 경영자의 영역까지 보급되어 기업의 성공에 필수 불가결한 요소로까지 인식되고 있다. 품질 활동의 발전은 극적인 성공보다는 점진적 진화에 의해 이루어져 왔으며, 아직도 시대적 상황에 발맞추어 발전을 계속하고 있다. 본 장에서는

- 품질 활동의 발전
- 품질의 정의 및 구성요소

등을 기술한다.

2.1 품질 활동의 발전

품질은 인류가 자연과 싸워오면서 자연을 극복하고 문화를 꽃 피우기 시작한 인류 문명 초기부터 싹터왔다. 고대 이집트, 메소포타미아, 인도 및 중국 문명에서 볼 수 있는 바와 같이 훌륭한 건축물을 짓고자 하였던 당시의 노력이 지금까지도 그 문화유산을 남기고 있으며, 이러한 노력은 유럽 문명의 근간이 되는 로마에도 계승되었다. 품질이 좋은 물건에 대한 로마인의 구매 의욕은 동서양을 잇는 실크로드를 탄생시켰고, 정복자들은 우수한 무기와 전략으로 대제국을 건설하였다. 이렇게 좋은 품질을 추구하는 인류의 활동은 산업 혁명을 거치면서 더욱 인류의 역사에 중요하게 부각되었다. 산업 혁명을 통해 대량 생산이

23

가능하게 되었고 인류는 물적 풍요로움을 구가하게 되었다. 그러나 가내수공업에 의한 소량 생산 체제와는 달리 자동화에 의한 대량 생산 체제는 품질이 우수한 물품뿐 아니라 나쁜 물품도 대량으로 생산되어 다수의 구매자에게 피해를 입히는 것은 물론 기업도 큰 타격을 받게 되었다. 따라서 좋은 제품을 많이 만들고 나쁜 제품을 줄이고자 하는 노력이 기업에 싹트게 되었다. 이러한 현대적 의미에서의 품질을 관리하고자 하는 노력은 대량 생산 체제가 일찍 구축된 미국을 중심으로 시작되었고, 2차 대전 후 일본의 발전에 크게 기여하였다. 우리나라에서는 1950년대 중반 충주비료공장을 건설하면서 미국 기술자들에 의해 전파되었으며, 이후 1970년대 중화학공업이 육성되면서부터 크게 발전하게 되었다.

대량 생산이 가능하게 된 데에는 부품의 상호 교환 가능성을 인류가 깨닫고 호환 가능한 부품을 대량으로 생산할 수 있게 되면서부터다. 초기 수공업 수준에 머물러 있던 미국 산업은 19세기 초, 부품의 호환성, 기계에 의한 생산, 그리고 정밀 측정 개념이 무기 공장을 중심으로 구축되면서부터 크게 발전하게 되었다. 당시 휘트니 공장(Whitney plant)에서는 이러한 개념들을 바탕으로 장총(musket)에 대한 대량 생산 체제를 갖추면서 오늘날의 많은 품질 기법, 즉 공정에서의 측정, 시험 검사, 결함 예방, 공급자 품질관리, 검사 및 작업 표준들에 대한 개념들이 처음으로 시도되었다[Quality Progess, 1970]. 이 중 검사 활동은 품질 관리 활동의 가장 중요한 기법으로 널리 알려지기 시작하였다.

검사 활동의 등장

검사 활동은 품질 활동 중에서 가장 오랜 역사를 가지고 있다. 오랜 옛날에는 장인이나 도제가 손이나 눈을 이용하여 제품 하나하나의 이상 유무를 판단하였고, 중세 길드 시대에는 정기적으로 검사만을 전문으로 하는 사람들도 생겨났다[McCreary, 1976]. 산업 혁명 이래 대량 생산 체제가 갖추어지면서 호환 가능한 부품이 많이 필요해졌고, 이에 따라 정규적인 검사 활동이 이루어지게 되었다. 또한 지그, 고정구 및 측정구 등의 발달은 검사 활동을 더욱 활발하게 만들었다. 과학적 경영 기법의 창시자로 알려진 테일러(Frederick W. Taylor)는 1900년대 초 효과적으로 공장을 경영하기 위한 8기능의 책임자들 중 한 명의 업무로 검사 활동을 부여하여 검사 활동에 대한 필요성을 높여 주었다. 1922년 래드퍼드(G. S. Radford)는 《제조에서의 품질관리》(The Control of Quality in Manufacturing)란 저서에서 처음으로 품질을 하나의 구별되는 경영층의 관리 책임 사항으로, 그리고 하나의 독립적 기능으로 간주하였다.

통계적 품질관리의 도입

품질을 효과적으로 관리하기 위해 통계학이 도입되면서부터 품질 분야는 학문적 토대를 갖추게 되었고 체계적인 연구가 가능하게 되었다. 20세기 초 영국을 중심으로 활발하게 발전하고 있던 통계학은 미국으로 건너와 품질 활동에 크게 기여하기 시작했으며 많은 품질 전문가가 AT&T사의 벨 연구소를 중심으로 활약하였다. 이들은 2차 세계 대전 동안 그리고 전후 일본의 품질 발전에 큰 기여를 하였다.

(1) 벨 연구소의 활동

벨 시스템의 생산 기지였던 웨스턴 일렉트릭(Western Electric)사의 의뢰를 받은 벨 연구소는 미국 전역에 설치된 전화망의 표준화와 단일성을 추구하고 있었다. 이들은 호손(Hawthorne) 공장에서 생산하는 복잡한 기기에 관심을 모으게 되었다. 이들의 의문 사항은 첫째, 어떻게 최소의 검사 자료로부터 이들 기기의 품질에 관한 최대 정보를 얻을 수 있는가?, 둘째, 얻은 자료를 어떻게 효과적으로 표현하는가? 등이었다. 1924년, 이 문제를 다룰 검사 공학 부서가 웨스턴 일렉트릭사에 설립되었다. 후에 이 부서는 벨 연구소의 품질 보증 부서가 되었다. 이 연구소의 활동을 통하여 슈하트(W. A. Shewhart)의 관리도와 도지(Harold F. Dodge) 및 로믹(Harry G. Romig)에 의한 샘플링 계획이 개발되어 통계적 방법에 의한 품질관리가 크게 발전하게 되었다.

(2) 2차 세계 대전의 영향

미국 육군(U. S. Army)의 품질 활동은 피카티니(N. J. Picatinny)에 있는 군수공장에서 시작되었다[Simon, 1971]. 관리도 창시자인 슈하트 박사의 도움을 받아 평균, 범위, 불량 개수, 불량률 및 결점수 관리도 등을 집중적으로 사용하였다. 이 활동은 이후 일본의 진주만 폭격 사건으로 인해 군수품 생산의 증가와 더불어 확산되었다. 1940년 미국 육군의 군수품부는 어떻게 하면 적정의 품질 수준에서 많은 공급처로부터 다량의 무기와 탄약을 보급 받는가 하는 문제에 직면하였다. 이에 따라 품질 분야의 표준을 도모하기 위해 한 위원회가 형성되어 1942년 관리도의 개발과 사용에 초점을 맞춘 품질 매뉴얼이 공표되었다. 또한 전시부 내의 품질관리 부서는 수락 샘플링 절차 시스템을 개발하였다[Wareham and Stratton, 1991]. 이러한 새로운 방법들에 대한 추가 훈련 프로그램들이 전시 생산 위원회의 생산 연구 개발

사무소에 의해 데밍(W. Edwards Deming)[Garber, 1991], 벨 연구소 연구원들 및 주요 대학들의 협력 아래 실시되었다[1991, Grant & Lang]. 당시 프로그램에 참여했던 한 교수는 "당시 우리 교수들이 갖고 있었던 것은 하나의 신념, 즉 통계적 기법들이 제조 현장의 품질을 관리하는 데 있어 폭 널리 이용될 수 있다는 신념이었다."고 언급하였다. 이들은 이후 대학에서 품질을 강의하기 시작하였다[Juran, 1991].

품질 보증

제조 분야를 중심으로 발전한 품질이 경영 분야로까지 파급되었다. 제품의 품질은 더 이상 제조 관련 부서들만의 책임이 아니라 생산 원가 및 기업의 수익성과 관련된 경영상의 문제이며, 최종 구매자에 대한 생산자의 제품에 관한 보증 활동이어야 한다는 개념으로 확산되었다. 이러한 발전에는 주란(Joseph Juran)과 파이겐바움(Armand Feigenbaum) 등의 역할이 컸다.

(1) 주란

주란은 그의 저서인 《품질관리 핸드북》(Quality Control Handbook)[Juran, 1951, 1974]에서 비용 개념을 도입하여 기업 경영층으로 하여금 품질 문제를 기술 문제뿐 아니라 경영 문제로 삼아야 할 것을 주장하였다. 그는 표 2-1에서 보이는 바와 같이 비용을 피할 수 있는 비용과 피할 수 없는 비용으로 구분하고, 기업은 금광에서 금을 캐듯 피할 수 있는 비용을 세밀히 찾아 제거할 것을 주장하였다. 품질개선으로 드는 비용의 감소가 이를 위해 들어가는 비용의 증가보다 크기 때문에 비용을 줄이면서 결함이 없는 제품을 만들어낼 수 있음을 주장하였다.

표 2-1 주란의 비용 분류

비용	
피할 수 있는 비용	피할 수 없는 비용
제품 결함이나 불량으로 인한 비용	예방 관련 비용
폐자재, 재작업, 수리와 관련된 노동 시간, 고객 불만으로 인한 불만 처리 및 재정적 손실	검사, 샘플링, 분류 및 기타 품질관리 훈련
금을 찾듯 세밀히 처리하여 비용 축소	비용 증가

(2) 파이겐바움

파이겐바움은 그의 저서인 《전사적 품질관리》(Total Quality Control)에서 제조 부서만 품질을 구축하도록 요구한다면, 그 기업은 결코 좋은 품질의 제품을 만들 수 없을 것이며, 따라서 기업은 판매, 설계, 구매 및 제조 부서들 간 공동팀을 구축하여 품질을 관리할 것을 주장하였다[Feigen baum, 1991].

(3) 신뢰성 공학

6.25 전쟁 당시 미 해군은 전자기기 중 불과 1/3만이 제대로 작동하고 있었으며 해군에서 사용하는 진공관 하나마다 9개나 예비품을 비축하고 있음을 알게 되었다. 이들 부품들은 제조 검사에서 합격한 것들이었지만, 제품의 수명이 짧아 나타나는 문제들이었다. 이후 군에서는 제품의 수명에 관한 조사 활동을 벌였고, 드디어는 신뢰성 공학이라는 새로운 학문이 탄생되었다. 특히 1960년대 이후 복잡한 전자기기의 발달과 함께 우주 및 원자력 시대에 접어들면서부터 그 중요성이 부각되었다. 시스템이 일정 기간 동안 성공적으로 임무를 완수하기 위해 시스템의 각 부품은 더 높은 신뢰성을 갖추어야 했으며, 한편 부품의 경량화 및 소형화에 대한 시장의 요구는 가격 경쟁과 함께 부품의 신뢰성에 한계를 갖게 하는 요인으로 작용하였다. 신뢰성 공학에서는 이처럼 상충되는 요인들을 어떻게 제품 속에 구현시킬 수 있는가를 다루고 있다.

(4) 무결점(Zero Defect) 운동

1960년대 초 마틴사(Martin Company)는 미 육군에 퍼싱 미사일을 공급하기로 계약을 맺었다. 당시 목표는 완벽한 미사일을 예정보다 1개월 앞서 하드웨어에서나 문서상 전혀 결함이 없도록 인도하고, 미사일 설치에서 발사 준비까지 필요한 모든 절차를 인도 후 10일 내에 완수하는 것이었다. 이는 당시 보통 3개월 이상 걸리는 작업이었다. 이를 달성하기 위한 전략으로 경영층이 택한 방법은 "시작부터 제대로 만들자"였다. 인도일까지 시간이 촉박하므로 만일 도중에 문제가 발생하면 이를 수정하기 위한 시간적 여유가 전혀 없었다. 결과적으로 마틴사는 미사일을 정시에 인도하였으며 24시간 안에 발사 준비까지 마칠 수 있었다. 이는 마틴사의 경영층이 첫째, 가장 흔히 발생하는 3가지 작업자 에러들, 즉 지식 결여, 적절한 설비 부족 그리고 관심 부족 중 마지막 것에 대한 준비가 없었음을 간파하였고, 둘째, 경영층의 완벽 지상주의와 함께 작업자 동기부여에 대해 관심을 집중함으로써 가능하게 되었다. 이 성공은 무결점 운동의 옹호자인 크로스비(P. B. Crosby)에 의해 그의 저서 [Crosby, 1979]에서 소개되었다.

품질 공학

품질 문제는 이제까지 주로 제조 현장에서의 문제로 여겨져 왔다. 그러나 품질 문제를 발생 원인별로 분류한 결과 제조 현장에서의 문제는 20%에 불과했고 나머지 대부분의 문제가 경영상의 또는 설계상의 문제로 인함이 밝혀졌다. 따라서 설계 단계에서부터 품질 문제를 다룸이 매우 중요하게 여겨지게 되었다. 특히 제조 공정에서 실현시킬 수 없는 정도의 부품 정밀도를 설계에서 요구하는 사례가 빈번해 제조 현장과 설계 부서와의 갈등을 일으키는 동기가 되고 있었다. 또한 고객의 제품사용 환경이 열악한 데서 오는 성능의 저하 및 수명의 단축 등은 설계 단계에서부터 고려해야 하는 문제였다. 이에 따라 설계 단계에서는 더욱 많은 연구 개발 노력과 비용이 필요하게 되었으며, 이는 제품 가격 상승의 주요인이 되었다. 이러한 설계 단계에서의 문제들을 다루기 위해 실험 계획법(disign of experiments)에 바탕을 둔 품질 공학이 등장했으며, 일본의 다구치(Taguchi) 박사의 강건 설계(robust design) 기법 등이 널리 각광을 받게 되었다.

전략적 품질 경영

1980년대 미국은 일본 제품으로부터 많은 도전을 받게 되었다. 일본 제품의 강점이 지속적 품질 개선 노력으로부터 얻어진 결과임을 파악한 미국 기업들은 품질 운동의 필요성을 절감하게 되었다. 그러나 일본식의 품질 운동을 미국에 그대로 접목하는 과정에서 문화적 차이를 비롯한 많은 어려움이 나타났다. 이에 미국식의 새로운 방법을 모색하는 가운데 품질의 전략화가 등장하게 되었다. 이는 당시 하버드 경영 대학원의 가빈(D. A. Garvin) 교수의 저서[Garvin, 1988]에 잘 요약되어 있다. 그의 저서에 의하면, 좋은 품질이란 불편함으로부터 고객을 보호하는 정도가 아니라 고객을 기쁘게 함을 의미한다. 고객을 기쁘게 하기 위해서는 품질을 여러 차원에서 파악해야 하고 이를 제품에 구현하기 위한 경영 전략을 구축해야 한다. 품질에는 성능, 부가 기능, 신뢰성, 일치성, 내구성, 서비스 능력, 심미성, 품질 인지성 등 8가지 차원이 고려되어야 한다. 그러나 제품의 품질은 한 차원에서는 좋고 다른 차원에서는 낮을 수밖에 없는 것이 현실이다. 기술적으로도 한쪽 차원의 품질 개선은 다른 쪽 차원의 희생으로 귀결되는 경우가 많이 있다. 이러한 품질 차원들의 상호 배반성 때문에 기업은 8가지 차원 모두를 동시에 추구할 수는 없으며, 따라서 전략적 선택이 필요하게 된다. 사실 8가지 차원 모두를 추구함은 아주 높은 가격을 책정하지 않고는 불가능한 일이며 기술적 한계에도 직면하게 될 것이다. 예를 들면, 슈퍼컴퓨터도 매달 한 번 정도 멈추지 않으면 최대 처리 속도를 내는 컴퓨터를 만들 수가 없다. 더 높은 속도를 얻기 위해 크레이사 (Cray Research)는 의도적으로 신뢰성을 희생시키지 않으면 안 되었다.

이러한 미국식의 전략적 품질 운동은 1990년대 모토롤라에서 시작하여 GE에서 크게 성공한 6시그마(six sigma) 운동으로 발전하였다. 이후 미국 기업과 협력관계를 맺고 있는 한국의 기업들에게도 확산되었다.

국제 품질 규격

부품의 표준화를 통한 대량 생산 방식은 규모의 경제를 이룩하여 기업으로 하여금 원가를 크게 낮추는 데 기여를 하였다. 특히 포드의 자동차 조립 생산 방식의 도입은 부품의 표준화 없이는 불가능한 일이었다. 이에 자극 받아 표준화 운동은 20세기 초 각종 산업으로 발전하였다. 1940년 전쟁부(the War Department)는 전쟁 물자를 생산하는 모든 기업에게 골고루 적용할 수 있도록 품질관리 기법에 대한 표준을 미국 표준 협회(the American Standards Association)에 의뢰하였다. 이에 따라 미국 전쟁 표준(the American War Standards)으로 알려진 3개의 표준인 Z1.1-1941 품질관리 안내서, Z1.2-1941 자료 분석을 위한 관리도 방법 및 Z1.3-1942 제조 중 품질을 관리하기 위한 관리도 방법이 발표되었다. 이들은 이후 영국 표준화 기구(British Standards Institution), 호주, 캐나다 및 남아공화국 표준 협회에 의해 재발행되었다. 한편 전시에 개발된 도지와 로믹의 수락 샘플링 테이블은 1950년 MIL-STD-105로 발표되었다. 이들 품질 관련 표준서들은 이후 영국을 비롯한 유럽의 품질 표준서의 모태가 되어 1987년 국제 품질 규격인 ISO 9000을 탄생시키는 계기가 되었다. 1990년대에 ISO 9000은 전 세계로 확산되어 품질 운동이 이제는 국내뿐 아니라 국제 경쟁력에 대한 한 척도로까지 인식되었으며, 한국에서는 1993년 국가 표준으로 이를 공표하였다. 이후 1990년대 중반부터 ISO 9000 규격에 기초한 산업별 국제 규격이 나타나게 되었다. 환경 분야의 국제 규격인 ISO 14000, 자동차 산업 규격인 QS 9000, 항공 산업 규격인

AS 9000, 그리고 1999년에는 통신 산업 규격인 TL 9000이 발표되었다.

2.2 품질의 정의

품질이 무엇인가 하는 문제는 시대에 따라, 사람의 관점에 따라 다르게 정의되어 왔다. 중세 가내수공업 시대와 근세 대량 생산 시대 간의 품질 개념이 다르고, 제조 산업과 서비스 산업 간의 품질에 대한 개념이 다르며, 생산자가 보는 품질과 사용자가 보는 품질 또한 다르다. 이에 따라 품질을 추구하는 방법 또한 달랐다. 사실상 품질에 대한 개념은 중세까지만 해도 무언의 교감을 통해 인식되는 정도였다. 이때는 생산자인 장인이 제품에 대한 생산 기술뿐 아니라 평가 기준까지도 겸비하여 이들의 전문성에 의해 품질이 결정되었다. 대량 생산 체제에 접어들면서 불량품 또한 대량으로 발생할 가능성이 높아짐에 따라 품질은 생산자의 입장에서 정의되고 관리되었다. 그러나 현대에 접어들면서 급격한 생산 기술의 발전과 손쉬운 생산 기술의 국제적 이전에 따라 제품의 공급이 수요를 초과하게 되어, 각 기업은 생산보다 판매를 중시하지 않으면 안 되었고, 따라서 구매자 또는 사용자인 고객의 관점에서 품질을 바라보지 않으면 안 되었다.

주란 박사는 품질을 고객 만족(customer satisfaction)으로 정의하며 만족을 결정하는 가장 중요한 요소로 제품특성(product features)과 결함으로부터의 자유(freedom from deficiency)를 들고 있다[Juran & Gryna, 1993]. 제품특성은 제품이 보유하고 있는 특성들로써 고객을 만족시키는 특성들을 많이 보유한 제품일수록 시장 점유율이나 프리미엄 가격 형성에 영향을 미치고, 따라서 판매수입에 큰 영향을 미친다. 디자인 품질(quality of design)로 언급되며, 높은 디자인 품질을 얻기 위해서는 보통 비용 상승을 초래한다. 결함으로부터의 자유는 다양한 종류의 제품결함으로 인해 발생되는 폐기물, 재작업, 불량품, 고객 불만 및 제품반환 등으로 인한 현상들을 줄임으로써 비용에 큰 영향을 미친다. 적합성 품질(quality of conformance)로 언급되며 높은 적합성 품질은 보통 비용 감소를 가져온다.

적합성 품질은 고객의 불만족을 줄이는 데는 큰 역할을 하나 적합성 품질이 높다고 해서 반드시 고객 만족이 높아지는 것은 아니다. 고객 만족은 고객을 만족시키는 제품특성에 더 많이 달려 있다. 적합성이 높은 품질의 제품이라도 경쟁 제품이 더 많은 고객 만족을 제공하는 특성들을 보유하고 있다면 팔리지 않을 것이다[Juran, 1999].

최근 공표된 ISO 9000:2015에서는 물품(object)이 지니고 있는 일련의 내적 특성들이 요구사항을 만족시키는 정도로 품질을 정의하고 있다[ISO, 2015]. 내적 특성이라 함은 부여된 특성이라는 의미와 반대되는 뜻으로, 물품 내에 존재하는 물품 자체가 지니는 고유의 특성을 말한다. 예를 들어 물품의 이름이나 가격, 포장 등은 외부적 특성에 해당되나 제품의 기능, 성능, 내구성 등은 제품의 내적 특성에 해당한다.

가빈 교수는 품질에 대한 다양한 정의를 다음과 같은 5가지 접근 방법으로 분류하고 있다[Garvin, 1988].

(1) 초월적 정의

품질은 제품의 내적 탁월성을 의미한다. 품질은 정확히 정의될 수 없으며, 경험을 통해서만 인식하게 되는 제품이 지니는 단순하면서도 비분석적 특성이다. 하나의 예로, 아름다움을 들어 보자. 아름다움이란 관념적 형태의 하나로 아름다움의 특성을 보여주는 대상들을 접해본 후에야 비로소 이해될 수 있는 사항이다. 품질도 이처럼 일련의 제품을 사용해본 후에야 특정 제품의 탁월성을 알 수 있게 된다.

(2) 제품 위주의 정의

품질에서의 차이는 바람직한 성분 또는 특성의 양적 차이로 비롯된다. 고급 양탄자가 평방 센티미터당 더 많은 술(매듭)을 가지는 것처럼 고급 아이스크림은 고농도 유지방 성분을 더 많이 함유하고 있다. 이 정의에 따르면, 좋은 품질일수록 높은 비용에서만 얻어질 수 있다[Abbot, 1955].

(3) 사용자 위주의 정의

품질은 사용자의 욕구를 만족시킬 수 있는 제품의 능력으로 정의된다. 또한 제품의 품질은 소비자의 선호 패턴을 얼마나 잘 만족시키는가에 달려 있다. 주란 박사는 품질을 용도의 적합성(fitness for use)으로 정의하고 있다[Juran, 1974].

(4) 제조 위주의 정의

크로스비는 요구사항과의 일치성으로 품질을 바라보았다. 이는 제조 위주의 정의로써 공급 측면에서 품질을 바라보며 엔지니어링 및 제조 활동의 관점을 주장하고 있다. 특정 제품이 얼마나 정확하게 설계나 규격과 일치하는가의 정도로 품질을 정의한다[Crosby, 1979].

(5) 가치 위주의 정의

가치 위주의 정의에서 품질은 비용과 가격 측면에서 파악되어 적정 가격에서의 탁월성 및 적정 비용에서의 변동성 관리로 정의된다. 파이겐바움[1961]에 의하면 품질은 실제 사용 및 제품의 판매가격이라는 고객 조건하에서의 최고를 의미한다. 다구치 박사는 품질을 사회에 미치는 총 손실 개념으로 정의하고 있다.

2.3 품질 구성요소

위에서 본 바와 같이 품질은 시대에 따라, 사람에 따라 여러 가지 다른 의미를 전달하고 있다. 그러나 공급이 수요를 초과하는 오늘날의 시장 상황에서 기업이 생존하고 발전하기 위해서는 고객의 취향에 맞는 제품을 끊임없이 개발하지 않으면 안 되고, 따라서 품질을 고객과 사용자 관점에서 파악함이 매우 중요하다. 고객이 요구하는 제품 특성을 가빈 교수는 다음의 8가지 차원으로 집약하고 있다[Garvin, 1988].

(1) 성능

성능(performance)이란 제품의 기본적인 일차적 기능을 말한다. 자동차라면 가속성, 핸들 조작성, 속도감 및 안락성 등을, 그리고 라디오라면 음질과 전파 수신성 등을 들 수 있다. 그러나 성능 차이가 품질 차이인가에 대한 의문은 기능에 대한 요구 사항에 따라, 즉 상황에 따라 달라질 수 있다. 다시 말하면, 같은 제품이라도 임무에 따라 다른 성능군으로 구별될 수 있다. 예를 들면, 30촉 전구와 100촉 전구는 밝기만을 성능으로 보면 100촉 전구의 품질이 좋다고 말할 수 있다. 그러나 30촉 정도의 침침한 환경을 요구하는 상황에서 100촉 전구는 쓸모가 없다. 따라서 두 전구는 필요한 때에 따라 다른 성능군에 속한다고 볼 수 있다. 이를 임무 종속적 성능(task-dependable performance)이라 한다. 또 어떤 성능에 대한 기준은 주관적 선호도에 따라 정해지기도 한다. 그러나 그 선호도가 높아 보편성을 띠게 되면 객관적 기준으로 인정되기도 한다. 이를 보편적 성능(universal performance)이라 한다. 자동차 소음은 그 자동차의 품질에 대한 직접적인 척도가 된다. 어떤 사람들은 어두침침한 방을 좋아하기도 하지만 시끄러운 자동차를 원하는 사람은 많지 않을 것이다.

(2) 부가 기능

일차적 성능을 보완하는 2차적 또는 부가적 성능(features)을 말한다. 예를 들면, 비행기를 탔을 때 제공되는 음료수, 잡지, 신문 같은 기내 무료 서비스가 이에 해당한다. 텔레비전의 일차적 기능이 화질, 음질 및 채널 수신성이라면, 리모콘 기능은 부가 기능이라 볼 수 있다.

(3) 신뢰성

신뢰성(reliability)이란 제품이 일정한 기간 내에 고장 날 확률을 말한다. 고장 날 확률이 작을수록 제품의 신뢰성은 높아진다. 이 신뢰성은 첫 고장까지의 평균 시간(MTTF), 고장 간 평균 시간(MTBF) 및 단위시간당 고장률 등으로 수치화된다. 신뢰성은 1회용 서비스나 제품보다는 오래 쓰는 내구성 제품에 더 타당한 품질 구성요소이다. 따라서 고장이나 유지보수 비용이 높아질수록 고객에게 더욱 중요하게 여겨진다. 컴퓨터나 자동차 등에서 신뢰성은 성능과 함께 고객의 구매에 가장 큰 영향을 미치는 요소로 자리하고 있다.

(4) 적합성

적합성(conformance)이란 품질에 대한 전통적 정의로 설계나 표준에 따라 제품이 정확하게 만들어진 정도를 말한다. 새 디자인이나 모델이 개발되면 부품에 대한 치수와 재료의 순도가 정해진다. 이들에 대한 규격은 규격 중심으로 표현되며, 약간의 편차가 규격 중심으로부터 일정한 범위 내에서 허용되는데, 이를 허용 간격 또는 허용차라 한다. 허용차 누적 문제는 조립 공정에서 흔히 발생되는 품질 문제로, 두 개 이상의 부품을 서로 맞출 때, 한 부품이 규격 하한(규격 중심 - 허용차)에서 만들어졌고, 상응하는 다른 부품이 규격 상한(규격 중심 + 허용차)에서 만들어졌다면, 이들을 결합할 때 꽉 맞추어지지 않는다. 이런 맞춤의 경우 더 빨리 마모가 일어난다. 다구치 박사의 손실 함수(loss function)는 제품의 품질에 대한 두 가지 판정 방법, 즉 규격에 맞춰 단순히 합격시키는 방법과 규격 중심에서 벗어나는 정도를 측정하는 방법 사이에 발생하는 손실을 수치적으로 비교할 수 있게 한다. 비적합성에 대한 척도(수치 지표)로 제조 기업에서는 공장에서의 불량률이나 제품이 고객 손에 인도된 후 발생하는 서비스 요청 횟수 등이 있으며, 서비스 기업에서는 정확성, 정시성, 처리 잘못 횟수, 예상치 못한 지연 등을 사용한다.

(5) 내구성

내구성(durability)이란 제품 수명의 한 척도로서 제품이 나빠지기 전까지 사용시간을 말한다. 보통 내구재의 수명 척도로 사용되며, 경제적 측면의 의사 결정을 많이 요구한다. 즉 고장이 나면 수리를 해서 더 사용하든지 아니면 교체를 하는 것이 더 좋은가를 판단해야 한다. 그러나 일회용품의 경우 이러한 판단이 불필요하다. 예를 들어, 전구의 필라멘트는 끊어지면 전구를 교체해야지 수리는 불가능하다. 내구성은 신뢰성과 밀접한 관계를 갖고 있다. 즉 고장이 자주 나는 제품은 좀 더 신뢰성이 높은 제품에 비해 수리비용이 높아지므로 폐기처분될 가능성이 높아 제품의 수명, 즉 내구성은 짧아진다.

(6) 서비스 능력

소비자들은 제품의 고장은 물론 서비스가 회복되기까지 시간, 서비스 약속 시간이 지켜지는 정확성, 서비스 요원의 친절성 및 서비스 요청이나 수리가 당면 문제를 고치지 못하는 빈도 등을 염려한다. 그러므로 신속한 수리, 친절, 서비스 요원의 능력 및 수리의 용이성 등은 제품 품질에 영향을 미친다. 이에 대한 척도로는 평균 수리시간, 특정 문제를 수리하기 위한 서비스 요청 수, 불만 해결에 대한 만족 정도 등이 사용된다. 기업에서 시행하는 무료 전화 서비스도 불만 해결에 대한 기업의 의지를 반영한다.

(7) 심미성

하나의 제품이 어떻게 보이고, 느껴지고, 소리가 나고, 맛이 나고, 냄새가 나는지 하는 문제는 분명히 개인적 판단의 문제이며 개인의 선호도에 대한 반영을 나타낸다. 심미적 속성은 성능과 관련된 주관적 분류(예를 들면 무 소음 자동차 엔진)와는 달라서 심미적 선택은 거의 보편성을 띠지 못한다. 누구나 기쁘게 함은 불가능한 일이다. 그럼에도 불구하고 심미성에 근거하여 제품의 순위를 정함에 있어 소비자 간에 의견 일치를 보이기도 한다.

(8) 품질 인지성

소비자는 제품이나 서비스 특성에 대해 항상 완전한 정보를 가지고 있는 것은 아니다. 때로는 간접적 척도만이 다른 상표들을 비교하는 유일한 근거가 되기도 한다. 예를 들어, 제품의 내구성은 직접 관찰될 수 있는 속성이 아니기 때문에 제품에 대한 다양한 유형 또는 무형의 관점에서 추정된다. 이러한 상황에서는 제품 이미지, 광고 및 상표 이름 등 실체보다는 품질에 대한 유추로부터 얻은 정보가 중요하게 작용한다. 명성은 품질의 인지성에서 중요한 속성이다. 이는 오늘 제품의 품질은 어제 제품의 품질과 유사하거나, 신제품 라인에서 제조된 상품의 품질은 기존 제품의 품질과 유사하다고 소비자는 믿고 있기 때문이다.

█ 생각할 점 █

1. 뛰어난 품질을 자랑하는 우리나라의 역사 유물에 대해 살펴보자.

2. 현대적 의미에서의 품질기법이 우리나라에 도입된 배경과 이후 전개된 활동들을 살펴보자.

3. 특정 제품(자동차, 텔레비전 등)이나 서비스(의료, 교육, 은행거래)의 품질 구성요소를
   살펴보자.

4. 보편적 성능과 임무 종속적 성능에 관한 예를 각각 들어보자.

5. 특정 제품에 대한 부가기능을 살펴보자.

6. 하나의 제품 속에 모든 품질 구성요소를 다 갖출 수 있는지 예를 들어 설명해보자.

3

품질 형성 이론

3.1 제품의 다양성

3.2 기본 욕구와 파생 욕구

3.3 소비자의 행동

3.4 생산자의 행동

> 오늘날의 시장조사에서 기업이 약속한 만큼의 책임을 진다는 방어논리는 더 이상 바람직하지 않다. 구매자와 사용자가 기대하는 바가 무엇인지를 기업이 밝혀낼 것이 요청되고 있다.
>
> William A. Golomski[1976]

품질은 구매자(고객 또는 소비자)의 입장에서 정의되어야 하며 생산자의 공급제품 결정에 직접적인 선정 기준이 된다. 품질이 소비자에게서 어떻게 구체화되고 형성되는지, 그리고 생산자는 어떠한 제품을 시장에 공급해야 하는지에 대해 살펴본다. 본 장에서는 애보트(Abbott, 1955)의 품질 선택 이론을 참조하여

- 제품의 다양성
- 기본 욕구와 파생 욕구
- 소비자의 행동
- 생산자의 행동

등을 기술한다.

3.1 제품의 다양성

오늘날 우리의 시장은 수많은 물건으로 가득 차 있다. 상점마다 각양각색의 제품이 진열되어 있고, 우리의 입맛에 맞는 상품들이 백화점마다 즐비하게 전시되어 있다. 어느 상품이고 너무나도 많은 종류가 존재하여 우리의 선택에 애로를 겪게 된다. 만일 이러한 상황과 반대되는 사회를 상상해보자. 모든 점포마다 동일한 제품만 쌓여 있고 우리가 받는 각종 서비스도 모두 동일하다면 얼마나 단조롭고 무기력한 세상일까? 어렸을 때 가지고 놀던 장난감도 모두 한 회사에서 만들어내는 똑같은 것이고, 아이들이 입는 옷도 모두 한 종류의 것이고, 나아가 휴대폰, 자동차, 주택 이런 것들이 모두 한 가지 제품들만이 있다면, 이러한 사회는 아마도 사람이 사는 세상이라기보다 공장에서 찍어내는 로봇의 세상으로 적합할 것

이다. 오늘날 우리가 살아가는 세상, 특히 자본주의가 고도로 발달한 문명사회는 왜 이렇게 다양한 제품들로 가득 차 있을까? 왜 제품들은 서로 다르게 존재하는가? 이제, 왜 이렇듯 구별된 제품들이 나타나는지와 관련된 몇 가지 가능한 요인들을 살펴보자.

첫째로, 오늘날의 대다수 제품들이 매우 복잡하다는 사실을 들 수 있다. 제품의 복잡성은 두 가지 측면에서 이해될 수 있는데, 그 하나는 기능적 측면에서고 또 다른 하나는 제조과정, 즉 공정의 복잡성을 생각해볼 수 있다. 예를 들면, 휴대전화는 언제 어디서나 통화가 가능할 수 있도록 고안된 기기이다. 그러나 오늘날에는 게임, 음악, 영화, 사전, 계산 등 다양한 부가 기능을 탑재하고 있을 뿐 아니라 좀 더 선명하고 큰 화면을 제공하여 보는 휴대폰의 기능을 강화하고, 500만 화소가 넘는 카메라 장착, 지상파 DMB, 지리정보 시스템 등 첨단기능을 보유하고 있다. 한편 이러한 많은 기능들을 구현하면서도 무게는 휴대성이라는 본래 목적에 맞게 점차 가벼워지고 얇아지고 있다. 이처럼 기능이 다양하면 할수록 기능의 선택적 장착에 따라 다양한 제품이 만들어질 수 있게 된다. 또한 다양한 기능 및 휴대성의 강화는 제조과정의 복잡화를 가져오게 되고, 이 또한 다양한 제품 및 다양한 품질의 제품이 만들어질 수 있는 계기로 작용한다. 이처럼 복잡한 제품들이 가능하게 된 이면에는 이들을 구현시킬 수 있는 기술의 진보가 뒷받침되었기 때문이다. 과거 수공업시대에는 대부분의 제품을 자체 소비를 목적으로 가내에서 만들어 사용하고 남는 것들을 시장에 공급하는 형태였다. 예를 들면, 벼를 재배하여 쌀을 얻고 이를 소비하고 남는 부분을 시장에 공급하여 다른 물품으로 교환하는 정도에 지나지 않았기 때문에 시장에 나와 있는 물품의 종류는 매우 단순하고 오늘날에 비하면 가지 수가 매우 적었다. 오늘날의 경쟁 상품들은 초기의 좀 더 단순한 시대에 비해서 서로 다르게 발전할 수 있는 더 많은 기회를 보유하게 되었다.

둘째로, 자사 제품을 타사 제품과 구별시키려는 기업의 노력이 제품의 다양성을 만들어 내는 요인이 되었다. 만일 모든 기업의 제품이 동일하다면 소비자는 특정 회사의 제품에 큰 매력을 느낄 수 없게 되고, 이는 성장하고자 하는 기업에게는 큰 장애가 된다. 성장하고자 하는 기업은 어떻게 해서든 시장 점유율을 늘려야 하고, 이러기 위해서는 소비자로 하여금 자사 제품을 선정하도록 제품의 차별성을 추구해야 한다. 자사 제품을 타사 제품과 구별하기 위해서는 자사 제품을 좀 더 균일하게 만들 필요가 있다. 만일 자사 제품 간의 차이가 크다면 이는 소비자 입장에서 볼 때 타사 제품과 구별이 쉽지 않게 됨을 의미한다. 따라서 각 기업들은 자사만의 특성을 갖춘 제품들을 더 동질적으로 만들어내려 하고, 오늘날 산업사회에서는 이러한 수많은 기업들의 노력에 의해 각양의 제품들이 시장에 출시되는 것이다.

　　마지막으로 인간이 더 문명화되면 될수록 제품 간의 품질 차이를 인식할 수 있는 능력을 갖추게 된다는 사실을 들 수 있다. 여기서 문명화된다는 말은 제품에 대한 지식이 축적됨을 의미한다. 처음에 휴대폰이 나왔을 때는 이동의 편리성 하나만으로도 기존의 유선전화의 불편함을 덜어 줄 획기적 상품으로 각광을 받았다. 이때는 단순히 휴대폰을 보유한다는 자체만으로 사용자들은 만족스러워했기에 휴대폰들 간의 차이에 대해 크게 신경을 쓰지 않았다. 그러나 사회가 다양하고 빠르게 발달하면서 휴대폰 사용이 보편화되어감에 따라 사용자들의 휴대폰에 대한 지식이 높아져 점차 휴대폰들 간의 차이에 대해 민감하게 되었다. 이때부터는 사용자들의 욕구가 더 다양해지고 세분화되었다. 오늘날에는 동영상을 비롯한 각종 오락기능이 첨부된 다양한 휴대폰들이 출시되고 있으며 이동 중에 인터넷 검색을 할 수도 있는 제품들이 출시되고 있다. 사용자들이 빠른 인터넷 검색을 통하여 논란이 될만한 사항들에 대하여 순간순간 필요한 지식을 참조하고 공급할 수 있는 능력에 대해 자랑스러워하고 있다. 골프를 모르는 사람의 눈에는 모든 골프공들이 다 비슷비슷하게 보인다. 그러나 골프에 익숙하면 할수록 자신만의 선호하는 제품이 생겨나게 된다.

　　위와 같은 요인들로 인하여 우리가 살고 있는 고도로 산업화된 사회에서 대부분의 시장은 경쟁 제품들이 모두 동일하지 않으며, 동일할 수도 없는 다양한 제품들로 가득 차 있게 된 것이다. 이 상품들은 누군가가 구매해주기를 바라면서 팔려나갈 때까지 시장에 전시되어 있다. 그러다 자기의 존재가치를 알아주는 고객에 의해 하나씩 시장에서 사라지게 된다. 그러면 고객은 어떻게 하여 이 제품에 관심을 갖게 되었는가? 다양한 상품들로 가득한 시장 이면에는 상품을 찾는 개개인들의 궁극적 목적이 존재한다.

3.2 기본 욕구와 파생 욕구

　　고객이 물건을 사고자 할 때 진정 원하는 것은 물건 그 자체가 아니라 물건을 통해서 얻고자 하는 만족스러운 경험이다. 인간은 기본적으로 경험해보고자 하는 열망이 있으며 이 열망을 만족시키기 위해서는 어떤 행위가 필요하고 이 행위를 수행하기 위해서는 구체적 물건이나 서비스가 필요하게 된다. 이 물건이나 서비스에 대한 필요는 바로 상품을 구매하고자 하는 욕구를 불러일으키며, 이 욕구는 시장 수요를 창출하는 근거가 된다. 예를 들어, 전기를 구매하는 사람은 전기 자체에 대한 필요보다 집을 밝히기 위한 조명이나 냉장고나

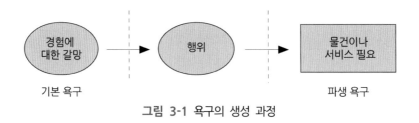

그림 3-1 욕구의 생성 과정

세탁기와 같은 가전기기를 돌리기 위한 에너지가 필요하기 때문이다. 또는 조명이나 가전기기를 돌리는 이유는 또 다른 것들을 얻기 위한 수단으로써 필요한지도 모른다. 자동차는 먼 거리를 빨리 가는 경험을, 그리고 전화는 멀리 떨어진 상대방과 대화를 나누는 경험을 즐기고자 구매된다. 이와 같이 모든 상품은 인간의 열망, 욕망 및 충동과 연계되어 있으며, 여기에서 바로 인간의 내적 세계와 경제 활동의 외적 세계 사이의 연결고리가 맺어진다. 사람들이 물건을 원하는 것은, 그 물건이 줄 수 있으리라는 희망 속에서, 경험을 가져오게 하는 서비스를 원하기 때문이다. 여기서 우리는 두 단계의 욕구(wants)를 구별할 수 있게 된다. 이 두 단계 중 더 근본적인 종류의 욕구, 즉 경험에 대한 갈망을 기본 욕구(a basic want)라 하며, 그로부터 유도된 욕구, 즉 경험을 위한 수단을 제공할 것으로 여겨지는 물건에 대한 갈망을 파생 욕구(a derived want)라 한다.

인간이 경험하고자 원하는 것들에는 많은 것들이 있다. 예를 들면, 쾌락이나 행복 같은 것이 있으며 또한 권력도 있다. 또 사람에 따라, 시기에 따라 사람들이 추구하는 것에는 명예, 저명, 칭찬, 만족, 심리적 보호, 망각, 심지어는 구원의 전제 조건으로 여겨지는 결핍과 고통이 있으며, 또 어떤 사람들은 타인에 대한 사랑, 자선, 박애 등을 원한다. 경제학자인 노이즈(C. Reinold Noyes)는 생리적 평형성으로부터 벗어남(deviations from homeostasis)이란 용어를 사용하여 육체적 또는 정신적 불편함으로부터 자유롭고 싶은 의지의 뜻으로 욕구를 설명하고 있다[Noyes, 1948]. 이러한 관점에서 볼 때 인간의 욕구는 인간이 제거하고 싶은 상태를 말하며, 이러한 상태들로 배고픔, 식욕, 극심한 기온, 비위 상하는 맛, 추악함, 원치 않은 노력, 불편함, 지루함 등이 있다. 이러한 상태들 속에서 만족한다 함은 바로 불유쾌함으로부터 구조됨을 의미한다.

매슬로우(Maslow, 1987)는 인간의 욕구(needs)를 다섯 단계로 구분하면서 낮은 단계의 욕구로부터 더 높은 단계의 욕구로 나아간다는 욕구의 단계론을 주장하였다. 가장 낮은 단계는 기본적 생존에 필요한 의식주에 대한 욕구인 생리적 욕구(physiological needs)로부터 출발한다. 일단 생리적 욕구를 획득하면 다음 단계는 이를 지속적으로 유지하고 싶어 하는

표 3-1 욕구 발전 단계

인간의 욕구 단계	산업사회에 적용된 일반적 예시	구체적 예시
생리적 욕구	의식주 등 기본적 생존에 대한 욕구로 오늘날의 산업사회에서 최저 생계비 수준을 획득하고자 하는 단계에 해당한다.	직장의 필요성
안전에 대한 욕구	일단 최저 생계비가 획득되면, 이 수준을 지속적으로 유지하고자 하는 욕구가 발생한다.	직장의 안정성: 지속적으로 직장 유지
소속 및 사랑에 대한 욕구	단체에 소속되고 받아들여지고 싶어 하는 욕구를 말한다.	부서의 일원
존경에 대한 욕구	자기 및 타인에 대해 존중하는 마음을 갖는다.	직장에서의 승진: 더 높은 직위로 올라가고자 한다.
자아실현에 대한 욕구	창조성을 추구하고 자기표현을 중시한다.	신기술 개발, 새상품 개발

안전 욕구(safety needs)에 들어가게 되며, 안전성도 어느 정도 확보가 되면 소속감 및 사랑에 대한 욕구(belongingness and love needs)를, 다음 단계로는 존경(esteem needs)에 대한 욕구를 가지게 된다. 마지막 단계로 자아실현을 위한 욕구(self-actualization needs)를 추구하는 단계로 나아가게 된다. 표 3-1은 이러한 욕구의 발전 단계와 함께 이를 오늘날의 산업사회에 적용한 예시를 보여주고 있다[Gryna, 2007].

욕구의 특성 중 하나는 주로 자신이 속해 있는 문화에 의해서 결정된다는 사실이다. 즉, 우리는 홀로 있는 개인으로서보다는 사회집단의 일원으로서 관습, 풍습 및 터부에 의해 대부분의 욕구를 가지게 된다. 따라서 우리가 행하는 대부분의 행위가 사회집단의 문화에 따라 결정된다. 종종 우리는 우리가 정말로 하고 싶은 것을 원하는 것이 아니라 우리가 원해야 한다고 생각하는 것을 구하기도 한다. 타인의 동의를 얻고자 하는, 또는 시기하는 마음에서 우리는 합리적 사고에 반하는 것처럼 보이는 많은 행동을 한다.

인간의 욕구에 대한 설명이 다소 복잡하고 다양한 듯 보이지만, 그래도 '사람이 갈망하는 바는 만족스러운 경험이다'라는 주장은 타당성이 있다. 그런데 여기서 '만족스러운'이라는 말은 개인적 결정의 문제로써 개인의 취향, 기준, 신념 및 목적에 따라 다르며, 개인의 인격이나 문화적 환경에 따라 크게 차이를 보인다. 바로 여기에서 모두를 포용하기에 충분한 품질 선택 이론이 등장한다.

경험을 위한 욕구는 실상 하나의 욕구가 아니라 서로 관련되고 보완적인 욕구들의 집단으로, 주로 한 개의 큰 욕구와 많은 작은 욕구들로 구성된다. 이 욕구들을 총칭하여 욕구 무리(constellation of wants)라 하자.

이 점을 좀 더 분명히 하기 위해 예를 들어 보자. 남성이 면도기를 사는 이유는 수염을 제거하거나 수염이 잘 다듬어진 경험을 매일 즐기고 싶어 하기 때문이다. 이 사람의 목적이 이루어지기 위해서 필요한 행위는 면도하는 일이다. 그러나 면도 행위는 수염을 없애고 싶은 욕구에 다른 기본 욕구들을 필연적으로 촉발시킨다. 면도는 피부에 아픔이나 자극을 유발시켜 불쾌함을 면하고 싶은 이 남성의 바람과 충돌한다. 때로는 수리를 하거나 새로이 면도날을 갈아 끼우고자 하면 골칫거리가 된다. 이는 시간을 소모케 하고, 따라서 귀찮은 일에 시간을 빼앗기지 않기를 바라는 마음과 충돌하게 된다. 얼마나 수염이 잘 깎였는가 하는 것도 정도의 문제이다. 만일 면도기가 짧고 균일하게 수염을 깎아 주지 못하면, 면도로부터 유도된 만족함이 예상한 것보다 훨씬 작게 될 수도 있다. 바로 여기에 측정할 수 없는 많은 수의 변수가 등장하며 각기 다른 욕구와 연결되게 된다. 따라서 면도기에 대한 만족감은 이 다양한 욕구들이 어떻게 충족되는가에 달려 있다.

그러면 어떤 욕구를 충족시키고 어떤 욕구를 희생시킬 것인가? 이는 바로 개인의 가치 시스템에 달려 있다. 어떤 사람들은 면도하는 데 걸리는 시간에 큰 비중을 둘 수 있으며, 또 어떤 사람들은 시간적 요소에는 별 관심 없이 약간이라도 피부에 거슬리는 불편함을 참지 못할 수도 있다. 다양한 욕구들 각각에 정확히 비중을 매기는 일은 각자 개인의 취향과 선호에 달려 있다. 이러한 취향과 선호야말로 소비자의 선택을 결정짓는 궁극적인 자료가 된다.

기본 욕구를 충족시키기 위해서는 보통 물건이나 개인 서비스 형태의 도움을 필요로 한다. 그러므로 기본 욕구를 충족시키고자 사람들은 특정 물품과 연계된 욕구를 갖게 된다. 따라서 구매자가 원하는 것은 물품 자체가 아니라 그의 마음속에 있는 일종의 만족감과 관련된 것이기 때문에 이러한 물품에 대한 욕구를 파생 욕구라 함은 적절한 표현이다. 경제 행위는 바로 이러한 기본 욕구를 해결하기 위한 것이며, 이 목적을 위한 잠정적 수단으로써 파생 욕구가 나타나는 것이다.

물품에 대한 수요는 물품에 대한 사람들의 친숙성에 많이 달려 있는 것처럼, 파생 욕구는 물품에 대한 지식을 전제 조건으로 삼는다. 반면, 어떤 경우에는 새로운 제품이 새로운 경험을 가져와 새로운 기본 욕구를 만들어내기도 하고, 옥내외 전시나 광고 선전을 통해 잠재되어 있던 기본 욕구를 끄집어내는 것도 사실이지만, 실상 기본 욕구는 대부분 물품이나 시장과는 거의 무관하다.

만족을 위한 욕구가 물품을 위한 욕구로 전환되기 위해서는 몇 가지 일이 발생해야 한다. 먼저, 기본 욕구를 다소간이라도 만족시킬 수 있는 어떤 물품의 존재를 알고 있어야 한다.

그러면 그 물품이 자신의 욕구를 만족시킬 것이라는(이 말의 의미는 물품의 존재뿐 아니라 그 물품의 용도까지도 인식하고 있음을 의미) 생각이 떠오르게 된다. 그 다음엔 이 물품의 이점과 자신의 기본 욕구를 충족시킬 수 있을 것으로 여겨지는 다른 물품들의 이점과 논리적으로 비교를 하게 되고, 이에 따라서 선호도를 결정한다. 이후에야 비로소 개인의 특정 물품에 대한 수요 곡선이 형태를 갖추게 된다.

우리가 원하는 것이 물품 자체냐 아니면 물품으로부터 기대하는 정신의 상태냐는 별 중요한 문제가 아니라고 주장할 수도 있다. 물론 구매한 물품이 항상 우리의 욕구를 충족시켜 왔다면 이 주장은 사실일 수도 있다. 그러나 현실에서 물품이 항상 우리의 욕구를 완벽하게 만족시켜 준 적은 거의 없었고, 언제나 물품에 따라 다양한 정도의 비완벽성이 존재하는 한 이 문제는 품질을 이해하는 데 중요하다.

3.3 소비자의 행동

이제 한 소비자가 추구할 가치가 있다고 여기는 어떤 행위나 경험과 관련된 기본 욕구를 느낀다고 하자. 보통 기본 욕구는 어떤 물품이나 서비스의 도움없이는 충족될 수 없다. 그러면 소비자의 할 일은 자기의 욕구 명세서를 가장 잘 충족시킬 수 있는, 또는 적어도 거의 충족시켜서 더 이상 찾을 필요가 없을 정도의 품질 특성을 지닌 물건이나 서비스를 찾는 것이다. 여기서 욕구와 상품을 연결시키는 하나의 과정이 시작된다.

이 과정의 단계들에 대해서는 이미 언급한 바가 있는데 첫째, 소비자는 그의 기본 욕구(즉, 욕구 무리)를 어느 정도 만족시킬 수 있는 한 가지 이상의 물품이 존재함을 알아야만 한다. 둘째, 이 물품들의 성능 특성, 즉 그의 욕구 무리를 구성하고 있는 여러 요소 욕구들을 개별적으로 만족시킬 수 있는 정도에 대한 지식이 있어야 한다. 마지막으로, 이 지식을 갖고서 다른 물품들의 상대적 이점과 하나씩 하나씩 지적으로 견주어 보면서 일종의 선호도를 정한다. 이러한 단계들을 밟아 가면서 비로소 합리적 소비자는 특정 물품에 대한 욕구를 개발시켜 나가게 되며 결국 이 물품에 대한 수요로 이어지게 한다.

이러한 활동 과정을 가치화의 과정(the process of valuation)이라고도 한다. 예를 들어 보자. 못을 박고자 하는데 나에겐 망치가 없다. 그러면 주변에 있는 것들 중 망치의 가치, 즉 이 특별한 상황에 맞는 망치의 힘에 견줄만한 그 무언가를 찾는다. 그래서 만일 주변의 다른 어떤 물체보다도 스패너가 가장 적절하다고 여기면 그것을 선택한다.

대체품들을 저울질하는 과정에서 각자는 자신의 마음속에 이상적인, 즉 자신의 욕구에 딱 들어맞는 상상의 물품에 대한 개념을 다소 의식적으로 형성한다. 이러한 최고의 이상적인 물품을 최적 이상적 물품(optimum conceivable variety)이라 하며, 품질을 선택할 때 겨냥하는 개념적 목표가 된다. 따라서 경쟁 물품들을 각각 이것과 비교하여 그 차이가 크냐 작으냐에 따라 등급을 매김으로써 경쟁 물품들의 상대적 장점을 판단할 수 있도록 한다.

그러나 이상적 물품을 선택하고자 하고자 하는 소비자는 거의 언제나 완벽치 못한 선택에 직면하게 될 것이 확실하다. 한 가지 이유로는, 소비자마다 욕구가 다르기 때문에 이상적인 물품에 대한 개념이 상충한다. 어느 두 사람도 선호도에 있어 똑같을 수는 없다. 소규모 생산으로는 모든 소비자의 요구에 정확히 맞도록 다양한 물품을 충분히 생산한다는 것은 비현실적인 일이다. 게다가 이상적인 물품은 개념적으로나 존재할 뿐이지 생산 불가능할 수도 있다. 이상적인 내구재(durable good)라면 파손되거나 닳거나 나빠지거나 또는 유지보수가 필요하거나 하지도 않아야 할 것이다. 이상적 사진기라면 정확한 명암 및 색상을 그대로 재현하는 제품이어야 한다. 그러나 실제로 어떤 사진기든 그러한 이상적 물품에 가까이 접근할 수 있을 뿐이지 결코 그대로를 재현할 수는 없다. 또 때로는 한쪽 측면에서 이상적 물품에 상당히 근접하기 위해서는 다른 쪽 측면에서 더 멀리 떨어져야만 하는 경우도 있다. 재질의 성질에 따라 서로 상반되는 특성이 요구되는 물품이 있어 서로 상충되는 특성 중 어느 한쪽을 선택해야 하는 경우도 있다. 예를 들면 반도체의 집적도와 신뢰도가 있다. 오늘날의 소비자는 더 작고 가벼운 제품을 선호하기 때문에(예를 들면, 휴대 전화처럼) 동일 면적에 가능한 한 많은 부품을 집어넣으려고 제품 설계를 한다. 한편 많은 부품이 집적될수록 그 제품에 대한 역할은 많아지고 중요해져 높은 신뢰성이 요구된다. 그러나 동일 면적에 부품 수가 많아질수록 고장이 날 가능성은 또한 높아진다. 즉, 신뢰도는 저하되고 만다. 집적도와 신뢰도는 서로 상충하는 특성을 가지고 있다. 이러한 경우 소비자는 손실과 이득을 저울질하게 되고 마음속에 타협을 이끌어 내어 결국에는 변형된 표준에 도달하게 된다. 이를 최적 가용 물품(optimum available variety)이라 한다.

흔히 구매 전에 추구한 만족과 구매 후에 얻어진 만족 사이의 차이에 대해 소비자는 잘 모르고 자기가 구매한 물품이 자기의 필요에 정확히 일치한다고 생각하는 경우가 많이 있다. 특히 이러한 생각은 본인의 욕구가 불분명하여 지나치게 까다로운 요구를 하지 않거나, 자신의 경험의 범위가 한정적이거나, 요구가 상당히 넓은 폭 안에서 만족될 수 있는 성질의 것이거나, 구매한 물품이 그리 중요한 것이 아니므로 대충 넘어가도 되는 경우 많이 발생한다. 하지만 실제로는 발견치 못하였거나 아직 생산되지 않은 물품이 자신의 욕구에 훨씬 잘 적합할 가능성이 항상 남게 된다. 이러한 예는 물품에 대해 꽤나 복잡한 여러 효용가치를 추구할 때 가장 분명히 드러난다. 자동차를 구매하거나 전세 집을 구할 때 자신의 모든 취향을 속속들이 잘 구비한 물품을 구하기가 하늘의 별따기만큼 어렵다는 사실을 구매자는 종종 발견하곤 한다. 구매자는 여러 경쟁 물품들이 지니는 장점만을 골라서 그 장점만을 지닌 물품을 추구하지만 그런 것은 존재치 않는다. 따라서 다른 대체 가용 물품들과 비교해서는 완전히 만족스러운 것으로 여길지는 모르지만, 그의 최종 선택은 절대적 측면에서는 결코 만족스러운 것이 못 된다.

소비자는 물론 자신이 잘 알고 있는 물품 가운데 선택할 수 있다. 모든 것을 알지 못하는 소비자는 모든 대체품들을 다 잘 알 수는 없을 것이다. 본인에게 이미 알려진 물품이 매우 만족스러울지 모르나 아직 발견치 못한 제품이 자신의 욕구에 더 잘 부합할 수도 있다. 게다가 자신에게 알려진 물품에 대해 잘못 판단하고 있었을 수도 있다. 그러므로 그의 선택이 반드시 가장 최고의 제품이 아니고 본인이 생각하기에 가장 최고의 제품일 수도 있다. 이러한 물품을 추정 최적 물품(estimated optimum)이라 한다. 이것은 평가하는 시점에서 소비자가 보유한 정보에 기초해서 가장 가용한 것(the best available)이라고 믿는 품목을 말한다.

자신의 지식이 불완전하고 잘못된 것일 수도 있음을 알고 있는 소비자는 추가 지식을 얻기 위한 노력을 통하여 더 많은 만족을 얻을 수 있음을 깨닫게 될 것이다. 따라서 합리적 소비자의 행위 중 중요한 요소가 관찰, 조사 및 실험을 통한 대체품들에 대한 추가 지식의 획득이다. 이것은 시간이나 돈을 쇼핑, 관광, 잡지 구독, 광고, 새로운 상품에 대한 시험 구매, 다른 소비자와 경험 교환 등에 투자함을 의미한다. 물론 투자를 아무리 한다 해도 최고의 가용 물품(the best available product)을 발견했는지에 대한 소비자의 불확실성을 완전히 제거할 수 없으며, 이러한 지출은 결국 그 대가가 점차 줄어들 것이므로 어느 시점에 가서는 멈추게 될 것이다. 이 시점에 이르러서 소비자는 수집된 자료를 근거로 해서 결정을 하게 된다.

가격에서 차이가 있는 여러 물품들 사이의 선택에 대해서는 어떻게 말할 수 있을까? 가격은 물품의 효용성과 관련해서 중요한 역할을 한다. 싼 가격이 유리한 이유는 다른 형태의 만족을 추구할 수 있는 더 많은 잉여 소득을 소비자에게 남겨 주기 때문이다. 싼 가격의 물품은 효용성이 다른 타 물품과 결합하여 이들의 전체 효용성을 가지고 비교하게 된다.

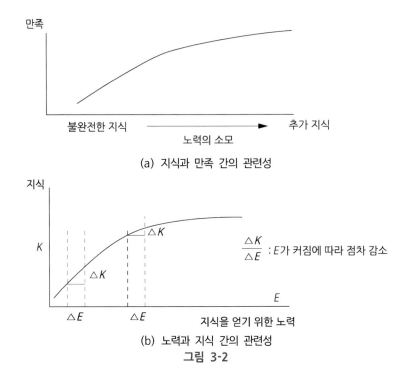

(a) 지식과 만족 간의 관련성

(b) 노력과 지식 간의 관련성

그림 3-2

예를 들면, 좀 떨어지지만 가격이 싼 냉장고(P2)를 구입하고 남긴 돈으로 세탁기(P3)를 구입할 수 있게 되었다 하자. 만일 이 두 가지 물품으로부터 경험한 만족감(S2+S3)이 세탁기 없이 좀 더 비싼 냉장고(P1)를 구입함으로써 경험할 수 있는 만족감(S1)보다 크다면, 이 두 가지 물품의 구매를 더 선호할 것이다. 이처럼 가격 차이를 고려해서 최고의 돈의 가치를 제공하는 물품을 최적 거래 물품(optimum bargain)이라 한다.

물품이 품질과 가격 면에서 모두 다를 때에는 가격 차이의 크기는 소비자 선택에 매우 중요하다. 합리적 소비자의 경우에는 현재 가격에서 최적 거래 물품이라 여기는 물품마다 임계 가격(a critical price)이 있어서 이 가격보다 높아지면 소비자는 다른 물품으로 마음을 바꾸게 된다.

만족감에 대한 추정값으로 물품을 평가하는 것은 필연적으로 잠정적일 수밖에 없다. 물품을 실제 사용해본 후에는 추정값에 대한 정확성을 알게 될 것이다. 불확실성의 세계에서 합리적 소비자는 후회의 원인들을 최소화하려고 할 것이다. 잘못이 발견되면 평가를 다시 하고, 수요(demands) 계획을 변경할 것이다. 그러므로 개인들의 선호도는 일정치 않고, 경험 전과 경험 후의 평가에서 차이가 분명해지면 지속적으로 변경될 것이다. 소비자들의 취미와 환경이 변화하지 않고 물품의 변화가 없다면, 이 차이는 줄어들며 아마 사라지기도

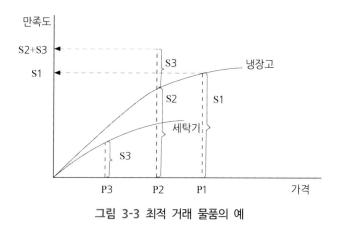

그림 3-3 최적 거래 물품의 예

할 것이다. 그렇지 않은 모든 다른 상황에서는 이 과정은 끊임없이 계속되며, 계속 바뀌는 욕구(needs)와 좀 더 만족스런 기회(opportunities)를 추구하고자 하는 일상적 몸부림이 지속될 것이다.

3.4 생산자의 행동

이제 생산자의 입장에 서 보자. 생산자가 이익을 최대화하기 위해 사용하는 자료는 현재 생산 중인 제품들에 대한 소비자의 현재 수요가 아니라(왜냐하면 이들은 변하기 때문에), 군중의 기본 욕구, 즉 어떤 취향 및 선호(preferences)와 관련은 되어 있지만 특정 상품과 직접 연계될 필요는 없는 욕구가 되어야 한다. 가장 수익성이 높은 제품을 결정하려면, 생산자는 먼저 이 기본 욕구의 정확한 특성을 추정해야 한다. 그러면 그의 문제는 이러한 욕구가 가장 잘 반영될 수 있도록 제품의 품질을 결정하는 일이 된다.

비유를 들어 보면, 각 개인의 욕구 무리는 하나의 과녁과 같다. 과녁의 중심은 만족의 최적점(optimum point)으로 완벽한 제품에 의해서 제공된다. 그 이외의 조금 다른 제품들은 중심으로부터 약간 떨어져서 과녁을 맞히는 정도의 충분한 만족을 제공한다(그림 3-4). 취향이 각각 다르기 때문에 한 사람에게 최대의 만족을 제공하는 제품은 다른 사람의 마음에는 완벽치 못하게 된다. 그러므로 생산자는 하나의 제품이 모든 사람의 과녁 중심을 맞힌다거나 또는 과녁 중심 가까이에 위치하리라 기대할 수는 없다. 대량 시장(mass market)에 접근하고 싶어 하는 생산자라면, 그가 희망할 수 있는 바는 그의 경쟁자들의 화살보다 가능

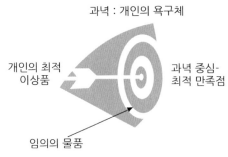

과녁 : 개인의 욕구체

개인의 최적
이상품

과녁 중심-
최적 만족점

임의의 물품

그림 3-4 개인의 욕구를 완벽히 만족시키는 제품

한 한 과녁을 많이 맞히고 또 과녁 중심 가까이 떨어질 수 있도록 하여, 전체 합산점이 최대화될 수 있도록 제품을 선정하는 것이다(그림 3-5).

이 말은 물론 품질을 선정할 때 경쟁 제품의 품질을 무시할 수 없음을 의미한다. 그의 점수는 자신이 겨냥하는 과녁에 대해 경쟁자들이 맞히는 패턴에 부분적으로 영향을 받게 된다. 그는 대량 시장에 접근하기 위해 자신의 경쟁자들을 과감히 물리치려고 할 수도 있을 것이다. 또는 대부분의 사람들과는 아주 다른 취향과 요구를 지니고 있어서 다른 회사의 제품으로 전혀 맞혀진 적이 없는 과녁을 가진 소수 사람들의 욕구를 채워주는 쪽을 선호할 수도 있을 것이다. 혹은 소비자들 그룹에 따라 그들의 기본 욕구를 개별적으로 맞추어 줄 수 있는 다양한 종류의 제품을 생산토록 결정할 수도 있을 것이다. 어느 경우든 모두 제품의 다양성으로 귀결된다.

욕구를 추정하는 방법에는 시장의 선호에서 나타난 것처럼 사람들이 과거에 원했던 것에 대한 지식, 무엇을 선호하는지에 대해 사람들이 말하고 있는 것에 대한 조사, 새상품에 대한 소규모 시제품 제작, 사람들이 무엇을 원하고 있는지에 대한 추론 내지는 직감(아마도 부분적으로 자신의 선호 성향에 기초해서 얻은)을 통해 얻은 생산자 자신의 생각 등이 있을 수 있다. 많은 경우 최근 수요에 대한 경험론적 연구는 미래 수요에 대한 가장 좋은 한 가지

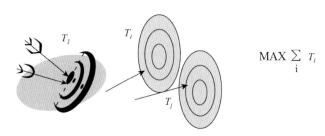

$$\text{MAX} \sum_i T_i$$

그림 3-5 전체 점수를 최대화하는 제품

가이드가 된다. 그러나 아직 생산되지 않은 새로운 제품에 대한 선정은 이러한 방법으로 추정할 수 없다. 이 경우 시장 조사나 선도 마케팅(pilot marketing)은 유용한 방법이 된다. 그러나 이러한 방법은 시험 대상으로 가능한 많은 제품들 중 어느 것을 다른 것보다 우선해서 선정해야 하는지를 결정해주지는 않는다. 일차적인 선정 대상은 군중의 필요, 취향, 행위 및 심리에 대한 전반적 친숙성에 근거하여 경영자 자신이 내리는 추측성 예측에 따라 결정될 수밖에는 없다.

일단 제품이 선정되고 생산이 시작되면 생산자는 이제 최적의 생산량-가격 이론에 따라 이익을 실현하게 된다. 하지만 소비자가 자신의 제품 및 용도에 대해 불완전하게 알고 있을 수 있으므로, 생산자는 자신의 제품 품질에서 큰 만족을 가질 수 있는 욕구를 소유한 잠재 구매자들을 찾아 그들에게 정보를 주고, 덜 만족스러워하는 제품으로부터 이들의 관심을 자신의 제품으로 돌리게 함이 유리하다는 것을 알게 될 것이다. 이것은 광고 및 판촉 활동에 대한 지출을 의미한다. 또한 소비자와 마찬가지로 생산자는 자신의 추정값이 불완전하고 아마도 그릇된 정보에 근거하고 있어 최종 판단으로 여길 수 없으므로 자신의 제품에 대해 회의적 자세를 갖고 그것을 개선시키는 방안들을 찾아봄이 유리하다는 것을 알게 될 것이다. 자신의 제품 속에 구현된 품질이 현재 이상적으로 조합되어 있지 않는 한(가능성이 매우 작지만), 올바로 품질을 변경하면 시장에서 자신의 위치가 개선될 것이다. 이것이 바로 새로운 모델을 도입하고 새로운 상품을 만들어야 하는 이유가 된다. 소비자의 기본 욕구와 이 욕구에 가장 잘 부합할 수 있는 제품의 품질에 관한 새로운 주장에 대해 생산자가 시도하는 하나의 실험적 과정 속에서 다양한 제품이 탄생된다. 소비자의 기본 욕구와 제품의 품질이 일치하는 일은 결코 일어날 수 없기에, 이 다양성의 과정은 끊임없이 지속되게 된다.

마찬가지로 소비자들에게 정보를 제공하는 일도 끊임없는 하나의 과정이다. 우리 각자는 쉽게 잊어버리므로 자주 생각나게 해주어야 할 필요가 있다. 발전과 변화(progress and change)는 그 필요성을 더욱 강화시키고 있다. 심지어는 정체된 사회(stationary society)에서도 젊은이들은 성숙하며 경제적으로 더 높은 위치로 이동하기 때문에 시장 안과 밖으로 개인들의 끊임없는 이동이 일어남으로써 신선한 정보도 계속 공급되어야 한다.

사실상 자본주의적 자유 시장 체제에서 정체 상태(stationary state)는 존재할 수 없으며, 생산자가 전지(omniscience)하지 않고 어느 정도의 독창력을 지니고 있고 매출을 확장시키고 싶어 하는 한, 진화적 과정만이 존재하게 된다. 신상품과 새로운 개량 상품이 탄생하게 되고, 옛 상품은 성장하거나 인기를 잃어 잊혀지게 된다. 소규모의 기술 혁신이 심지어 보수적 산업이나 기업에서도 경쟁에 뒤떨어지지 않기 위해 끊임없이 추구되고 수행된다. 경영의 상당 부분을 새로운 아이디어와 씨름하는 데 쏟고 있다. 진화적 변화를 만드는 데 작용하는 항존하는 이러한 힘은 어떤 시장 분야에서보다 뚜렷하게 두드러져 나타난다. 이 과정은 소수의 중요 상품에서만 전적으로 휴면 상태(dormant)를 유지한다. 그렇지만 보편적으로 경쟁 시장의 가장 뚜렷한 특징은 진화적 특성에 있다. 기술 혁신(innovation)은 비록 가격과 수요 계획을 뒤집어버리는 불균형적 요소를 지니고 있지만 이는 또한 균형을 유지하고자 하는 하나의 과정으로 볼 수 있다. 자연의 법칙과 인간 환경에 있는 불변의 요소들 범위 안에서, 소비자의 기본 욕구를 가장 잘 충족시키는 품질을 모든 제품이 보유하는, 결코 도달할 수 없는, 평형 위치(equilibrium position)를 향한 몸부림을 나타낸다는 의미에서, 기술 혁신은 균형을 이루고자 하는 시도이다. 소비자의 환경 변화나 생산자가 이용할 수 있는 기술 지식 에서의 변화는 소비자가 현재 가진 취향에서 최적이라 판단된 품질군(the set of qualities) 을 변경시킬 수도 있다. 그러면 소비자는 새로운 품질군에 가장 근접하는 새로운 제품이 생산된다면 더욱 만족하게 될 것이다. 이런 소비자를 자신의 고객으로 삼고자 하는 생산자 라면 자신의 상품을 변경시켜 새로운 품질군과 일치하도록 하여 자신의 위치를 개선시킬 수 있을 것이다. 그 결과로 어떤 변화가 일어나든지 이는 새로운 평형을 향한 움직임이 될 것이다.

▌생각할 점

1. 특정 상품의 다양성을 조사해 보자.

2. 특정 물품을 예로 들어 기본 욕구 무리를 설명해 보자.

3. 가치화 과정을 하나의 예를 들어 설명해 보자.

4. 소비자의 물품 선택 과정을 설명해 보자.

5. 생산자의 이익 실현 과정을 설명해 보자.

4

품질과 마케팅

4.1 마케팅 기능

4.2 신제품 개발

4.3 고객 반응 정보를 얻기
    위한 만족도 설문 조사

"제품은 만들기 전에 먼저 팔 곳을 찾아야 한다. 만들고 난 후 팔 곳을 찾는 것은 불난 후 소방서를 짓는 것과 같다."

제품은 판매가 중요하다고 말한다. 그러나 제대로 팔기 위해서는 시장에서 요구하는 제품을 공급해야 한다. 오늘날 마케팅 기능은 제품의 판매뿐 아니라 고객의 필요 및 욕구를 만족시키는 제품을 공급하기 위한 기업의 선도적 역할을 담당하고 있다. 본 장에서는 제품 개발과 관련한 마케팅의 역할에 대해

- 마케팅 기능
- 신제품 개발
- 서베이 사례

등을 살펴본다.

4.1 마케팅 기능

마케팅의 기본 기능은 제품을 파는 데 있다. 기업은 제품을 많이 팔아서 판매액을 높이고 이익을 많이 남겨야 생존하는 존재이다. 또한 이익을 투자하여 고객의 다양한 필요와 욕구를 만족시키는 제품을 끊임없이 개발하여 시장에 공급하여야 한다. 마케팅에서는 이러한 기본 기능에 충실하기 위해 시장을 분석하고 수요를 창출하는 데 많은 노력을 기울인다. 제대로 팔기 위해서는 시장의 요구에 따라 그때그때 신속하게 대응하여 시장에서 요구하는 제품을 공급해야 한다. 시장에서 요구하는 제품이 무엇인지를 끊임없이 조사해야 한다. 그러기 위해서는 다양한 계층의 고객을 만나고 이들의 의견에 귀 기울여야 한다. 이들이 가지고 있는 기본 욕구가 무엇인지를 파악하여야 한다. 마케팅에서는 기업이 공급하는 특정 제품에만 관심을 집중하는데, 이는 잘못된 마케팅 활동으로 제품이 궁극적으로 가져다주는 이점에

좀 더 관심을 가져야 한다. 즉 이 특정 제품들이 고객의 기본 욕구를 만족시키는 데 얼마만큼 효과를 보이고 있는지에 관심을 가져야 한다. 고객이 요구하는 것은 제품 자체라기보다 고객 자신의 기본 필요를 제품이 얼마만큼 충족시켜 주는가에 있기 때문이다. 따라서 마케팅에서는 제품을 파는 기능으로써 좀 더 고객의 필요에 대한 해결책을 제시하는 기능으로 정립되어야 한다. 고객이 더운 여름날 선풍기를 사러 왔다고 하자. 그러면 판매점에서는 자사가 만든 선풍기를 고객이 필요로 하고 있다고 생각할 것이다. 그렇지만 고객이 진정 원하는 것은 시원한 공기인 것이다. 선풍기는 고객이 가지고 있는 문제를 해결하는 하나의 수단에 불과하다는 사실을 잊어서는 안 된다. 이 판매점은 고객의 요구를 잘 만족시키는 신제품이 출현한다면 어려움에 직면하게 될 것이다. 동일한 필요를 충족시키고자 하는 고객은 이 신제품을 원할 것이다. 이처럼 기업이 자사 제품의 판매에만 집착하는 마케팅 사고방식을 근시안적 마케팅이라 한다[Levitt, 1960].

오늘날 마케팅 기능은 단순한 제품의 판매에서 벗어나 고객의 필요 및 욕구를 만족시키는 제품을 공급하는 데 있어야 할 것이다[Kotler, 1980]. 고객을 만족시키기 위해서는 먼저 시장조사 등을 통해 고객이 필요로 하는 바를 정확히 파악해야 한다. 그 다음 파악된 고객의 정보를 분석하여 제품 속에 이들을 구현시켜야 한다. 마케팅 요원들은 고객과 접촉하는 최전방에 위치하고 있으므로 이들을 통한 고객 정보 수집은 일차적 중요성을 지니게 된다. 이들로부터 얻은 기존 제품에 대한 고객의 평가는 제품 개선에 크게 유용하며, 새로운 제품에 대한 아이디어를 창출하는 데 기여할 수 있다(그림 4-1).

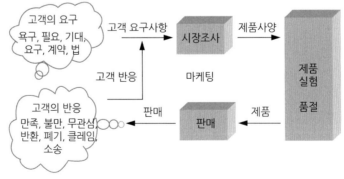

그림 4-1 마케팅 기능

마케팅 요원들이 겪는 문제점들은 판매하는 제품이나 서비스의 종류에 관계없이 거의 동일하다고 알려져 있다. 이들이 갖는 가장 큰 딜레마는 팔려고 하는 상품의 품질이 빈약한 경우이다. 판매 요원들은 일회성 판매가 아닌 신용에 바탕을 둔 고객과의 장기적 거래가 성공의 핵심이 된다는 사항을 잘 알고 있고, 따라서 좋은 품질의 제품을 공급하는 일에는 큰 자부심을 느낀다. 그러나 고객의 요구사항이나 자신의 자부심에 미치지 못하는 수준의 제품을 팔아야 하는 상황에 직면할 때가 이들을 가장 힘들게 한다. 다음으로는 공급하여야 하는 제품의 숫자를 잘못 계산하여 이중으로 고객에게 불만이나 불신을 갖게 하거나 또는 주문을 잘못 받거나 하여 곤경에 처하는 경우도 있다. 고객의 요구를 맞추기 위해 또는 경쟁에 몰려 무리한 납기를 약속하여 납기 지연에 처하는 경우도 판매 요원들을 종종 괴롭히는 문제이다[Deming, 1993].

4.2 신제품 개발

소비자의 기호가 변하고, 기술적 진보가 급격히 이루어지며, 경쟁이 날로 심화하여 가는 추세에서 기업은 기존 시장을 고수하며 새로운 시장을 개척하기 위해서는 끊임없이 새로운 제품과 서비스를 개발하여야 한다. 기업이 신제품을 시장에 공급할 수 있는 방법에는 다음의 두 가지 길이 있다. 한 가지는 취득을 통한 길이다. 즉 타 기업이나 특허권을 인수하거나 타인의 제품을 만들 수 있는 권리인 라이선스를 구입하는 방법이다. 또 다른 한 가지는 기업 자신의 연구 개발 기능을 이용하여 신제품을 개발하는 길이다. 여기서 신제품이란 독창적 제품, 개선 제품, 변형 제품 및 새 상표가 붙은 제품 등 기업이 자신의 연구 개발 노력 속에서 개발하는 품목을 말한다.

신제품 개발의 성공 확률은 매우 낮기 때문에, 기업은 매우 신중하게 신제품 개발 전략을 세우고 있다. 신제품의 성공 요인으로는 먼저, 더 높은 품질, 새로운 기능 및 더 높은 사용 가치가 있는 우수한 제품을 개발하는 데 있으며, 또 다른 성공 요인으로는 개발하기 전에 잘 정의된 제품 개념을 세워 목표로 하는 시장, 제품 요구서 및 효과 등을 정의하고 평가하는 데 있다. 결국 성공적인 신제품을 공급하기 위해서 기업은 고객, 시장 및 경쟁 제품을 잘 파악하여 고객에게 월등한 가치를 전달하는 제품을 개발하여야 한다.

기업은 이러한 목표를 달성하기 위해 체계적인 신제품 개발 공정을 구축하고 있다. 다음은 신제품 개발 공정을 살펴본다.

신제품 개발 필요성

기업이 신제품을 개발하기 위해서는 먼저 신제품 개발의 필요성이 제기되어야 한다. 신제품 개발에 대한 새로운 아이디어는 여러 가지 필요성에서 창출될 수 있다. 먼저 기존 제품의 수요 감소로 인한 재원 부족을 메꿀 필요성을 들 수 있다. 사람과 마찬가지로 제품에게도 탄생에서부터 죽음에 이르기까지의 기간이 있는데 탄생 초기에는 새로운 디자인과 기능으로써 시장의 관심을 끌다가 어느 단계가 지나게 되면 고객들로부터 외면을 받아 인기가 시들해지고 결국에는 시장에서 자취를 감추는 죽음의 단계에 이르게 된다. 이러한 현상은 보편적으로 거의 모든 제품의 수명기간 동안 일어나는데, 이 수명기간을 보통 도입기, 성장기, 포화기 및 쇠퇴기의 네 단계로 나눈다. 포화기에 접어든 제품은 시장에서 가장 경쟁이 치열한 시기로 기업으로서는 시장에서의 점유율을 유지하기 위한 노력과 함께 곧 다가 올 쇠퇴기에 대한 준비를 해야 할 필요성, 즉 신제품 개발에 대한 필요성이 대두된다. 이 외에도 특정 고객의 문의, 시장 가능성을 감지하고 이에 대한 반응, 신기술 개발과 관련된 연구 결과, 기존 기술을 적용하는 새로운 방식 개발에 의한 기술 혁신, 추가 설계 활동을 필요로 하는 라이선스 계약, 다양한 원천으로부터 나온 간단히 표현된 창조적 사고 및 낡은 시설 교체로 말미암아 제품에 대한 재설계 등으로 인하여 신제품 개발에 대한 필요성이 제시된다.

신제품 아이디어 수집

신제품 개발에 대한 아이디어는 다양한 곳에서 얻을 수 있다. 예를 들면, 기업 내부에서, 고객으로부터, 경쟁 제품으로부터, 공급자로부터 또는 판매처로부터 등이 있다. 기업 내부에서 신제품에 대한 아이디어는 설계 개발 기능으로부터 제시되거나 임원, 엔지니어, 제조, 판매 요원들로부터도 얻을 수 있다. 3M사의 15% 규칙은 사내 인원으로부터 제품 아이디어를 얻는 잘 알려진 사례이다. 3M사에서 각 종사자는 자기 시간의 15%를 부트레깅(bootlegging)하는 데 사용할 수 있도록 허락하고 있다. 부트레깅이란 회사의 이익과 직접 결부되지 않는 프로젝트나 개인적 관심사에 시간을 쓰는 것을 말한다. 우리가 흔히 쓰는 포스트잇(Post-it) 쪽지는 이런 프로그램의 결과로 탄생되었다.

신제품에 대한 아이디어는 고객을 살펴보고 그들의 말을 듣는 데서 오기도 한다. 기업은 고객의 질문이나 불평을 분석하여 좀 더 고객의 마음에 드는 제품을 만들어낼 수 있다. 기업은 서베이나 포커스 그룹을 통해 고객의 욕구나 필요를 배울 수 있다. 또는 기업의 엔지니어나 판매 요원으로 하여금 고객과 가까이서 작업하도록 함으로써 그들의 제안이나 아이디어를 들을 수도 있다. 고객은 또한 그들 자신을 위해 신제품에 대한 개념을 만들어내기도 한다.

경쟁사의 제품은 언제나 신제품 창출에 대한 좋은 공급처가 될 수 있다. 경쟁 제품의 성능과 기능들을 분석하고 비평함으로써 자사 제품에 대한 벤치마킹으로 사용할 수 있다. 판매처나 공급처 모두 신제품에 대한 아이디어를 내기도 한다. 특히 고객과 가까이에서 고객의 소리를 잘 들음으로써 제품에 대한 의견을 내놓을 수 있다.

고객으로부터 신제품에 대한 아이디어를 얻기 위해서는 주로 서베이 방법이 이용된다. 서베이의 목적은 고객 요구사항 또는 단순히 고객의 소리라 불리기도 하는 고객의 필요와 욕구를 정확히 파악하는 데 있다. 고객의 의견은 매우 다양하기 때문에 객관적으로 파악하기 위해서는 이들의 의견을 체계적으로 수집하여야 한다. 서베이를 실시하기 위해서는 먼저 서베이 대상을 정해야 한다. 누구를 서베이할 것인가를 정하는 일은 매우 중요하다. 이들은 후에 잠재 고객이 되기 때문에 이들의 필요나 욕구를 파악하는 일은 무엇보다도 중요하다. 서베이 대상을 정하기 위해서는 다음 세 가지 사항들을 고려하여 샘플링한다. 첫째, 목표 시장(target market)을 파악한다. 기존 제품이나 유사 제품의 사용자, 경쟁 제품의 고객, 유통점 종업원, 판매원 등으로부터 신제품에 필요한 정보를 수집할 수 있어야 한다. 둘째, 연령 분포, 소득 수준, 결혼 여부, 지역적 차이, 제품의 기존 사용자 등 인구통계학적 분석 방법을 사용한다. 셋째, 지역 분포를 고려한다. 지역에 따라 거주 환경이나 관습이 다르므로 제품에 대한 기대 및 요구사항이 각기 다르다.

서베이를 하기 위해서는 대상자들의 시간을 필요로 하고 때로는 특정 장소까지 와서 인터뷰 등을 해야 하기 때문에 비용이 많이 든다. 따라서 대상자들에게 금전적 보상을 하는 것이 필요하다. 때로는 비용 절감 측면에서 서베이 대상으로 자사 종업원을 이용하는 경우가 있는데, 이는 바람직하지 않다. 종업원은 자사 제품에 더욱 친숙하고 기업이 원하는 바를 잘 알고 있기 때문에 서베이 결과가 왜곡될 우려가 많이 있다. 또한 서베이를 실제 행하는 기관은 기업과 무관한 위치에서 비밀을 보장할 수 있어야 한다. 서베이를 원하는 기업에 대한 정보가 알려질 경우 서베이 대상자들의 태도에 영향을 미칠 수 있기 때문이다.

서베이를 실제 실시하는 방법으로는 포커스 그룹을 구성하여 토의를 하거나, 인터뷰 실시, 우편이나 인터넷을 통한 설문조사 또는 개인 관찰 방법 등이 동원될 수 있다. 포커스 그룹(focus groups)은 보통 8 ~ 12명으로 구성된다. 미리 논의할 사항에 대해 구체적으로 협의한다. 진행자는 그룹에 참여한 사람들에게 각 사항에 대해 필요나 요구 등의 의견을 들으며 대화를 진행한다. 진행자는 논의가 잘 진행될 수 있도록 하며, 한두 사람에 의해 대화가 독점되지 않도록 하고, 그룹 토의에서 개발된 시너지 효과를 적극 활용토록 한다. 인터뷰는 고객과의 1 : 1식 대화를 말한다. 전화를 통해서 또는 직접 접촉을 통하여 이루어진다. 직접 접촉은 가장 효과적인 방법으로 고객의 태도나 행동을 통해 고객의 반응을 직접 관찰할 수 있는 계기가 되며, 따라서 고객의 욕구나 필요성에 대한 심층 조사가 이루어질 수 있다. 그러나 많은 시간과 비용이 수반되기 때문에 보통 75 ~ 200명 가량에 대해 두세 곳 정도에서 행해진다. 우편 설문조사는 적절한 비용으로 대규모로 수행될 수 있지만 회송률은 보통 15 ~ 50% 정도이다. 그리고 답변자가 정확히 질문을 이해하고 답변했는지에 대한 불확실성이 존재한다. 개인 관찰 방식은 특정 제품을 사용하는 사용자들을 직접 관찰하는 방법이다. 직접 관찰을 통해서 사용자들의 불편 상황을 파악하여 제품 개선의 기회를 얻을 수 있다.

아이디어 심사

이와 같은 다양한 방법으로 수집된 신제품에 대한 정보들은 이제 이들에 대한 심사 과정을 통해 걸러진다. 심사 과정에서는 각 아이디어가 기업의 목표나 계획에 합당한가, 적절한 시장 수요가 있을 것인가, 그리고 제품 개발과 관련된 위험을 덮을 만한 충분한 가치 회수가 가능할 것인가라는 측면에서 검토되고 평가된다.

제품 개념서

심사 과정을 통해 걸러진 신제품 아이디어는 새로운 제품에 대한 제안이나 구상으로 무엇에 관한 것인지, 그리고 기업에 어떠한 가능성을 가져다줄지에 관한 간단한 문서로 작성된다. 이 문서를 기업에서는 제품 개념서(product concept)라 한다.

프로젝트 제안

심사를 통과한 제품 개념에 대해서는 하나의 프로젝트로 제안되어 신제품 개발 가능성에 대한 추가 조사 활동을 실시한다. 이 프로젝트는 상위 경영층에 제안되어 심사와 승인을 받아야 한다. 승인된 프로젝트에 대해서는 재정 계획에 따라 예산이 할당된다. 이 프로젝트 제안서에는 프로젝트 목적, 제안된 제품의 시장, 제품 개발 단계 및 완성 시기, 프로젝트 운영비용과 필요 자본, 특별 하청 계약 요구 사항 및 기업의 거래액, 수익 및 투자 회수율에 대한 예상치 등의 사항들이 포함되어야 한다.

타당성 조사

프로젝트가 승인되면 타당성 조사(feasibility study)를 실시하여 최고 경영층이 프로젝트를 더 이상 추진할지 말지를 판단할 수 있도록 충분한 정보를 제공하도록 하여야 한다.

제품사양

제품사양(product specification)은 때로 목표 디자인(target design) 또는 설계개요(design brief)라 하며, 제품에 대해 무엇이 필요한지를 설계자에게 주는 명확한 설명이어야 한다. 이것에는 모든 요구사항과 설계자가 준수해야 할 표준이나 규제와 같은 제약사항을 포함하고 있어야 한다. 그러나 설계에 대한 제안을 해서는 안 된다. 제품사양은 상위 경영층의 요구사항이 분명하게 설계자에게 전달되도록 문서화되어야 한다. 제품사양은 관리되어야 하며 변경사항은 항상 기재되어야 한다. 또한 요구사항 및 제약사항에 대한 원천 문서를 언급해야 한다. 제품사양이 시장에서 반드시 성공하기 위해서는 포괄적이고 완전해야 하며, 3개 범주, 즉 성능, 비용, 시간에 관한 요구사항들을 적절히 다루고 있어야 한다. 표 4-1은 이러한 3개 범주의 요구사항들을 보여준다.

제품사양 작성에는 많은 부서들이 참여하며 수차례 개정된다. 참여 부서에는 연구, 설계, 개발, 품질, 마케팅, 재무, 생산, 설치, 유통, 판매, 고객들이 있다. 최종 사양은 상위 경영층에 의해 승인되어야 한다.

표 4-1 제품사양 요구사항

범주	요구사항
성능	• 모습 및 구조 • 크기, 부피 및 색깔과 같은 정적 요구사항 • 입력/출력과 같은 동적 요구사항 • 편의성 • 온도, 습도 및 충격과 같은 사용 환경 조건 • 안전성 • 신뢰성 • 내구성 • 보전성
비용	• 제조 비용 • 공구 비용 • 유지보수 비용 • 설계 비용
시간	• 수량, 예를 들면 단위시간당 제품 생산량 • 제조 시작일 • 예상 창고/선반 보관 시간 • 예상 판매 기간 • 예상 제품 수명

시장 준비 상황 검토

생산 및 공정 능력 그리고 현장 지원 서비스가 충분히 확보되어 있는지를 파악해야 한다. 마케팅과 설계 기능은 서로 긴밀히 협조하여 이들을 검토할 필요가 있다. 제품 형태에 따라 다르지만 설치, 운영, 유지보수 매뉴얼, 적절한 유통 및 고객 서비스 조직의 존재, 현장 요원 훈련, 교체품이나 부품의 확보, 현장 시험, 만족스런 품질 시험 완료, 초기 제작품 또는 샘플 제품의 포장 및 상표 검사 그리고 제품규격을 충족시킬 수 있는지에 대한 생산 또는 운영 장비의 공정 능력에 대한 입증 등의 사항을 검토해야 한다.

고객 만족도 정보

제품을 사용해본 고객이 제품에 대해 어떻게 생각하는가 하는 고객의 의견은 제품의 품질 개선에 중요한 정보가 된다. 마케팅과 고객 지원 서비스 기능은 고객과의 직접 접촉 창구를 가지고 있어야 하며, 이 창구를 통해 공급한 제품에 대한 시장의 반응을 면밀히 주시해야 한다. 마케팅 기능은 고객으로부터 제품에 대한 불만과 현장 성능에 관한 자료를 적극적으로 수집해서 기업의 관련자들에게 정보를 보내야 한다. 이후 고객이 만족하는지에 대한 추가 확인을 실시해야 한다. 이러한 고객의 반응이 적절히 활용되기 위해서는 정보 수집 및 피드백을 위한 시스템이 기업 내에 잘 갖추어져야 한다. 이 시스템은 제품 수명 주기 동안 계속 가동되어 품질 개선에 관한 정보로 고객의 반응을 이용할 수 있어야 한다. 고객의 소리는 언제나 들려져야 하며 제품의 품질과 관련된 모든 정보는 정해진 절차에 따라 세밀히 분석되고 분류되고 해석되고 의견교환이 이루어져야 한다. 이 시스템에서는 제품이 품질에 관한 고객의 기대, 즉 안전성, 신뢰성, 내구성, 가용성을 얼마만큼 만족시킬지 분석해야 한다.

또한 고객의 만족도 정보는 경영 활동은 물론 설계 변경이나 생산 관리 지점에 대한 실마리를 제공하기도 한다. 불만에 관한 정보, 고장 발생과 유형, 고객의 필요와 기대 및 사용 중에 마주치는 어떠한 문제든지 설계 검토나 수정 활동에 적극 이용될 수 있어야 한다.

어떤 경우에는 특히 새로이 시장에 소개된 제품에 대해서는 제품 고장이나 결함의 발생을 보고하는 조기 경보 체제를 갖추어 신속히 수정 활동을 펼 수 있도록 함이 필요하다.

제품에 대한 고객의 인식과 관련된 자료를 수집하기 위해서는 정상적인 피드백 창구 외에 워크숍, 서베이, 인터뷰, 기업 내의 다양한 계층으로부터 고객, 대리점, 유통업계에 대한 방문 등 다양한 방법을 동원해야 한다.

마케팅 기능은 설계 부서와 협동으로 주기적으로 제품에 대한 재평가를 수행하여 설계가 모든 요구사항과 관련하여 여전히 유효한지 점검해야 한다. 현장 경험이나 현장 성능에 관한 서베이를 실시하여 신기술 측면에서 고객의 요구 및 기술 규격에 대한 적합성 검토가 있어야 한다. 이 검토에는 또한 공정 변경도 검토되어야 한다.

4.3 고객 반응 정보를 얻기 위한 만족도 설문 조사

요즈음 인터넷을 통한 경매 시스템을 운영하여 수익을 창출시키는 인터넷 업체들이 많이 등장하고 있다. 이들은 숙박업소, 자동차 렌트, 비행기 표 등에 대한 경매를 통하여 정상 가격보다 저렴한 가격으로 서비스를 이용하게 하여 고객에게 이익을 창출시키는 한편 일정 금액을 고객에게 부과하여 수익을 창출한다. 또한 서비스 제공 업체는 고객에게 알릴 수 있는 기회가 더 확대되어 경쟁사보다 유리하게 고객을 유치할 수 있다.

다음 질문서는 인터넷으로 호텔을 예약한 후 이를 사용한 고객에게 보내온 만족도 설문서를 참조하여 작성한 글이다[priceline]. 일반적으로 호텔의 품질 요소로는 객실의 안락함, 공동 공간 및 시설의 질, 호텔 요원들의 업무능력(친절함, 도움 등), 호텔 레스토랑의 질, 호텔의 위치(편리성, 안전성 등), 호텔의 청결도(객실, 로비, 시설 등) 등을 들 수 있다. 이들 요소들에 대한 수리적 평가를 통해 숙박업소들 간의 품질 수준을 가늠할 수 있을뿐더러 임의의 숙박업소는 어떤 요소들이 잘 되고 있으며 어떤 요소들에 대한 추가 개선 조치가 필요한지를 알 수 있다. 고객의 만족도에 대한 정확한 정보를 획득하기 위해서는 이들 요소들을 설문조사 항목 속에 적절히 반영시킬 필요가 있다. 모두 15문항으로 이루어져 있으며, 이 중 10문항은 간단한 평가척도를 사용하여 호텔에 대한 만족도를 묻고 있으며, 나머지 4문항은 간단한 기술을 요구하고 있다. 설문서를 통한 만족도 조사 결과를 통계적으로 분석하기 위해 실험 계획적 기법(experimental design)을 적용한 사례도 있다[Berger, 2002].

호텔 만족도 설문 조사 예시

고객님께서 최근에 머물렀던 xxx 호텔에 대해 고객님의 견해를 듣고자 합니다. 고객님의 의견은 이 호텔에 대한 등급 평가 및 검토에 반영될 것입니다[priceline].

1. 객실의 안락함과 호감도에 대해 평가하시오.
   나쁨   ①   ②   ③   ④   ⑤   ⑥   ⑦   ⑧   ⑨   ⑩ 좋음

2. 호텔의 공동 공간 및 시설의 질에 대해 평가하시오.
   나쁨   ①   ②   ③   ④   ⑤   ⑥   ⑦   ⑧   ⑨   ⑩ 좋음

3. 호텔 요원들의 태도(친절함, 도움 등)에 대해 평가하시오.
   나쁨   ①   ②   ③   ④   ⑤   ⑥   ⑦   ⑧   ⑨   ⑩ 좋음

4. 호텔 레스토랑의 질에 대해 평가하시오(레스토랑을 사용한 경우).
   나쁨   ①   ②   ③   ④   ⑤   ⑥   ⑦   ⑧   ⑨   ⑩ 좋음

5. 호텔의 위치에 대해 평가하시오(편리함, 안전함 등).
   나쁨   ①   ②   ③   ④   ⑤   ⑥   ⑦   ⑧   ⑨   ⑩ 좋음

6. 호텔의 깨끗함에 대해 평가하시오(객실, 로비, 시설 등).
   나쁨   ①   ②   ③   ④   ⑤   ⑥   ⑦   ⑧   ⑨   ⑩ 좋음

7. 호텔에 대한 전체적 인상(경험)을 평가하시오.
   나쁨   ①   ②   ③   ④   ⑤   ⑥   ⑦   ⑧   ⑨   ⑩ 좋음

8. 다음 글에 대해 어느 정도 동의하는지를 말씀하시오.
   "호텔은 내가 예상했던 만큼 나의 기대를 충족시켰다"
   나쁨   ①   ②   ③   ④   ⑤   ⑥   ⑦   ⑧   ⑨   ⑩ 좋음

9. 자신의 경험에 비춰볼 때 이 호텔에 적합한 등급을 제시하시오.
   ① 무궁화 1   ② 무궁화 2   ③ 무궁화 3   ④ 무궁화 4   ⑤ 무궁화 5(특급)

10. 고객께서 머물렀던 이 호텔은 다음과 같이 말할 수 있을까요?

    친 가족적이다.　　　　　　① 예　　② 아니요　　③ 관계없음

    낭만적이다.　　　　　　　① 예　　② 아니요　　③ 관계없음

    업무 여행에 적합하다.　　① 예　　② 아니요　　③ 관계없음

11. 고객님의 이번 여행 목적에 가장 부합하는 항목을 고르시오.

    ① 업무　　　　　② 경유　　　　　③ 관광

12. 이 호텔에 대해 좋았던 점을 간략히 기술하시오.

13. 이 호텔에 대해 좋지 않았던 점을 간략히 기술하시오.

14. 이 호텔에 대한 견해를 짧게 기술하시오.

15. 당신의 인터넷 주소를 기술하시오.

▌ 생각할 점

1. 좋은 품질의 제품을 만들기 위한 마케팅의 역할을 설명하시오.

2. 신제품 개발 공정의 입력과 출력 그리고 활동들을 설명하시오.

3. 마케팅과 설계 부서와의 협력 관계에 대해 설명하시오.

4. 마케팅과 관련된 ISO 9001 요구사항을 살펴보시오.

5

품질과 설계

5.1 설계 기능의 역할

5.2 설계 품질향상을 위한
　　주요 활동

5.3 품질 기능 전개

아무리 제조 및 생산 기술이 뛰어나다 하여도 잘못되거나 부적절한 설계를 보완할 수 없으므로 설계 활동은 제품이나 서비스 품질 형성에 초석이 된다.

설계는 마케팅에서 파악한 고객의 요구사항을 구체적인 제품으로 구현시키기 위한 설계 문서를 작성하는 활동이다. 이 활동은 후속되는 제조활동에 큰 영향을 미쳐 고객이 경험하는 많은 품질 문제들 중 대략 40% 이상을 차지하고 있는 것으로 파악되고 있다. 따라서 설계 단계에서 발생되는 품질 문제를 줄이는 활동은 매우 중요하다. 본 장에서는

- 설계기능의 역할
- 설계의 품질향상을 위한 주요 활동
- 품질기능 전개
- 설계기능 관련 ISO 9001 요구사항

등을 살펴본다.

5.1 설계 기능의 역할

설계는 제조 공정을 형성시키는 단계이다. 어떠한 제품이나 서비스든 시장에서 경쟁하기 위해서는 고객이 요구하는 것, 즉 성능, 모양, 가격, 인도, 신뢰성, 내구성, 안전성, 유지 보수 등을 만족시켜야 한다. 이러한 사항들은 기본적으로 제품 및 서비스의 설계에 달려 있다.

품질, 신뢰성 및 내구성은 검사 활동만으로는 제품 속에 스며들게 할 수 없으며, 제조 이전에 설계 속에서 구현되어야 한다. 따라서 설계에서는 기술적이고 경제적으로 제조 및 유지 보수가 가능하도록 고객의 요구사항을 효과적이고 정확하게 반영시켜야 한다. 설계 기능의 역할은 시장 조사나 연구 및 개발 프로젝트 결과로부터 나온 제품 설계개요에 기술되어 있는 고객 및 법적 요구사항 등을 포함한 제품 요구사항을 원재료, 제품, 공정 등에 관한 실제 설계 및 규격으로 전환시키는 일이며(그림 5-1), 설계 관리의 목적은 이 전환 활동의

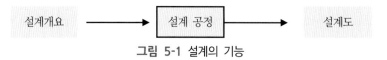

설계개요 → 설계 공정 → 설계도

그림 5-1 설계의 기능

결과가 제품 요구사항을 올바로 만족시킬 수 있도록 각종 검토 및 필요한 활동들을 제공하는 일이다.

설계 단계에서 환경적 조건을 충분히 고려하지 못하거나, 단순한 판단 잘못으로 인하여 발생하는 영향은 그 미치는 범위가 매우 넓으며, 생산 작업자의 솜씨 미숙으로 인하여 발생되는 것보다 제품이나 서비스 품질에 큰 악영향을 초래할 수 있다. 예를 들면, 발견되지 않은 채 생산 공정에 넘겨진 하나의 잘못된 설계는 생산되는 제품 모두를 불량품으로 만드는 등 기업에 많은 손실을 초래케 한다. 반면에 효과적인 품질시스템이 가동되고 있으면, 설계 상의 잘못이 후속 공정 어디에선가 좀 더 조속한 시간 안에 발견되어 생산된 제품의 약간만이 영향을 받게 된다. 또한 많은 제품의 성능과 모양이 괄목하게 개선되어 결과적으로 시장의 호감을 사게 되고 생산 비용을 줄이는 효과를 가져 오게 된다. 미숙하게 설계된 제품은, 특히 제품이 신뢰할만 하지 못하거나, 안전하지 못하거나, 유지 보수가 수월치 못하면 기업의 명성과 성장에 대한 기대를 저해시키고 만다.

설계 개발 단계에서 생산이나 품질 관련 부서원이 함께 참여하도록 배려함은 매우 필요하다. 이렇게 함으로써 설계 단계에서부터 제품의 품질과 생산을 염두에 두고 제품을 설계하도록 할 수 있다. 또한 제조 준비 단계에서 설계자들을 생산 준비 부서에서 같이 있도록 함으로써 설계 개발 단계에서 입수한 지식과 경험이 제품 속에 삽입되고, 생산 가능성 및 품질 향상을 촉진시키며, 혹 있을지도 모를 불량품에 대한 조치를 취할 수 있게 할 수도 있다. 이러한 형태의 기능 간 또는 부서 간 협동 작업(팀워크)을 통한 동시 공학 형태는 오늘날 많은 기업에서 채택되고 있다.

일반적으로 설계 품질은 제품의 기능 및 성능 요구사항이 설계 속에서 반영된 정도, 규격 요구사항이 도면 속에 실현된 정도, 제조 가능성 및 시장성이 설계 속에서 고려되는 정도, 낮은 유지비용으로 목표로 하는 수명 및 고장률을 확보하는 데 들인 노력, 새로운 경험과 품질 문제에 대해 얼마나 신속히 반응하는지 등에 의해 결정된다.

5.2 설계 품질향상을 위한 주요 활동

설계 계획

설계 단계는 제품 형성 및 품질에 중요한 영향을 미치는 공정이기 때문에 설계 단계에서의 계획은 필수적으로 요청되는 활동이다. 설계 계획에서 고려할 사항으로써 설계 프로그램의 작성, 제품 요구사항, 허용차의 설정, 제품의 위험성 평가 수행 등이 포함된다.

제품 요구사항들의 성격과 복잡도에 따라 제품의 설계와 개발을 원활히 진행시키기 위해서는 하나의 설계 프로그램이 필요하다. 설계 프로그램은 설계 전 과정을 각각의 활동에 따라 몇 개의 단위 설계 공정으로 나누어 순차적 공정 순으로 하나의 도표 속에 표현한다. 이렇게 함으로써 설계 진척 정도를 파악할 수 있고 주요 활동과 설계 검토가 이루어질 수 있다. 설계 검토나 평가가 이루어지는 공정 범위는 제품 설계의 복잡도, 기술의 중요성, 표준화 정도, 과거 설계와의 유사성 및 제품이나 서비스의 사용 등에 달려 있다.

설계자는 많은 사항들을 고려해서 설계해야 한다. 고객의 요구사항은 우선적 고려사항이지만 이것 외에도 안전, 환경 및 기타 법적 규제사항 그리고 현재 법에서 요구되는 사항보다 앞선 기업의 품질정책 등을 고려해야 한다. 품질과 관련하여서는 용도에의 적합성뿐만 아니라 잘못된 사용에 대한 안전장치에 대한 고려와 함께 제품의 합격, 불합격 기준과 같은 중요한 제품특성들을 정의해야 한다. 또한 신뢰성, 내구성, 유지 보수성, 고장품 처리 및 안전한 폐기 처분과 관련된 사항들도 고려해야 한다.

설계자는 부품이나 제품 규격 속에 비합리적인 허용차를 주어서는 안 된다. 허용차는 요구된 품질 수준을 정의하기에 충분해야 하지만, 필요보다 더 엄격하게 주어져서는 안 된다. 지나치게 엄격한 허용차 설정은 실제로 필요한 수준보다 더 높은 설비 및 공정 능력, 작업자 기술력, 또는 시간을 필요로 하게 만든다. 게다가 그러한 허용차에 미흡한 것으로 판명된 품목은 불량품으로 처리되어 불필요하게 전체 비용을 증대시킨다. 동시에 부품 규격에 주어지는 허용차는 부품의 호환성에 필요한 요구사항들을 만족시켜야 한다.

제품 사용자들에게 발생할 수도 있는 만일의 위험성을 파악하고 이를 완화시키기 위해 적절한 설계 단계마다 제품이나 공정 속에 도사리고 있는 위험성에 대한 평가를 수행해야 한다. 이 평가의 결과에 따라 파악된 위험을 없애기 위한 예방적 조처들을 설계 속에서 구현시켜야 한다. 이러한 목적으로 설계 개발 단계에서 사용하는 위험성 평가 도구로는 '설계 결함 형태 및 영향 분석법', '결함 나무 분석법', '신뢰성 예측', '관련성 표시도', '시뮬레이션 기법' 등이 사용된다[2000].

설계의 주요 단계

설계 단계는 설계 계획에서 작성된 설계 프로그램에 따라, 제품의 복잡도와 보유한 설계 인력 등에 따라 다르지만 일반적으로 설계의 원활한 진행을 고려하여 순차적으로 '개념 설계', '구현 설계', '상세 설계', '제조용 설계' 등 4단계로 이루어진다. 주요 단계마다 설계의 실수나 잘못을 줄이기 위한 검토가 뒤따라야 한다.

(1) 개념 설계

제품에 대한 아이디어나 작동 원리 등을 구상하는 단계이다. 이 단계에서는 마케팅 공정에서 작성된 설계 개요(design brief)를 입력받아, 아이디어나 제품 개념에 있는 필수적 요소들만 정의한다.

(2) 구현 설계

제품 개념을 좀 더 체계적으로 발전시켜 상세 설계를 위한 초석을 놓는 단계이다. 이 단계의 막바지에 이르러서는 설계의 불확실한 부분들이 거의 해결되어야 하고, 전반적 레이아웃(general layout)이 끝나고, 모형에 대한 시험 검사가 수행된다. 이 단계의 결과물은 실물 크기 모형이 만들어질 수 있는 정도로 또는 상세 설계가 실시될 수 있을 정도까지 자료를 구비한 설계 도면이나 또는 다른 미디어 형태가 출력되어야 한다. 이 단계 마지막에서 설계 검토를 실시함이 적절하다.

(3) 상세 설계

설계의 마지막 상세한 부분까지 손질을 가하는 단계이다. 상세 설계를 제대로 마무리하지 않으면 설계 공정의 지연이나 설계 개요를 충족시키지 못하는 최종 설계가 나오는 등 많은 문제점을 야기시킬 수 있다. 따라서 앞의 단계들과 마찬가지로 세심한 배려를 해야 한다. 이 상세 설계 단계 중간에 또는 끝나고 나서 설계 검토를 반드시 실시해야 한다.

(4) 제조용 설계

상세 설계를 끝마쳤다고 해서 제품 제조에 적합한 제조 지시서가 나오는 것은 아니다. 제조 지시서에는 여러 팀들에 의해 몇 개의 부품이 결합되는 제품 설계에서는 제품 성능을 저하시키지 않도록 부품들 간의 일치성(compatibility)과 접속면(interface)을 관리하는 인터페이스 설계에 대한 관리(control of the interface design), 형상 관리(configuration control)라고도 하는 제조 지시서에 대한 관리, 그리고 제조 지시서 점검(checking the manufacturing instructions)과 같은 절차가 있어야 한다.

설계에서의 품질

제품 설계에서 품질을 향상시키기 위한 노력이 개념 설계 단계에서부터 있어야 한다. 이러한 노력은 다음과 같은 보편적 설계 방법으로 요약될 수 있는데, 이 방법에 따라 설계할 때 설계 단계에서 제품의 품질 향상을 도모할 수 있다. 첫째, 불필요한 복잡성을 피하라. 단순한 설계는 제조하기 쉽게 만든다. 쉽게 제조되는 제품이나 부품은 공정 에러, 추가 비용 및 품질 문제 발생의 위험성을 줄인다. 가능하면 가격과 신뢰성이 입증된 기존 부품을 사용하면 제품 설계나 시험에 들이는 비용을 줄일 수 있다. 이를 위한 한 가지 방안으로 표준화 가능성을 설계 단계에서 적극 고려하는 방법이 있다. 둘째, 불필요한 다양성을 피하라. 가능한 한 공동 사용이 가능하도록 부품을 설계하면, 부품 수가 줄어들고 생산 기간도 늘어나 경제성과 함께 품질도 확보할 수 있게 된다. 셋째, 불필요한 비용을 줄여라. 지나치게 정교한 허용차 설정이나 값 비싼 재료의 사용을 피하라. 그렇지 않으면 경쟁력이 떨어지는 제품이 될 것이다. 마지막으로, 품질 문제를 야기하는 것으로 알려진 기능을 최소화하거나 배제하라. 특히 제조물 책임법 시행과 관련하여 제품의 안전과 관련된 품질 특성에 대해서는 설계 단계에서 재료나 부품의 선정, 제품의 보관, 운반, 사용과 관련된 위험성을 배제하는 각별한 노력이 필요하다.

무엇보다도 목적에 적합한 제품을 만들어내는 것이 가장 중요하다. 품질 수준이 지나치게 미달하면 제품의 장래성이 없고, 지나치게 수준 높은 제품도 과도한 비용을 초래하여 경쟁력이 떨어진다.

5.3 품질 기능 전개

품질 기능 전개(QFD: Quality Function Deployment) 기법은 고객의 요구사항을 파악하여 제품의 품질 특성 또는 품질 목표로 전환시키는 기법이다. 일종의 행렬 형태 모습을 띠고 있는데, 고객이 즐겨 사용하는 언어로 표현된 고객의 요구사항을 입력받아, 기술적 언어로 표현되는 제품의 특성과 관련된 적절한 기술적 요구사항으로 바꾸어 출력하는 기법이다. 이 기법은 마케팅에서부터 제품계획, 설계, 제조 및 판매와 서비스에 이르기까지 제품과 관련된 전 단계에서 사용할 수 있는 기법이다.

QFD 행렬 형태는 2개의 기본축, 즉 수평축과 수직축으로 구성된다. 행렬의 수평축은 고객과 관련된 정보를 담으며, 수직축은 고객 입력 정보에 대응되는 기술 정보를 담는다(그림 5-2).

QFD를 적용하는 방법은 목적에 따라 사용하는 장소에 따라 다양한 형태로 이용될 수 있다. QFD에 대한 더 상세한 설명으로는 데이[Day, 1993]의 저서를 참조하기 바란다. 다음은 AT&T사의 품질 보증 센터에서 제시된 예이다[AT&T, 1987].

QFD는 고객의 요구사항을 파악하는 것으로부터 시작하여 다음과 같은 6단계를 거쳐 완성된다.

먼저, 행렬의 수평축 입력 정보를 1단계와 2단계에 걸쳐 작성한다. 1단계는 시장 요구사항을 파악하는 단계로, 기업이 공급하고 있는 제품에 대해 시장에서 요구하는 바를 파악한다. 이를 위해서는 시장 조사원들과 협의하여 또는 가능하면 고객들로부터 직접 제품에 대한 요구사항을 파악하고 이를 문서화한다. 2단계는 가치평가 단계로, 각각의 시장(또는

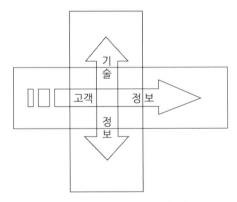

그림 5-2 QFD 행렬 형태

고객) 요구사항을 충족시키기 위한 상대적 가치를 평가한다. 이를 위해서는 먼저 고객 요구사항이 시장에서 어느 정도의 중요성을 지니고 있는지, 즉 요구사항의 상대적 중요성을 평가한다.

행렬의 수직축 입력 정보는 3~6단계에 걸쳐 이루어진다. 3단계는 두 개의 하부 단계로 구성되어, 3-1단계에서는 기술 특성을 기술한다. 여기서는 기업 공동의 언어를 개발하여 시장 요구사항을 기술적 특성으로 변환시킨다. 이를 위해 고객의 요구사항을 측정 가능한 특성들의 목록으로 바꾼다. 이들 측정 가능한 특성들로부터 제품의 품질목표를 파악한다. 다음 3-2단계에서는 상관관계 행렬로써, 이들 측정 가능한 기술적 특성들이 얼마나 효과적으로 고객의 요구사항과 관련되는지를 평가한다. 즉, 요구사항과 기술특성들 간의 상관관계를 결정한다. 필요하다면, 고객 요구사항을 충족시키는 데 필요한 추가 기술특성들을 파악하며, 동시에 불필요한 특성들을 파악한다.

4단계는 제품의 품질목표를 설정하는 단계이다. 이 단계는 두 개의 하부 단계로 구성되어 4-1단계에서는 기술특성의 중요도를 결정한다. 시장 요구사항에 근거해서 가장 중요한 측정 가능한 기술특성들을 품질특성으로 선택한다. 중요도를 정하기 위해서는 기술특성들이 얼마나 강하게 고객 요구사항에(3단계), 관련 요구사항들 간의 전반적 가치에(2단계) 영향을 미치는지를 고려한다. 그리고 4-2단계에서는 품질목표를 설정한다. 품질목표 설정 시 이들 중요한 품질특성들에 대한 성능기준을 경쟁사들에 대한 자료, 고객 요구사항과 과거 불만사항들에 대한 분석을 근거로 해서 정한다. 각각의 측정 가능한 중요 품질특성에 값을 할당하여 최종 제품의 품질목표들을 정한다. 그리고 품질목표들이 기업의 정책 및 관련 표준과 일치하는지 확인한다.

5단계는 하부 시스템의 품질목표를 설정하는 단계이다. 4단계에서 정한 상부 시스템의 품질목표는 이를 구성하는 하부 시스템들에 대한 품질목표들로 변환되어야 한다. 이는 4단계와 유사한데, 이를 위해서는 최종 제품의 품질목표에 기여하는 개별 하부 시스템의 기술특성들에 대한 목록을 작성한다. 그리고 이 특성들이 최종 제품의 품질목표에 기여하는 정도를 평가한다. 개별 중요 특성마다 성능기준을 정하여 개별 하부 시스템에 대한 품질목표들을 정한다.

마지막으로 6단계는 작업공정의 품질목표를 설정하는 단계이다. 이 단계에서는 제품의 품질특성들에 대한 목표를 충족시키기 위해 작업공정에 대한 품질목표들을 정해야 한다. 이를 위해서는 개별 하부 시스템의 품질목표들을 관계자들과 이야기한다. 작업 중인 반제품을

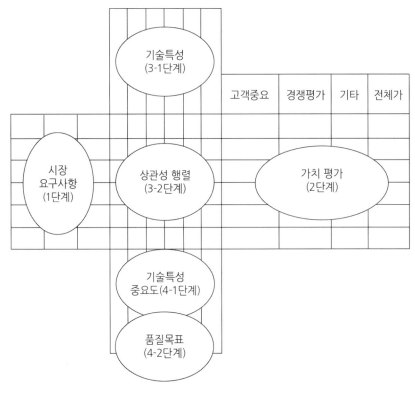

그림 5-3 QFD 적용 단계

측정할 수 있고 관리할 수 있도록 작업공정 내의 검사지점을 파악하라. 제품의 하부 시스템의 품질목표에 근거해서 검사지점에서 작업 중인 반제품들을 측정 비교할 목표를 설정한다.

　　때로는 기술특성(3-1단계) 목록 위에 기술특성들 간의 상관관계를 표시하기 위해 빗면이 기술특성 목록에 접하는 직각삼각형을 추가하기도 하는데, 이 경우 마치 집(주택)과 같은 모양을 하므로 QFD 행렬 형태를 품질의 집(house of quality)이라고 부르기도 한다.

　　[품질기능 전개 예]

　　다음은 '가' 기업의 컴퓨터 자판 디자인에 적용된 품질기능 전개 공정이다[AT&T, 1987]. 수평축은 고객의 언어로 표현된 고객이 요구하는 품질을 나열하고 있으며 수직축은 정확한 기술 용어로 표현된 측정 가능한 품질특성 목록이다. 예에서 고객은 자판의 키를 건너뛰지 않음으로써 에러를 줄일 수 있는 자판을 요구하고 있다. 기업에서는 이 필요성을 '여행거리(자판의 밑면에서의 거리)'와 '활동력'의 함수로써 파악하고 있다. ○과 ◗은 고객이 요구한 품질과 측정 가능한 품질 특성과의 상관성을 보여주고 있다.

표 5-1 QFD 작성 단계

단계	주제	내용
1	시장 요구사항 파악	• 기업이 공급하고 있는 제품에 대해 시장에서 요구하는 바를 파악한다. • 시장 조사원들과 협의하여 또는 가능하면 고객들로부터 직접 제품에 대한 요구사항을 파악하고 이를 문서화한다.
2	가치평가 단계	• 각각의 시장(또는 고객) 요구사항을 충족시키기 위한 상대적 가치를 평가한다. • 고객 요구사항이 시장에서 어느 정도의 중요성을 지니고 있는지, 즉 요구사항의 상대적 중요성을 평가한다.
3-1	기술특성 기술	• 기업 공동의 언어를 개발하여 시장 요구사항을 기술적 특성으로 변환시킨다. • 고객의 요구사항을 측정 가능한 특성들의 목록으로 바꾼다.
3-2	상관성 파악	• 기술적 특성들이 얼마나 효과적으로 고객의 요구사항과 관련되는지를 평가한다. 즉, 요구사항과 기술특성들 간의 상관관계를 결정한다. • 고객 요구사항을 충족시키는 데 필요한 추가 기술특성들을 파악하며, 동시에 불필요한 특성들을 파악한다.
4-1	기술특성 중요도 결정	• 시장 요구사항에 근거해서 가장 중요한 측정 가능한 기술특성들을 품질특성으로 선택한다. • 중요도를 정하기 위해서는 기술특성들이 얼마나 강하게 고객 요구사항에(3단계), 관련 요구사항들 간의 전반적 가치에(2단계) 영향을 미치는지를 고려한다.
4-2	품질목표 설정	• 중요한 품질특성들에 대한 성능기준을 경쟁사들에 대한 자료, 고객 요구사항과 과거 불만사항들에 대한 분석을 근거로 해서 정한다. • 각각의 측정 가능한 중요 품질특성에 값을 할당하여 최종 제품의 품질목표들을 정한다. • 품질목표들이 기업의 정책 및 관련 표준과 일치하는지 확인한다.
5	하부 시스템 품질목표 설정	• 최종 제품의 품질목표에 기여하는 개별 하부 시스템의 기술특성들에 대한 목록을 작성한다. • 이 특성들이 최종 제품의 품질목표에 기여하는 정도를 평가한다. • 개별 중요 특성마다 성능기준을 정하여 개별 하부 시스템에 대한 품질 목표들을 정한다.
6	작업공정 품질목표 설정	• 개별 하부 시스템의 품질목표들을 관계자들과 이야기한다. • 작업 중인 반제품을 측정할 수 있고 관리할 수 있도록 작업공정 내의 검사지점을 파악한다. • 제품의 하부 시스템의 품질목표에 근거해서 검사지점에서 작업 중인 반제품들을 측정 비교할 목표를 설정한다.

이 행렬의 오른편에는 고객의 요구사항들 간의 상대적 중요도를 정하기 위해 시장 평가를 이용하고 있다. 경쟁 평가 란에서는 '가' 기업의 현재 자판과 경쟁사 '나'의 자판을 비교하고 있다. 경쟁사 '나'의 자판은 '키 안 건너뜀'에 대한 고객의 요구사항을 2 : 1의 비율로 '가' 기업보다 더 잘 충족시키고 있다. 이 비교를 근거로 해서 '가' 기업은 이 요구사항에 대해 상대적 개선 목표 2를 정하였다. 이 개선 목표 2를 이 요구사항의 고객 중요도 평가 3을 곱하여 전체 가치 6을 얻었다. 이 값 6은 이 요구사항에 대한 상대적 가치 또는 '우선성'를 나타낸다.

'가' 기업에서는 고객 요구사항들에 대한 상대적 중요성 또는 가치를 파악하고 난 후 이 값들을 사용하여 요구사항들을 만족시키기 위해 가장 중요한 기술적 특성이 무엇인지를 결정한다. 개별 기술 특성의 중요성을 결정하기 위해 요구사항들과 특성들 간의 상관 관계 값(강한 상관성은 3, 약한 상관성은 1)을 각 요구사항의 전체 가치와 곱한다. 예를 들면, '여행 거리'는 '키 안 건너뜀'과 강하게 연관되어 있고(3 × 가치 6 = 18), '키 안 헐거움(3 × 가치 6 = 18)', 그리고 '안 피로함(3 × 4 = 12)', 이 모두를 합하여 총 48(18 + 18 + 12 = 48)을 얻었다. 각 특성의 중요도를 정한 후 가장 중요한 기술 특성은 '여행 거리'와 '활동력'임을 알았다. '여행 거리'와 '활동력'의 여러 값들을 변화시킨 자판기에 대한 인간 공학적 연구 결과에 근거해서 이 두 가지 특성에 대한 정량적 품질 목표들이 세워졌다.

			기술 특성					시장 평가				
			여행 거리	활동력	자판 표면	자판 경사	크기 (높이 ×폭)	비용	고객 중요	경쟁평가		'가' 목표	전체 가치
										'가'	'나'		
고객 요구 사항	키 안 건너뜀	키 안 건너뜀	◯	◯					3	1	2	2	6
		유령키				◗			3	-	1	1.5	4.5
		먼지문제							3	-	1	1.5	4.5
	모습키	덮개 색							1	1	3	1	1
		키 색			◗				1	1	3	2	2
	느낌	안 헐거움	◯	◯					3	2	1	2	6
		안 피곤	◯	◯		◗	◗		2	2	1	2	4
		안 큼					◯		1	2	1	1	1
		손가락 적합			◯				1	-	-	1	1
기술 특성들의 상대적 중요성			48	48	5	8.5	7						
품질목표			*1	*2									

상관성: ◯ : 강한 상관성 ◗ : 약한 상관성
품질 목표: *1 3.85 mm ≤ T < 3.9 mm
    *2 70 g ≤ F < 75 g

그림 5-4 컴퓨터 자판 설계를 위한 QFD

1. 품질과 관련하여 설계 기능의 중요성을 논의해보자.

2. 설계 단계에서 고려해야 할 품질특성들을 설명해보자.

3. 품질기능 전개 기법을 설명해보자.

4. 설계기능과 관련된 ISO 9001 요구사항을 살펴보시오.

6

품질과 생산

6.1 공정의 정의

6.2 불량품 발생원인

6.3 공정 개선

6.4 관련 ISO 9001 요구사항

> "만일 고객이 좋아하지 않는 제품이라면, 그것은 불량이다."
>
> 모토롤라 품질 부사장[Business Week, 1991]

생산단계는 설계단계에서 출력된 도면에 따라 제품 및 서비스를 만드는 단계이다. 이 단계에서의 가장 큰 품질 문제는 불량품 발생을 줄이는 일이다. 불량품은 생산비의 증가를 가져오게 함은 물론 고객 만족도를 저하시키는 요인이 되고 있다. 본 장에서는 불량품 발생의 기본적 원인을 비롯하여

- 공정의 정의
- 불량품 발생 원인
- 공정개선

등을 기술한다.

6.1 공정의 정의

오늘날의 제품은 매우 복잡한 제조 과정을 거쳐 완제품으로 형성된다. 각각의 제조과정을 좀 더 전문적 용어로 공정이라 하는데, 공정은 일련의 변환활동으로써 입력물을 받아 출력물로 변환시키는 상호관련되거나 상호작용하는 활동들의 집합 또는 관련된 요소들의 집합으로 ISO에서는 정의하고 있다[ISO 9000, 2015]. 공정은 제조 현장에서 가장 잘 적용되고 이해하기 쉬운데, 제조 현장에서의 공정은 다양한 부품이나 반제품을 만드는 일련의 가공 및 조립 작업을 말한다.

공정은 만들어내는 결과물의 복잡도에 따라 매우 단순하거나 훨씬 복잡한 작업이 될 수 있다. 예를 들면 어느 한 작업자가 볼트, 너트를 죄는 일, 기계 속의 한 부품이 처리하는 일도 공정으로 볼 수 있으며, 한 대의 기계가 처리하는 작업, 동일한 작업을 처리하는 여러

대의 기계와 작업자들, 그리고 많은 장비와 작업자로 구성된 공장도 하나의 공정으로 간주할 수 있다. 그리고 공정은 제품의 종류에 따라 다양한 형태가 있을 수 있다. 선박을 제조하는 조선 현장은 크게 선각, 선장, 전장, 의장 공정 등으로 나뉘기도 하며, 각 공정은 또 수많은 크고 작은 하부 공정으로 나누어진다. 예를 들면 선각 공정에서의 철판 작업과 관련해서는 주조, 단조, 절단, 용접, 접합, 조립 및 다듬질 공정 등이 있을 수 있다. 완성차를 만들어내는 자동차 제조 현장은 주로 조립 공정으로, 하부 공정들로 프레스, 차체조립, 도장, 의장 및 검수 등의 공정으로 구분되고, 엔진 및 변속기 등의 핵심부품을 생산하는 부품생산 공정은 주조, 단조, 소결, 열처리, 기계가공 및 조립 등의 하부 공정들로 이루어지기도 한다. 공정의 개념은 제조현장에서 가장 잘 이용되고 있지만 전술한 ISO의 정의에 따르면 마케팅 및 설계 과정도 각각 하나의 공정으로 정의될 수 있으며, 오늘날에는 회계, 금융, 일반 행정 등 기업의 모든 사무 활동에서도 정의되고 활용된다.

공정은 규모에서나 하는 목적에 따라 다양한 현장의 모습을 지니고 있지만 일반적으로 공정을 표현하는 간편한 방법으로 화살표와 직사각형 상자를 이용한다. 직사각형 상자는 공정에서 이루어지는 활동들을 묘사하며, 왼쪽 화살표는 활동에 필요한 자원이 입력되는 모습을, 그리고 오른쪽 화살표는 활동의 결과물이 출력되는 모습을 나타낸다. 공정에 투입되는 자원 및 정보를 입력물이라 하며, 공정에서 출력되는 활동의 결과를 출력물 또는 일반적 이름으로 제품이라 한다. 공정은 기본적으로 입력물을 받아 출력물로 변환시키는 변환활동으로, 공정의 기본 요소로 입력물, 변환활동 및 출력물을 들 수 있다. 그림 6-1은 공정의 일반적 모습을 나타낸다.

공정의 주된 목적은 변환활동을 통하여 입력물의 가치를 크게 하거나 새로운 가치를 만들어내는, 즉 부가가치 창출에 있다. 가치는 시간, 공간(또는 장소) 및 형태적 변환을 통하여 얻어진다. 입력물을 받아 사용자가 필요로 하는 때에 이를 사용할 수 있도록 하면, 이 입력물은 시간적 변환을 통하여 그 결과물인 출력물로 전환되면서 이 출력물에는 시간적 가치가 부가된다. 예를 들면, 시장에서 사온 채소를 냉장고에 보관하였다가 요리를 만들 때

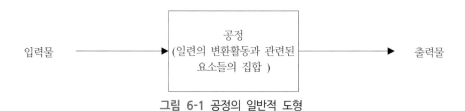

그림 6-1 공정의 일반적 도형

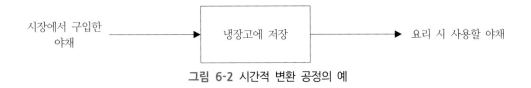

그림 6-2 시간적 변환 공정의 예

사용하게 되면, 냉장고는 시간적 가치를 채소에게 부여하는 역할을 한다. 이를 공정 모형으로 그려보면 그림 6-2와 같다.

또한 부품이 창고에 보관되어 있다 필요한 시점에 제조 공정에 투입되면 창고는 이 부품에 시간적 가치를 더하여 준다. 출력물이 사용자가 필요로 하는 장소에서 사용할 수 있도록 하면, 출력물은 공간적 또는 장소적 가치를 획득하게 된다. 예를 들면, 농가에 보관되어 있는 쌀이 소비자의 집까지 운반된다면, 이 쌀에는 공간적 가치가 부가된다. 또한 '가' 기업에서 생산된 부품이 이를 필요로 하는 '나' 기업의 자재창고까지 운반된다면, 이 부품에도 공간적 가치가 부가된다. 출력물이 사용자가 사용할 수 있는 형태로 변환되면 이 출력물에는 형태적 가치가 부가된다. 예를 들면, 밥솥을 이용하여 딱딱한 쌀을 부드러운 밥으로 만들면 이 밥에는 형태적 가치가 부가된 것이다. 철판을 가공하여 선박이나 자동차를 만드는 것도 형태적 가치를 만들어내는 변환활동이며, 철광석에서 철을 뽑아내는 제련활동도 형태적 가치를 만들어내는 변환활동이다. 변환되어 나온 결과물인 출력물을 공정의 제품이라 부르기도 한다.

공정에 투입되는 입력물은 제품에 따라 천차만별이지만, 원료나 부품과 같은 원자재, 작업자 또는 이들의 서비스, 기계 장비, 작업 방법, 작업 환경 등이 있으며, 이들을 변환시켜 나오는 출력물 또는 제품을 분류하면 운송과 같은 서비스, 컴퓨터 프로그램이나 사전과 같은 소프트웨어, 자동차 엔진 부품과 같은 하드웨어, 그리고 윤활류나 석유와 같은 정제물이 있다 [ISO 9000, 2015]. 오늘날의 많은 제품 속에는 서로 다른 분류에 속하는 요소들이 함께 존재한다. 이러한 경우 주된 요소가 어느 분류에 속하는지에 따라 제품을 분류한다. 예를 들면, 영업소에서 구입한 자동차에는 차체나 타이어와 같은 하드웨어적 요소, 연료나 부동액과 같은 정제물, 엔진 제어 소프트웨어나 운전 매뉴얼과 같은 소프트웨어 요소, 그리고 영업사원의 설명과 같은 서비스가 함께 포함되어 있다. 그렇지만 주된 요소는 차체 및 여러 장치들이므로 자동차는 하드웨어로 분류된다. 위의 분류 중 서비스와 소프트웨어는 실체가 없는 무형적인 것이며, 하드웨어나 정제물은 유형적이다.

89

표 6-1 제품의 분류(ISO 9000)

제품의 분류	설명	예
서비스	공급자와 고객 간의 접촉 면에서 필연적으로 수행되는 활동의 결과로써 일반적으로 무형적이다.	자동차 수리 서비스 은행 예금 서비스 의사의 환자 진료 호텔의 숙박서비스
소프트웨어	정보로 이루어져 있으며 무형적이다. 방법론, 업무처리, 절차의 형태를 띤다.	컴퓨터 소프트웨어 작업 절차서 제품 설명서
하드웨어	일반적으로 유형적이며, 그 양을 세는 일이 가능하다.	자동차, 선박, 항공기, 텔레비전, 전화기 등
정제물	일반적으로 유형적이며, 그 양은 연속적 특성을 갖는다.	휘발류, 윤활류, 세정액, 음료수

공정은 제품 생산과 관련된 제조 과정에 대해서 흔히 언급되지만, 기업을 비롯한 어떤 조직이든지 그 조직의 모든 활동 속에서 파악될 수 있다. 경영, 판매, 영업, 서비스 활동, 인사, 노무, 교육 훈련, 유지보수, 공급자와의 관계, 심지어는 사람 사이 또는 부서 간의 대화 등도 하나의 공정으로 이해될 수 있다. 따라서 어느 조직이든지 조직의 활동들은 수많은 공정들로 이루어져 있다고 볼 수 있다. 공정은 하나의 변환 과정이므로 변환의 대상이 되는 입력물이 투입되어야 하고 그 변환의 결과로서 나온 출력물은 다음 공정의 입력물로써 존재하게 된다. 그러므로 흔히 한 공정의 출력물은 다음 공정의 입력물이 된다. 이렇게 공정들은 단독으로 존재하기보다는 서로 관련되어 유기적으로 작용하면서 조직에 부과된 목표를 추구한다.

따라서 조직의 목표를 효율적으로 추진하기 위해서는, 즉 조직을 효과적으로 경영하기 위해서는 조직의 활동들을 공정으로 파악하고 분류하여 관리함이 필요하다. 이와 같이 조직 내의 활동들을 공정으로 파악하고 관련 있는 공정들을 묶어 하나의 시스템으로 관리하는 방법을 '공정 접근법(process approach)'이라 한다[ISO 9001, 2015]. 이러한 방법론을 따르면 시스템 내에 있는 개별 공정에 대한 효율적 운영은 물론 공정과 공정 간의 관계성 및 상호성을 지속적으로 관리할 수 있는 이점이 있다. 제품의 품질을 경영하기 위한 활동과 관련이 있는 공정들의 집합을 품질경영 시스템이라 한다. 이와 같이 공정 접근법을 써서 품질경영과 관련된 활동들을 하나의 시스템으로 운영하게 되면, 공정과 시스템에 부과되는 요구사항을 이해하고 충족시키는 사안의 중요성, 공정을 부가 가치적 측면에서 보아야 할 필요성, 공정의 효율성 및 효과성에 대한 성과 획득의 중요성 및 객관적 측정에 바탕을 둔 지속적 공정

개선의 중요성을 부각시킬 수 있게 된다. 이처럼 공정에 대한 관리 및 개선은 오랫동안 제조 현장의 주된 관리활동 목표였으나 오늘날은 제조뿐 아니라 기업의 모든 활동 영역에 걸쳐 필요 공정들을 파악하고 관리하고자 노력하고 있다.

6.2 불량품 발생원인

회로 기판에 조그만 칩들이 자동으로 삽입되고 있다. 삽입이 끝난 기판은 다음 공정으로 넘어가기 전에 한 작업자에 의해 육안 검사를 받는다. 큰 볼록렌즈 앞에 자리한 검사원은 기판이 도착할 때마다 렌즈 안을 들여다보며 때때로 불량 삽입된 기판을 집어 들어 옆에 놓인 상자 속에 던져 놓곤 한다. 이 기판은 불량으로 판정된 것이다.

이는 비록 휴대폰 제조 공정 중에서 목격된 일이지만 이러한 작업은 제품의 종류에 관계 없이 거의 모든 생산 공정에서 벌어지고 있다. 처음에는 버려지는 기판들이 자원 낭비라고 생각되지만 오래지 않아 작업자는 공정에서 일어날 수밖에 없는 당연한 일이라고 생각하게 된다. 그렇지만 이처럼 불량품에 익숙해져버리게 되면 문제 해결은 고사하고 해결로부터 일 보 후퇴해버리게 된다.

불량품은 왜 발생하는가? 어떻게 하면 불량품 발생을 줄일 수 있을까? 작업자는 이러한 문제들을 끊임없이 제기하면서 불량품을 줄이고자 노력해야 한다. 불량품을 줄이는 최선의 길은 작업자는 물론이고 누구나가 자기의 맡은 바 공정에서 불량품은 제거될 수 있다는 신념을 갖는 데 있다. 여기서의 신념이란 불량품이 발생된 데에는 그 원인이 반드시 있고 그 원인을 추적하여 제거해버린다면 불량품은 더 이상 발생하지 않으리라는 확신을 말한다.

대부분의 사람들이 불량품에 대해 느끼고 있는 바로는 제품들이 엄격한 품질 기준을 만족시켜야 하는데, 그러기에는 너무 많은 결함 요인들이 있기 때문에 불량품 발생은 피할 수 없는 사실이라고 생각한다.

그러나 제품의 종류나 제조 방법에 관계없이 불량 발생 원인은 보편적으로 동일한 하나의 현상 때문임으로 파악되고 있다. 이 현상이 바로 변동성(variation)으로 어느 제조 공정이든 고유적으로 내재하고 있는 하나의 보편적 성향이다.

제조 현장에서는 많은 시설, 작업자, 기계류 및 각기 다른 작업 방법에 따라 제품이 생산되고 있다. 만일 제품 생산과 관계된 이 모든 요인들이 일정한 상태로 유지되어 작업될 수

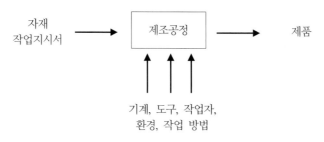

그림 6-3 제조 공정에서의 변동 요소

있다면, 또한 현장에 투입되는 모든 재료가 일정한 품질을 갖고 있다면, 말할 필요도 없이 이 제조 현장에서 만들어내는 제품은 모두 동일한 품질 수준을 보여줄 것이다. 예를 들어, 모든 휴대폰은 동일한 성능, 외관 및 수명을 보여줄 것이며, 조립 공정 중간중간에서 검사하는 검사원들의 모습도 보이지 않을 것이다. 또한 폐기되는 불량품도 없을 것이며, 모든 원자재는 100% 완제품으로 출하되며, 모든 제품이 고객을 만족시키게 되고, 고객이 제품 사용 도중 겪게 되는 불편함도 없게 되고, 고객이 제기하는 불평불만도 전혀 없게 되며, 고객 불만 신고 및 처리 센터와 같은 부서는 아예 존재 자체가 거론되지도 않을 것이다. 그러나 현실은 이와는 크게 다른 모습을 보여주고 있다. 기업에서 불량품으로 인해 발생되는 비용은 산업별 제품 종류에 따라, 그리고 비용 산정 방법에 따라 차이는 크게 다르지만 많게는 매출의 60%에 달하는 경우도 있다. 소위 첨단 산업이라는 정보 통신 분야에서도 매출의 10~15%는 품질 비용으로 처리되고 있다[QuEST, 2001]. 또 많은 기업에서 고객 불만 처리에 역량을 집중하기도 한다.

그러면 왜 불량품과 합격품이 함께 생산되고 있는가? 이는 앞서 말한 대로 제조 공정에 변동성이 존재하고 있기 때문이다. 자재 속에, 기계 상태 속에, 작업자의 작업 속에 그리고 넓게는 제조 환경 속에 존재하는 변동이 바로 불량품 발생 원인으로 꼽힌다. 이러한 변동이 없다면 모든 제품은 동일할 것이며 불량품과 양품의 발생과 같은 품질상의 다름이 발생하지 않을 것이다.

하나의 공정으로 철판을 구부리는 작업을 생각해보자. 공정에 투입되는 철판 하나하나 모두 동일한 두께를 가진 것처럼 보인다. 그러나 정확히 측정해보면 철판마다 두께가 다름을 알 수 있다. 심지어는 하나의 철판 내에서도 측정 위치에 따라 조금씩 차이가 발생한다. 어느 부위는 다른 부위보다 약간 두께가 얇으며 또 어떤 부위는 좀 두껍다. 좀 더 철판 내부 속으로 들어가 철판의 분자 구조를 살펴보면, 철, 탄소 및 기타 원소들의 함량 및 배열 상태가

한 회사로부터 납입된 철판이라 할지라도 철판 부위에 따라 약간의 변동이 존재한다. 이러한 변동으로 말미암아 품질상의 차이가 발생한다. 동일한 압축 방법을 적용하여도 철판은 모두 일정하게 구부러지지는 않는다. 어떤 철판은 아예 찢어짐 현상이 발생하기도 한다.

또 다른 공정으로 강철봉을 절단하는 작업을 살펴보자. 절단기에 강철봉의 양끝을 고정시키고 절단날을 고속 회전시켜 강철봉을 절단하다 보면 절단기 날이 점차 무디어 감을 볼 수 있다. 윤활류의 상태도 기온 변화에 따라 변한다. 잘린 강철봉의 크기도 고정 상태 및 절단기 날의 위치에 따라 변한다. 비록 한 작업 한 작업 똑같이 반복하여 이루어지는 것처럼 보이지만 많은 변동이 눈에 띄지 않게 발생하고 있으며, 결국 이로 인하여 제품 품질이 영향을 받게 된다.

작업자의 육체적 특성과 기술도 제품 품질 변동에 영향을 준다. 키가 큰 사람 작은 사람, 강한 근육을 지닌 사람 약골로 보이는 사람, 왼손잡이 오른손잡이, 손 솜씨가 있는 사람 없는 사람 등 제각각의 사람들이 작업에 참여한다. 이들 작업자들은 각기 최선을 다해 동일한 방법으로 일을 한다고 생각하지만, 사람 간의 차이는 언제나 있기 마련이다. 심지어는 동일 작업자라도 특정 날짜마다 느끼는 감정에 따라, 또 누적되는 피로감에 따라 매일하는 동일 작업 속에서도 변동이 일어난다. 때로는 부주의로 인하여 어처구니없는 실수도 일으킨다.

검사에서도 품질상의 변동이 발생된다. 게이지를 사용하여 검사할 때, 게이지 눈금이 제대로 맞추어져 있지 않거나 사용하는 방법에 따라 측정 자료에 변동이 발생한다. 시각 검사와 같이 검사자의 감각을 이용할 때 검사자 간의 기준 차이로 말미암아 변동이 발생한다. 이와 같은 검사상의 차이로 인한 변동은 제품 자체의 품질과는 전혀 관계가 없지만 양품과 불량품을 판단하는 검사 공정에 영향을 미친다.

이와 같이 변동은 제조 공정에 관여하는 모든 것에서 발생한다. 이러한 관점에서 제조 공정을 살펴볼 때, 제조 공정은 하나의 변동 원인들의 집단으로 생각해볼 수도 있다. 제품으로 변모해가는 과정 하나하나가 품질 변동에 기여하는 과정인 셈이다. 이들 변동이 누적되어 총체적으로 품질 특성상의 차이가 발생되고, 제품의 품질 특성이 어떤 기준에 부합하게 되면 양품으로, 그렇지 못하면 불량으로 판정된다. 그러므로 비록 양품으로 판정되었어도 그 제품상에는 변동이 존재하고 있다는 사실을 명심하여야 한다. 언젠가 고객의 요구에 따라 좀 더 엄격한 기준이 요구되면 현재 양품 판정을 받은 제품도 불량품으로 처리될 것이다.

공정 속에서 나타나는 변동을 구별하는 일은 변동을 관리하는 데 크게 도움이 된다. 공정의 변동은 랜덤 변동(random variation)과 특별 변동(special variation)으로 구분된다. 먼저 랜덤 변동에 대해 살펴보자.

공정에는 변환활동에 영향을 미치는 수많은 요인들이 존재하고 있다. 이 요인들은 알게 모르게 공정의 모든 과정에 영향을 미쳐 공정에서 생산된 어느 제품이든지 이들의 영향을 받게 된다. 제품의 어느 특성이든 측정해보면 공정에 별다른 이상요인이 없는데도 측정값들이 매번 다른 값들을 보여준다. 이는 공정의 변환활동에 참여하는 모든 요소가 조금씩 영향을 미쳐 미세한 차이를 만들어내고, 이러한 미세한 차이들이 집합적으로 쌓여 최종 제품에서는 무시할 수 없는 크기의 변동으로 나타나는 현상이다. 이와 같이 최종 제품에 나타나는 변동을 랜덤 변동이라 한다. 이러한 랜덤 변동은 그 나타나는 패턴이 매우 자연스럽고 정상적인, 예를 들면 좌우 대칭과 같은 변동의 모습을 보여준다. 랜덤 변동은 무작위형 변동, 공통 변동, 비지정형 변동, 내재적 변동 및 고유 변동 등 다양한 말로 표현된다.

그러나 때로는 공정에 참여하고 있는 요소들 중 어느 하나 또는 일부가 보통 때와는 다르게 공정에 큰 영향을 주어 전체 변동이 유의하게 커지는 경우가 발생할 수 있다. 예를 들면, 책장을 제조하는 과정에서 두께가 다른 나무판이 끼어 들든지, 절단기 날에 이가 빠졌다든지, 절단장소에 톱니가 가득 찼다든지 또는 작업자가 신참으로 바뀌었다든지 하는 상황이다. 이러한 요인에 의한 차이는 출력물의 특성, 곧 절단된 판넬의 치수에 큰 영향을 미치게 되어 이들로부터 조립된 책장의 치수는 예상보다 큰 변동의 모습을 보일 것이다. 이와 같은 변동을 특별 변동이라 한다. 특별 변동은 변동의 원인이 소수의 요소에 기인하므로, 다시 말하면 변동을 소수의 요소 탓으로 돌릴 수 있으므로 또는 변동의 원인으로 소수의 요소를 지명 혹은 지정할 수 있으므로 이를 지정형(또는 가피) 변동(assignable variation)이라 하기도 한다. 이와 대조적으로 랜덤 변동에서는 몇 개의 특정 요소들의 탓으로 변동의 원인을 돌릴 수 없으므로 비지정(또는 불가피)형 변동(unassignable variation)이라 하기도 한다.

랜덤 변동에 기여하는 공정의 모든 요소들을 랜덤 변동요인(common causes of variation)이라 하며, 특별 변동의 원인이 되는 요소들을 특별 변동요인(special causes of variation)이라 한다.

랜덤 변동은 우연에 의해서 무작위적으로 발생하는 것으로 어느 공정 속에나 이미 내재하고 있다. 그런 의미에서 랜덤 변동은 공정의 내재적 변동 또는 공정의 고유 변동이라 하기도 한다. 그리고 랜덤 변동보다 작은 변동은 공정에서 자연적으로 나타나지 않기 때문에 공정이 가질 수 있는 최소 변동량을 보여준다. 변동량이란 변동의 크기를 수치로 나타낸 값을 말하며 보통은 통계값, 예를 들면 분산이나 표준편차와 같은 수치지표로 표현한다. 반면, 지정형 변동이 나타난다면 그 공정의 변동량은 최소 변동량보다 크게 될 것이고, 이때는 공정이 최적 상태로 관리되고 있지 않음을 보여준다.

변동의 특성을 파악하고, 모형화하고, 예측하는 일은 통계학의 기본 역할이다. 통계적 방법들을 사용함으로써 변동의 모습을 시각적으로 도식화하고, 변동의 특성을 수치화하고, 변동의 패턴을 찾아 수리적 모형을 만들고, 이로부터 현재까지의 변동을 이해하고 앞으로의 변동 모습을 예측함으로써 통계학은 공학을 비롯한 많은 분야에 기여하고 있다.

품질관리 및 개선과 관련하여 통계적 방법은 특별 변동을 랜덤 변동으로부터 분리해내고, 특별 변동이 있을 때 특별 변동요인들을 찾아 이를 제거하는 활동에 크게 기여한다. 공정이 특별 변동요인 없이 운영될 때 이 공정은 통계적 관리 상태에 있다고 한다. 공정이 통계적 관리 상태에 있음에도 불구하고 여전히 불량품이 발생할 수 있는데, 이는 공정 고유의 내재적 변동이 너무 커서 제품에 부과된 규격을 벗어나는 제품이 만들어지기 때문이다. 이러한 경우에는 기본적으로 공정 자체를 고치거나 설계자가 규격을 변경해서 공정의 고유 변동 크기를 줄여야 한다.

제조 현장에서의 품질은 이처럼 변동을 어떻게 파악하고 관리하는지가 매우 중요하다. 따라서 공정 속에 내재하는 변동을 측정하고 측정 자료를 분석하고 분석 자료로부터 공정의 변동 상태를 파악하여 공정에 부과된 기준을 유지시켜 나가는 한편, 분석된 자료로부터 지속적으로 공정을 개선해 나아가는 일은 제품의 품질개선을 위한 가장 기본적 활동이다.

6.3 공정 개선

제조 현장에서의 각종 공정 개선 활동은 지난 세기 동안 품질관리의 주요 활동 영역이었다. 설계공정에서 넘겨진 각종 도면 속에는 필요 자재, 제품의 모습, 각종 기능 및 관련 부품 및 완제품의 규격들을 담고 있다. 이를 하나의 물리적 하드웨어 형태로 구현하기 위해서 제조활동들은 질서 있게 작업 가능한 순서로 구분되고 배열되어야 한다. 인력과 자원 또는 장비를 사용하여 가치를 부가하고자 하는 어떠한 작업이든지 적절히 파악된 하나의 공정으로 관리된다면 효율적 개선이 이루어질 수 있다. 제조 공정의 복잡도는 아주 단순한 작업으로부터 많은 도구와 측정구, 기계 및 작업자들이 어우러지는 복잡한 작업으로까지 확대될 수 있다.

제조 공정 전체를 효과적으로 구축하기 위해서 순차적으로 다음과 같은 사항들을 고려한다.

(1) 시제품 생산을 위한 설계도면 준비

설계부서에서 작성된 도면을 가지고 즉시 생산에 들어가기에는 충분하지 못한 점이 많이 있다. 설계부서의 일차적 도면은 제품의 기능적 요구사항들을 부품이나 반조립품 및 조립품 등의 일련의 상세도면으로 나타내는 데 있고, 선정된 초기 자재도 제품의 구조적 요구사항을 반영하고 있을 뿐 가공성까지 고려하지 못할 수 있다. 따라서 설계부서에서 배포된 초기 설계도면은 확정적인 것이기보다는 임시적이며, 시제품 생산을 위한 도면으로 간주해야 한다.

(2) 제조 가능성 검토

모든 시제품 설계도면에 대해 치수나 기준면이 현재 가공작업으로 작업 가능한지, 주조나 단조 및 압형작업(stamping) 시 치수 변화를 고려하고 있는지, 부품 조립 시 틈새나 접근성을 충분히 고려하고 있는지, 비작동 부품에 대해서 최대의 공차를 허용하고 있는지, 작동 부품에 대해 주어진 공차가 현실적인지, 적절히 죄거나 위치를 잡는 부분이 제공되었는지, 추가적인 비용절감이 가능한지 등에 대한 정보를 수집하여 설계부서와 협의하여 초기 도면을 제조용 설계도면으로 개정한다.

(3) 제조 또는 구매 결정

다음 단계는 필요한 부품이나 반제품을 현장에서 직접 제조할 것인지, 외부 공급자로부터 구매할 것인지를 결정하여야 한다. 이 결정에는 가격 비교, 현장에 부과되는 작업량, 인도 시간(lead time), 현장 대 공급자의 공급능력 등을 면밀히 고려하여야 한다. 이를 위해 현장에서 생산되는 각 품목에 대해 위의 사항들에 대한 정확한 추정값이 제시될 수 있어야 한다.

(4) 공정 개발

부품 제작이나 조립을 위한 공정을 구축할 때 제품의 성격, 제조 수준, 허용된 인도 기간 등을 고려하여 정한다. 보통 공정 개발에는 요구된 재료, 필요한 공구, 필요 기계장비, 공구나 기계로 행해져야 하는 작업 순서, 검사 지점과 검사절차 등을 고려한다. 또한 작업시간 표준이 정의되어야 한다.

(5) 시작품 생산 관찰

새로이 구축된 공정으로부터의 시작품 생산(pilot run)은 보통 약간의 조정을 필요로 한다. 이를 파악하기 위해 공정을 처음부터 끝까지 순서대로 운영할 필요가 있다. 이를 통해 설계상의 문제가 드러나도록 하거나 공정에서의 문제점이 조기에 발견되도록 하여 이를 조정토록 한다.

(6) 공정 변경

초기 생산 후 공정 변경 시에는 자재, 부품 및 조립에 미치는 영향, 공구나 재료 및 납기에 미치는 영향 등을 고려하여 변경에 따라 발생되는 비용이나 이에 따라 예상되는 절약이나 추가비용을 고려한다. 비용절감은 생산 현장의 주요 목표임에는 틀림없지만, 약간의 비용절감을 얻기 위해 취한 변경으로 말미암아 나타나지 않은 문제나 손실이 만들어질 수 있다. 매 변경이 있을 때마다 새로운 공정의 타당성을 입증하기 위해 또 다른 시작품 생산이 필요하다. 제조 공정의 안정성을 유지하는 일이 제품의 생산성 및 품질유지에 필수적이므로 공정 변경은 매우 조심스럽게 다루어야 할 사항이다. 이 때문에 공정 변경에 대한 요구가 있을 때마다 이를 문서화하여, 변경 사유 및 변경될 사항에 대한 자세한 부분까지 기록으로 남아 있어야 한다.

공정이 구축되고 안정되어 생산이 시작되면, 공정의 안정성, 즉 공정의 통계적 관리 상태를 구축하는 일은 제품의 품질 및 생산성에 큰 영향을 미친다. 앞에서 언급한 바와 같이 제조 현장에는 많은 요인들이 복합적으로 변경활동에 참여하므로 이들은 항상 제품 속의 변동성을 만들어내는 역할을 한다. 제조 공정의 변동성을 이해하고 관리하는 일은 제품의 품질을 개선하기 위한 매우 중요한 활동이다. 이를 위해 확률 및 통계학을 기초로 한 공정 능력 연구, 각종 관리도의 사용, 통계적 샘플링 기법을 활용한 검사 등이 널리 사용된다.

특히 관리도에서는 제조 공정에서 출력되는 제품들로부터 보통 3~5개 정도의 제품들로 구성된 하나의 샘플(이를 서브 샘플이라 한다)을 추출하고, 샘플 속에 있는 제품들로부터 필요한 제품의 주요 특성을 측정하며, 이 특성에 대한 측정값들로부터 평균이나 범위와 같은 통계량들을 산출한 다음, 이 통계량들을 개별적으로 특별히 고안된 도표 위에 타점한다.

97

위의 방법을 반복적으로 행하여 20~30개의 샘플을 취하고 이들 각자로부터 계산한 통계량들을 샘플을 취한 순서대로 각각의 도표 위에 타점하고, 이들 20~30개의 타점들로부터 보여지는 패턴들을 통계적으로 판단하여 현재 공정의 상태와 앞으로의 움직임을 예측하여 필요한 조처를 취하게 한다. 관리도는 공정의 안정성을 파악하는 훌륭한 통계적 기법이다.

공정능력 연구는 관리도를 활용하여 공정을 최적의 상태로 운영할 때 어느 정도로 제품에 부과된 요구사항을 충족시킬 수 있는지를 수치적으로 판단할 수 있게 한다. 특히 장기간에 걸쳐 공정을 운영할 때 공정의 장기적 불량률을 예측하는 데 사용한다. 통계적 샘플링 검사는 제품을 합격시킬 것인지 불합격시킬 것인지를 통계적 기준으로 판단함으로써 검사자에 의해 이용된다. 이 외에도 통계적 실험 계획법, 히스토그램 분석을 비롯한 각종 통계적 기법, 도표에 의한 분석 기법들이 공정의 상태를 파악하고 개선하는 데 사용된다. 15장에서 제품 특성의 변동성에 대한 분석과 관리의 목적으로 많이 쓰이는 7가지 기법들(magnificent 7 QC tools)을 기술한다.

공정을 지속적으로 개선하는 일은 현장에서 끊임없이 추구해야 하는 업무이다. 이를 위해 공정에 대한 분석이 필요하며 많은 분석 기법들이 등장하였다. 주요 기법으로 도표를 이용하는 공정도(process charts)가 있다. 공정도는 공정에서 행해지는 일련의 활동이나 작업 중에 발생하는 사건들을 기호를 이용한 도표에 표시하는 방법이다. 특히 공정에서 일어나는 활동들을 5개의 작업, 즉 작업, 운반, 검사, 지연 및 저장으로 구분하며 이들에 각각 기호를 부여한다. 공정도에는 작업공정도(operation process charts), 흐름공정도(flow process charts), 다중활동공정도(multiple activity process charts) 등이 사용된다.

작업공정도는 공정에서 수행되는 작업과 검사만을 표시한 도표이다. 제품을 만들기 위해 행해져야만 하는 작업을 빠르게 이해할 수 있도록 고안되었다. 작업과 검사가 가장 좋은 순서로 이루어질 수 있도록 도와준다. 흐름공정도는 작업공정도와 비슷하나 자재 취급 및 저장 활동을 모두 포함한 도표이다. 작업을 합병하거나 제거하여 효율적 공정을 구축하는 데 도움을 준다. 특히 자재의 운반이나 저장은 생산비에서 큰 비중을 차지하는데, 이를 도표에 표시함으로써 개선의 아이디어 등을 얻을 수 있다. 흐름공정도에는 하나의 활동을 완수하는 데 걸리는 시간이나 움직인 거리와 같은 추가적 정보를 포함시키기도 한다. 다중활동 공정도는 여러 작업자나 기계의 작업시간과 휴무시간을 시간을 척도로 하여 그린 막대그래프이다. 더 효과적인 작업과 휴무 사이클을 고안하는 데 도움을 준다.

공정도 외에도 작업분석(operation analysis), 동작연구(motion study), 워크 샘플링(work sampling), 시간(time study)연구, 가치 공학(valude engineering)들의 기법이 사용된다. 이들에 대해서는 문헌 Industrial Engineering Handbook[Maynard, 1971]을 참조하기 바란다.

공정의 활동에 어떠한 변경을 가하든지 이는 출력물에 영향을 미친다. 중요한 것은 출력물에 어떻게 공정의 작업이 영향을 미치는지를 알아야 한다. 이를 위해선 출력물 자체에 대한 정보를 파악하여야 한다. 공정에 대한 정의에서 공정은 세 가지 요소들로 구성되어 있음을 말하였다. 이제 공정을 개선시키기 위해 필요한 중요 요소로 피드백 기능을 포함시키는 것이다. 공정에 피드백 기능을 추가함으로써 공정 내에서의 작업에 대한 상황과 공정 개선의 필요성에 대한 판단의 정보를 얻게 된다. 예를 들면, 조립공정에서 부품이 잘못 조립된다면 이는 제품의 외관이나 성능상의 하자를 가져오게 되고 이러한 잘못된 제품은 검사 공정에서 발견되어 그 원인이 파악된 후 다시 조립공정으로 보내져 재조립과 함께 더 이상 잘못 조립되는 일이 없게 시정조처를 취할 수 있게 된다. 만일 피드백 기능이 없으면, 이 공정에서는 부품이 지속적으로 잘못 조립되는 경우가 발생할 것이다. 만일 피드백 기능이 없으면 이 공정에서는 잘못된 부품이 지속적으로 조립되는 경우가 발생할 수 있을 것이다. 피드백 기능은 기본적으로 측정, 분석 및 개선의 활동으로 이루어진다(그림 6-4).

피드백 기능은 공정 개선을 위한 더 포괄적인 방법론인 PDCA(Plan-Do-Check-Act) 사이클의 일부분이라 볼 수 있다. PDCA 사이클은 공정 개선을 지속적으로 추진하기 위한 방법론으로 4단계로 이루어진다. P(Plan) 단계에서는 출력되는 제품에 부과될 요구사항에 따라 공정의 목표와 계획을 수립한다. D(Do) 단계에서는 설정된 계획에 따라 실행한다. 즉 계획에 따라 제품을 생산한다. C(Check) 단계에서는 제품에 요구된 대로 공정에서 생산하였는지를 관찰이나 측정한다. A(Act) 단계에서는 C 단계에서 파악된 차이에 대해 수정 작업을

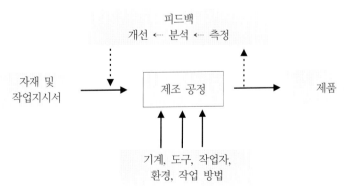

그림 6-4 제조 공정에서의 품질 활동

취한다. 이 사이클을 공정에 대해 지속적으로 적용함으로써 공정을 목표로 한 바대로 개선해나갈 수 있다.

6.4 관련 ISO 9001 요구사항

본 절에서는 2015년에 공표된 ISO 9001 국제 품질경영 시스템에 나와 있는 요건들 중 본 장의 제조공정에 해당하는 사항들을 살펴본다. 특히 요구사항 8.5, 8.6 및 8.7을 중심으로 기술하며, 기타 자세한 사항은 ISO 9001:2015를 참조하기 바란다.

제조공정(조항 8.5)을 관리하기 위해서 가장 중요시 요구되는 사항은 관리된 조건에서 생산을 수행해야 한다는 점이다(조항 8.5.1). 제조현장이 관리된 상태에 있으려면 제조할 제품과 제품의 특성에 대한 정보를 담은 문서가 있어야 하고, 적절한 관찰 및 측정 장비들을 사용하여 필요한 지점에서 측정을 수행하며, 작업 환경 및 기반시설이 갖추어져야 한다. 또 필요한 자격을 지닌 우수한 작업자들이 배치되고 혹 있을지 모르는 인간의 실수를 방지하기 위한 활동이 실행되어야 한다.

제품 불량이 발생하지 않도록 작업이 끝난 출력물들에 대해서는 확인이 가능하도록 방법을 강구해야 하고, 관찰 및 측정을 하여 출력물 상태가 언제든 파악되어 있어야 한다. 반드시 추적이 필요한 출력물들에는 고유 식별이 가능하도록 문서로 정리되어 있어야 한다.

이 외에도 고객 소유의 자산에 대한 관리, 출력물들에 대한 보관 문제, 제품 인도 후의 활동 및 제품 제조하는 동안에 발생되는 변경 문제들에 대한 관리가 요구된다.

제품에 대한 제조가 계획한 바대로 모두 완료되면 출하가 결정되는데, 특히 제품이 수락기준에 합격하는지, 출하를 지시한 책임자가 누구인지 등에 관한 정보가 문서로 보관되어 있어야 한다(조항 8.6).

마지막으로 부적합품이 발생되면(조항 8.7) 의도하지 않게 사용되거나 고객에게 인도되지 않도록 파악, 관리해야 한다. 부적합 상태와 미치는 영향을 고려하여 적절한 조처를 취해야 하며, 제품이 인도된 후에 발생하는 부적합품에 대해서도 동일한 조처를 취해야 한다. 부적합품에 대한 처리는 수정, 분류, 보관, 회수 또는 생산 중지 등을 포함하며 고객에게 이와 같은 사실을 알리고 양해 하에 처리한다. 물론 부적합과 관련된 모든 처리를 문서로 남겨야 한다.

1. 임의의 공정을 정의하고 공정에 대한 측정을 실시하여 공정 내에 존재하는 변동성을 확인해보자.

2. 위의 1에서 정의된 공정에서 변동성의 원인을 모두 살펴보자.

3. 공정에 내재된 변동성을 관리하는 방법을 살펴보자.

4. 제조공정과 관련된 ISO 9001 요구사항을 살펴보시오.

7

검사

7.1 검사의 필요성

7.2 검사의 종류

7.3 수락 샘플링 계획

제품에 대한 최종 검사는 불량품이 고객에게 전달되지 않도록 기업 영역 안에서 벌일 수 있는 마지막 단계의 품질 활동이다. 제조공정에서의 관리활동이 제대로 이루어진다면, 제품은 문제없이 고객에게 전달될 수 있을 것이다. 그러나 공정에 대한 관리가 제대로 이루어지지 않는다면, 검사를 강화하여 불량품이 고객에게 전달되지 못하게 조처를 취해야 한다. 본 장에서는 검사활동과 관련하여

- 검사의 필요성
- 검사의 종류
- 수락 샘플링 검사

에 관하여 기술한다.

7.1. 검사의 필요성

기업의 품질활동들은 우선적으로 공정에 대한 개선이나 관리를 통해 제품결함을 방지하려는 노력을 위주로 한다. 이러한 활동들의 일환으로써 제조현장에서는 보통 정기적 점검을 실시하여 공정에 대한 관리의 근거로 이용한다. 즉, 공정을 현 상태 그대로 두어야 하는지 아니면 바람직하지 못한 상태를 고치기 위해 어떠한 행동을 취해야 하는지를 파악하고 결정한다. 제조공정에서의 이러한 품질활동들은 제품품질의 지속적 개선과 생산비용의 점차적 절감을 동시에 가능하게 해준다[Western, 1956].

그러나 전반적인 기업의 품질활동들에서는 공정에 대한 점검 이상의 활동을 요구한다. 아무리 공정에 대한 관리를 철저히 한다 하더라도 공정 속에는 항상 변동이 존재하며, 이 변동으로 인한 비규격품의 발생가능성은 언제든지 고객 만족을 저해하는 요소로써 기업 경쟁력을 위협할 수 있다. 그러므로 기업으로서는 만족스러운 품질목표를 최소 비용으로 달성하기 위한 적절한 검사활동을 기업의 전체 공정들 속에 포함시키는 것이 필요하다.

제조공정과 관련된 주요한 검사활동으로는 원재료나 부품을 공정에 투입하기 전에 이의 적절성을 판정하기 위한 입고검사, 공정 내에서 품질관리에 필요한 공정검사, 그리고 공정의 출력물들의 처리와 관련된 출하검사가 있다. 또한 부품 및 제품의 신뢰도 측정 및 예측

을 위한 신뢰성 검사, 제품에 대한 고객의 만족도 검사 및 품질시스템 운영과 관련된 내부 감사 등이 있다. 이처럼 제조공정과 관련하여 다양한 검사활동들이 존재하는데, 이 활동들에 가장 기본이 되는 검사방법으로 수락검사(acceptance inspection)가 있다. 이 검사는 공정에서 생산된 출력물이 기준과 일치하는지, 그래서 후공정 또는 고객에게 수락될 수 있는지를 판정하기 때문에 수락검사라 불린다. 입고검사와 출하검사는 기본적으로 자재나 제품의 수락에 대한 판정을 위한 검사이기 때문에 수락검사를 기본으로 하고 있다.

검사는 기업의 모든 공정에서 요구되는 활동이나 본 장에서는 제조공정의 출력물을 주요 대상으로 하는 수락검사에 대해 기술한다(그림 7-1).

제조공정의 출력물에 대해 실시되는 수락검사는 사실상 공정에서 실시되고 있는 다양한 관리활동들의 적합성에 대한 점검 역할을 한다. 만일 공정이 현장 활동과 엔지니어링 활동에 의해 만족스럽게 관리되고 있다면, 제품은 문제가 발생하거나 지연되는 일 없이 검사를 통과할 것이다. 반면에 공정에 대한 관리가 제대로 되고 있지 않다면, 검사활동이 끼어들게 되어 검사대를 설치하고 심사를 강화하여 불량 제품이 빠져 나가는 것을 가능한 효과적으로 막는 비상 조처가 필요하게 된다. 그러나 이처럼 비상적으로 실시되는 검사는 거의 경제적 타당성을 갖지 못한다. 따라서 검사를 계획할 때는 정상 상황 아래서는 낮은 비용으로 검사가 수행되어야 하고 비상 상황하에서는 검사에 걸리는 시간을 최소화할 수 있도록 하여야 한다. 공정에 대한 관리가 잘되면 잘될수록 비상 조처에 필요한 시간이 줄어들고 짧아진다.

적합성에 대한 점검활동 외에 검사가 제조공정에 기여하는 또 다른 역할이 있다. 제품을 생산하기 위한 제조공정 운영의 초기 단계에서 실시되는 공정에 대한 검사 결과는 문제가 있는 부분들을 지적하고 공정에 대한 관리가 필요한 부분을 결정하는 데 빈번히 이용된다. 검사 요원들이 초기 측정을 하거나 초기 관리도를 작성하는 데 때로는 적극적 역할을 감당하기도 한다. 그러나 현장에서의 품질활동은 현장부서나 엔지니어링의 손에 가능한 조기에

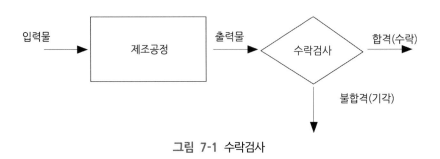

그림 7-1 수락검사

넘겨야 한다. 검사는 공정의 결과물을 평가하는 데만 국한하는 완전히 분리된 기능으로 정립되어야 한다[Western, 1956].

검사는 제조공정 내에서의 관리활동을 강화함으로써 가능한 축소하거나 최소화할 필요가 있다. 그러나 검사를 완전히 제거하는 일은 결코 가능하지 않다. 그것은 검사가 다른 누군가에게 위임될 수 없는 어떤 책임들을 가지고 있기 때문이다. 이 중 하나는 작업 평가의 기능으로 작업의 결과로 나오는 제품의 양이나 질을 증명하는 책임이다. 이러한 책임은 제품 생산의 책임을 지는 공정과는 별개의 공정에서 맡아야 한다. 또한 검사는 사용자를 대표하는 역할을 담당해야 한다. 사용자는 후속되는 또 다른 공정이 될 수도 있고 최종 고객이 될 수도 있다. 현 공정을 완전히 떠나기 전에 제품에 대한 합격이나 기각 결정은 사용자가 후에 자체 검사를 실시하여 일어날 수 있는 방대한 취급 및 협상의 문제를 제거시킬 수 있다.

7.2 검사의 종류

수락검사

제품의 품질에 영향을 미치는 제조공정의 변동성을 관리하기 위한 공정 내에서의 품질활동에서 공정의 안정성을 확보하기 위한 통계 기법의 사용은 필수적이다. 공정의 안정성, 즉 통계적 안정성이 확보될 경우만이 공정의 변동이 최소가 되는 공정의 고유 변동을 확보할 수 있으며, 이때야 비로소 최소변동의 크기로 제품의 품질을 관리할 수 있게 된다. 그러나 공정의 안정성은 단순히 공정 내에 안정성을 해치는 특별한 원인이 존재할 가능성이 매우 희박하다는 주장을 뒷받침하고 있을 뿐이지 변동이 아예 없다거나 제품규격을 모두 만족시킬 수 있음을 뜻하지는 않는다.

일례로, 극단적인 경우일지는 모르나 안정된 공정 속에서 출력되는 제품일지라도 모두 비규격품으로 처리될 수도 있다. 또한 최소변동으로 공정이 운영될지라도 주어진 규격 크기에 따라 규격을 벗어나는 비규격품(또는 부적합품)은 언제든 발생할 수 있다. 따라서 공정의 안정성은 제품품질을 확보하기 위한 매우 중요한 전제사항임에도 불구하고 비규격품이 다음 공정에 전달되는 사고를 완전히 막을 수는 없다. 따라서 이러한 비규격품들이 현재의 공정을 벗어나 다음 공정으로 또는 고객에게 전달되는 것을 막기 위한 조처가 필요해진다.

특히 출하단계 직전에 이루어지는 검사활동은 제품의 품질을 확보하는 마지막 단계의 기업 내 활동으로, 비규격품이 기업의 관리 영역을 벗어나 고객에게 인도되는 불상사를 막는 최후의 보루로써의 역할을 담당한다.

이러한 목적으로 여느 제조공정이 이루어진 다음에는 수락검사공정이 기업 품질활동의 한 요소로 등장하게 되는데, 주요 임무는 공정에서 출력된 제품이 부과된 기준이나 요구사항 및 규격을 만족시키는지를 판정한 후 이들 제품에 대한 처리, 즉 합격 또는 불합격을 결정하는 일이다.

수락검사공정은 하나의 독립된 공정으로, 입력물로써는 검사를 받기 위한 대상, 즉 제조 공정의 출력물인 제품을 비롯하여 제품에 대한 검사규격 등이 있으며, 공정 내에서의 활동은 일반적으로 측정, 비교 및 결정의 세 단계를 포함한다. 첫째 단계인 측정에서는 공정에서 생산된 제품의 특성에 대한 측정을 한다. 측정은 검사자의 오감(시각, 촉각, 미각, 청각, 후각)을 이용하거나 게이지나 측정기구가 사용된다. 검사를 실시하는 검사자에게는 제품에 대한 이해, 기준, 그리고 측정도구 사용법에 대한 훈련이 주어져야 한다. 둘째 단계에서는 측정값을 이 제품의 특성에 요구되는 기준 또는 규격과 비교하는 행위를 한다. 규격은 보통 설계공정에서 전달된 설계규격이 이용된다. 그리고 마지막 단계에서는 측정값과 기준이 일치하는지를 판단하고 판단에 따른 후속 조처를 해당 제품에 대해 취한다. 즉 합격된 제품은 후속 공정 내지는 고객에게 인도되고, 불합격 또는 기각된 제품은 부적합품으로 처리되어 제조공정으로의 반송 등을 포함하여 미리 규정된 절차에 따라 처리된다. 오늘날 많은 검사 공정이 자동화되어 사람에 의한 검사를 대신하고 있다[Juran, 1993].

수락검사의 주임무는 제조공정에서 자체의 기능을 올바로 수행했는지를 보증하고 불량품의 출하에 대한 충분한 안전판 역할을 하는 일이다. 이러한 임무는 제품 하나하나를 자세히

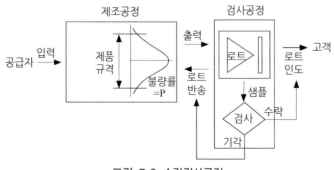

그림 7-2 수락검사공정

조사함으로써 달성할 수 있는데, 이러한 검사를 100% 또는 전수검사라 한다. 그러나 제품의 일부만을 조사한 후에 제품을 수락할 것이냐 또는 기각할 것이냐에 대한 결정에 도달함으로써 동일한 목적들을 달성할 수 있는데, 이러한 검사를 샘플링 검사라 한다.

(1) 전수검사

공정으로부터 출력된 제품을 하나씩 하나씩 다 검사하여 비규격품을 골라내는 검사를 전수검사(screening) 또는 100% 검사라 한다. 전수검사는 출력되는 모든 제품을 검사해야 하므로 많은 비용이 들어 경제성이 떨어져 선호되는 검사 방법은 아니다. 그러나 공정에서 정상적으로 출력되는 제품이 비교적 높은 불량률을 만들어내고 있다거나, 제품 기능에 치명적 영향을 주는 중요 부품이거나, 고객으로부터 높은 수준의 품질보증이 요구되는 제품들의 경우에 일반적으로 선호되고 있다. 특히, 제품의 안전성과 관련된 부품들에는 전수검사가 반드시 실시됨이 요구된다.

또한 기업이 품질시스템을 구축하여 운영하는 초기에 검사공정에서는 다음과 같은 상황하에서 흔히 전수검사를 실시한다[Western, 1956].

- 제품 생산이 막 시작되려는 시점에서나 생산이 극도로 제한적으로 이루어지는 상황하에서는 샘플링을 취하는 일이 실제적이지 않을 수 있다.
- 요구사항이 매우 엄중하여 제품 하나하나가 조사되어야 한다고 인식되는 곳에서는 전수검사를 실시한다. 예를 들면, 하나의 결함이 사람의 상해를 초래할 수도 있는 작업에 대해서는 전수검사를 실시한다.
- 공정으로부터 결함이 있는 것들을 지속적으로 분류해내어야만 허용할 만한 수준의 제품품질을 달성할 수 있는 곳에서 전수검사를 실시한다. 즉, 분류작업(sorting)이 품질개선에 필요한 경우이다.

기업에서 실시되는 전수검사의 대부분은 세 번째 이유로 실시되고 있다. 품질시스템 운영에서는 첫 번째나 두 번째 때문에 전수검사를 실시함이 적합한 것으로 여겨진다. 하지만 세 번째 경우처럼 분류작업이 품질을 개선하기 위해 실시되는 곳에서는 제조공정에서 분류작업을 하여야 하고 검사공정에서는 샘플링 검사만을 실시한다. 이렇게 함으로써 제조공정으로 하여금 품질에 책임을 갖도록 할 수 있으며, 작업자가 분류작업을 하지 않도록 동기를 제공함으로써 공정 개선을 신속히 이룩할 수 있게 할 수 있다.

제조공정에서 분류작업을 실시할 때 필요하거나 불가피한 분류작업(necessary or unavoidable sorting)과 불필요하거나 피할 수 있는 분류작업(unnecessary or avoidable sorting)을 구별해야 한다. 전자는 제조능력이 불충분할 때 발생하며, 후자는 일을 제대로 하지 못할 때 일어난다. 양자를 구별할 때 공정능력에 대한 연구가 중요하게 사용된다. 공정능력연구에서 공정이 만족할 만한 품질의 제품을 생산해낼 수 없다고 보여지면 공정이 제대로 운영되고 있음에도 불구하고 분류작업을 실시하여 불량품들을 솎아 내야 한다. 이러한 형태의 분류작업을 작업상 분류작업(operational sorting)이라 한다. 왜냐하면 이는 작업 수행 중 필요한 부분으로 보여지기 때문이다[Western, 1956].

반면, 공정이 만족할 만한 품질의 제품을 생산할 능력이 있음에도 불구하고 공정을 제대로 운영하지 못하거나 작업을 잘못하여 불량이 발생한다면, 이들을 제거하기 위해 분류작업이 필요하며, 이 형태의 분류작업을 피할 수 있는 분류작업(avoidable sorting) 또는 수정분류작업(corrective sorting)이라 한다. 예를 들어, 정상적으로 3% 정도가 불량인 공정에서 부주의나 미숙련으로 인해 15%의 불량을 만들어낸다면, 불필요한 12%를 제거하기 위한 분류작업이 이에 해당한다.

품질시스템의 임무 중 하나로 작업상 분류작업을 공정개선을 통해 가능한 빨리 제거시키는 일이 되어야 한다.

작업상 분류작업을 실시하는 데는 많은 경비와 시간이 소요되기 때문에 이에 대한 결정에는 신중을 기할 필요가 있다. 다음의 절차에 따라 필요성을 결정한다[Western, 1956].

- 1단계: 공정의 정상상태를 파악하기 위해 공정능력연구를 실시한다. 공정을 올바로 운영하지 못해서 오는 가피 원인들(assignable causes)을 가능한 제거한다. 만일 공정능력이 필요한 품질수준을 달성시키기에 충분하다면, 작업상 분류작업은 필요하지 않다.

- 2단계: 만일 정상적인 공정능력이 요구되는 품질수준을 달성시키기에 충분하지 않다면, 먼저 필요한 개선을 취할 수 있는 것을 찾아 시행한다. 때로는 필요한 변화가 매우 단순한 방법들에 의해 쉽게 이루어질 수 있는 경우가 있다. 그래서 충분한 개선이 매우 짧은 시간 내에 이루어질 수 있다면, 작업상 분류작업에 대한 준비를 할 필요가 없다.

- 3단계: 만일 현재 공정의 능력이 품질수준을 충족시킬 수 없고 즉시 개선도 어렵다면, 작업상 분류작업이 공정이 개선될 때까지 임시 조처로서 실시되어야 한다. 공

정능력 연구에 의한 불량률을 계산한다.

보통 어떤 다른 검사방법보다 전수검사에 대한 믿음이 각별히 높은데, 이는 생산된 제품을 모두 검사할 때만이 불량품을 완전히 제거할 수 있으리라는 상식에서 비롯된다. 하지만 100% 검사라 할지라도 완전히 양품을 보장할 수 있지 못한다는 사실이 밝혀졌다. 대 단위 제품들에 대한 반복된 검사행위로 인한 단조로움은 피로를 불러일으키고, 이는 다시 집중력 저하를 초래하여 검사자가 불량품을 완전히 걸러내는 데는 한계가 있을 수밖에 없다. 검사자는 종종 무언가를 빠뜨리게 되고 어떤 때는 예상한 것보다 훨씬 많은 실수를 저지를 수도 있다. 이러한 실수를 만회하기 위해서는 적어도 두세 번의 전수검사를 실시하거나 완전 자동화된 검사장비를 사용하는 수밖에 없다.

대부분의 대량 생산 체제하에서 전수검사는 경비가 많이 들고 시간이 많이 소모되어 작업의 흐름을 방해할 수 있기 때문에 흔히 사용되지는 않고 있다. 더구나 검사가 파괴검사를 수반한다면 전수검사는 100% 제품의 파괴로 귀결될 수도 있다. 이러한 파괴검사로는 자동차 충돌시험에서 자동차의 안전성을 시험한다든지, 전선의 인장강도를 시험하기 위해 전선을 잡아당긴다든지, 포탄시험을 위해 포탄을 발사하는 행위 등이 해당한다. 따라서 이러한 제품들의 경우 비파괴검사가 개발되지 않는 한 샘플링 검사에 의존하지 않을 수 없다.

(2) 샘플링 검사

전수검사의 높은 비용을 줄이기 위한 방법으로 샘플링 검사가 개발되었다. 샘플링 검사를 하기 위해서 제품은 많은 수가 모아져야 하는데 이렇게 모인 많은 수의 한 묶음의 제품들을, 즉 대 단위로 이루어진 한 묶음의 제품들을 로트(lot)라 한다. 이러한 제품들의 집적은 수입 자재, 공정 내에서의 반제품 또는 반조립품, 공정에서 출력되는 출력품, 그리고 고객에게 인도되기 위한 완제품 등에게서 형성될 수 있다. 그리고 로트를 구성하는 각 제품은 개별적으로 파악될 수 있고, 로트에 있는 다른 제품과 분리될 수 있어야 하며, 샘플에 선정될 가능성이 모두 동일해야 한다. 또한 각 제품은 수치적으로 셀 수 있어야 하며, 기준에 적합한지 안 한지를 구별할 수 있도록 측정되거나 분류될 수 있는 구체적 특성이 있어야 한다. 이제 검사자는 로트에 있는 각 제품을 하나하나 모두 검사하는 대신에 비교적 적은 수의 제품들만을 로트에서 선택하여 하나의 샘플을 구성하고 이 샘플에 선정된 제품들만을 검사하여 얻은 정보로 로트 전체의 운명, 즉 수락 여부를 결정한다.

로트를 수락할 것이냐 기각할 것이냐에 대한 판단을 할 때 샘플링 검사는 전수검사와 비교하여 보면 다음과 같은 이점들을 가진다[Western, 1956].

- 원래의 책임이 있는 제조공정의 손에 품질에 대한 책임을 맡기게 된다.
- 검사비용 측면에서 훨씬 경제적이다.
- 전수검사 때보다 공정에 대한 신속한 개선을 유도한다.
- 샘플링 검사가 전수검사보다 보통 더 정확하다.

마지막 이점에 대한 이유로는 전수검사 때보다 검사의 피로로 인한 검사오류의 기회가 줄어들기 때문이다. 예를 들어, 100% 전수검사에서 합격한 제품에 놀랄 만큼 많은 수의 결함이 포함되는 경우가 때로 발견되기도 한다.

이 검사방법의 약점은 로트에서 선택된 품목들, 즉 샘플로부터 얻은 정보가 로트 전체의 정보와 일치하지 않을 수 있다는 사실이다. 예를 들면, 불량률이 매우 높은 공정에서 생산된 출력품으로 이루어진 로트 속에는 매우 많은 불량품이 포함되어 있을 것이다. 그런데 이 로트에서 검사를 하기 위해 적은 수의 제품을 샘플링하여 하나의 샘플을 구성할 때 운 좋게도(?) 양품들만을 선택할 수 있는데, 그러면 로트 전체는 많은 불량품을 포함하고 있는데도 불구하고 로트가 수락(합격)되는 일이 벌어질 수 있다. 반대로, 로트 속에 불량품이 별로 없는데 운 나쁘게도(?) 이들이 샘플 속에 많이 뽑혀 그 결과 로트 전체가 기각(불합격)되는 일이 벌어질 수도 있다. 이렇게 샘플링으로 인하여 로트 판정에 잘못된 결과들이 발생할 수 있는데, 이를 샘플링 에러(sampling errors)라 한다[Western, 1956].

공정검사

공정에서의 작업이 주어진 작업지시서에 따라 원재료 또는 공급된 부품으로부터 목표로 하는 완제품으로 잘 전환되고 있는지, 장비 상태는 이상이 없는지, 작업방법에는 하자가 없는지 등을 검사하면서, 공정 내의 작업장소를 이리저리 돌아다니며 관찰하는 행위를 공정검사(process inspection)라 한다. 공정검사에서 하는 주된 임무는 불량품이 언제 어디서 나타나는지를 찾아내어 즉각적으로 수정조치를 취하는 일이다. 따라서 검사의 대상도 공정 내의 작업자, 작업, 장비 또는 원자재에 이르기까지 모든 불량품 발생의 원인들을 망라한다.

그러나 공정검사를 실시하면서 검사자가 모든 장비에 상주하며 모든 작업들을 동시에 관찰하고 있을 수는 없다. 검사자는 주어진 일정에 따라 주어진 장비나 작업을 일정한 시간 간격에 따라 방문을 하게 되고, 따라서 만일 한 작업 장소에서 불량이 발생하게 되면 다음 방문 시까지 상당한 양의 불량 작업품이 계속 발생하고 있을 것이다. 이러한 일들은 비교적 작업 관리가 어려운, 정교한 기계가공이나 복잡한 화학공정 등에서 발생한다. 이곳저곳을 돌아다니던 검사자는 불량 작업으로 인한 피해가 이미 상당량 발생한 후에라야 잘못된 작업을 발견하게 된다. 이러한 일들을 예방하기 위해서는 무언가가 잘못되거나 잘못되어가고 있다는 사실을, 때로는 불량품이 그 모습을 나타내기 전에, 신속히 보여줄 수 있는 방법이 필요하다. 이러한 목적으로 통계적 관리도가 개발되어 공정검사에 효율적으로 적용되고 있다.

신뢰성 검사

오늘날의 기기들은 점점 정교해지고, 소형화되며, 복잡한 기능들이 요구되고 있다. 또한 우주선을 쏘아 올리는 로켓에서부터 국가의 많은 에너지를 제공하는 원자력 발전소에 이르기까지 수많은 정교한 부품들이 안전하게 작동되기를 요구되고 있다. 이러한 기기들을 설계하거나 운용할 때 가장 문제가 되는 염려사항은 각 부품들이 얼마나 오랫동안 고장 없이 제기능을 담당할 것인가 하는 점이다. 이와 관련하여 각 부품이 얼마나 오랫동안 고장 없이 작동할 수 있는지를 정확히 예측하는 일은 할 수 없지만, 평균적으로 예상되는 수명에 대해서는 확률적 예측, 즉 부품의 신뢰도 예측이 가능하다. 이러한 부품의 신뢰도를 얻기 위한 부품에 대한 시험을 신뢰성 검사라 한다. 부품에 대한 신뢰성이 확보되면, 이러한 부품들로 구성된 시스템이나 완제품에 대한 신뢰도 예측이 가능해진다.

7.3 수락 샘플링 계획

일반적으로 로트의 수락 여부를 판단하기 위한 샘플링 검사에서는 랜덤 샘플링을 기본으로 하여 샘플링 검사에 대한 계획을 세우는데, 이 계획을 수락 샘플링 계획(acceptance sampling plan)이라 한다. 수락 샘플링 계획은 일련의 규칙들을 말하는데, 로트를 검사하는 규칙 및 로트의 수락 여부를 판단하는 규칙으로 구성된다.

일반적으로 로트는 많은 품목으로 구성되어 있어 로트의 수락 여부를 결정하기 위해 로트 속의 제품을 모두 검사하여 결정하기보다는 로트로부터 하나의 샘플을 뽑아 이 샘플 속에 있는 제품만을 검사하여 판단한다. 이때 샘플 속에 선정될 제품은 무작위로 로트로부터 선정되며 수락 샘플링 계획에서는 샘플에 선정될 제품 수, 즉 샘플 크기를 규정하는 규칙이 설정되어야 한다. 또한 샘플에 선정된 제품들을 모두 검사한 검사 결과를 하나의 기준과 비교하여 로트의 수락 또는 비수락에 대한 판정을 내리게 되는데, 이 판정 기준 역시 수락 샘플링 계획에서 하나의 규칙으로 규정되어야 한다.

샘플링 계획과 수락 확률

공정 불량률이 p퍼센트인 공정으로부터 검사를 위해 로트를 구성한다면 로트 역시 p퍼센트의 불량률을 함유하고 있을 것이다. 이제 예를 들어 불량률 3퍼센트를 함유한 로트에서 제품 120개를 랜덤하게 취하여 하나의 샘플을 구성한다고 생각하자. 만일 샘플이 정확히 제품의 대표성을 확보하고 있다면, 샘플 속에서 3~4개의 불량품이 발견될 것으로 예상된다. 그렇지만 실제적으로 샘플은 이들보다 약간 많거나 적은 수의 불량품들을 포함할 것이다. 표 7-1은 3% 불량으로 알려진 제품 속에서 120개로 이루어진 샘플을 몇 번에 걸쳐 조사하였을 때 얻어진 기록이다.

불량품 수가 매 샘플마다 변동하고 있음을 알 수 있다. 이들 중 샘플 번호 3번 속에서는 불량품이 하나도 없으며, 6번 샘플 속에는 7개의 불량품이 들어 있다.

샘플링 계획에서는 수락 기준수(acceptable number)라 불리는 일종의 경계값을 설정한다. 이 수는 하나의 샘플 속에 들어 있을 수 있는 최대의 허용 불량품 수를 말한다. 이 수를 이용하여 샘플링 계획을 다음과 같이 세울 수 있다(그림 7-3). 즉,

(1) 샘플 속의 불량품 수가 수락 기준수보다 크면(초과하면), 검사자는 제품 전체(로트)를 기각한다.

(2) 샘플 속의 불량품 수가 수락 기준수보다 작거나 같으면(초과하지 않으면), 검사자는 제품 전체(로트)를 수락한다.

표 7-1 3% 로트로부터 선정된 샘플(120개) 속에 포함된 불량품 수

로트 번호(N)	1	2	3	4	5	6	7	8	9	10
샘플 번호(n=120)	1	2	3	4	5	6	7	8	9	10
불량품 수(d)	5	6	0	5	3	7	4	5	3	5

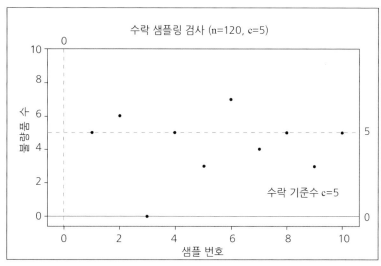

그림 7-3 샘플링 계획에서 수락 기준수 c=5 설정

공정의 불량률이 높고 낮음에 따라 이 공정으로부터 형성된 로트들은 그 크기가 매우 크기 때문에 공정의 불량률을 그대로 반영하는 불량품 수를 포함하게 될 것이고, 이들로부터 랜덤하게 선정된 샘플들은 공정의 불량률 수준에 따라 각기 다른 불량품 수의 변동 패턴을 만들어낼 것이다. 수락 기준수를 이용한 샘플링 계획은 품질 수준이 나쁜 공정으로부터 출력되는 로트들을 더 많이 기각하게 될 것이다(그림 7-4).

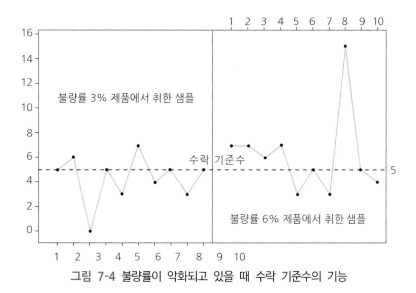

그림 7-4 불량률이 악화되고 있을 때 수락 기준수의 기능

예제 7.1

그림 7-4의 그래프는 불량률의 수준이 3%에서 6%로 악화되는 공정으로부터 수집된 각각 10집단의 로트들로부터 샘플을 조사한 그림이다.

(1) 수락 기준수를 5로 하면 불량률 3% 제품은 몇 번이나 기각되는가? 불량률 6% 제품은 몇 번이나 기각되는가?

(2) 수락 기준수를 4로 하면 불량률 3% 제품은 몇 번이나 기각되는가? 불량률 6% 제품은 몇 번이나 기각되는가?

답: (1) 2/10, 5/10   (2) 6/10, 7/10

예제 1에서 보면, 공정의 품질이 나빠진다고 해서 샘플링 계획이 모든 로트들을 반드시 기각하지는 않는다. 나빠진 로트들에 대해서는 더 많이 기각할 뿐이다. 또한 개별 로트의 경우에 샘플링 계획에 의해 기각된 로트라 하더라도 수락된 로트보다 반드시 품질이 나쁜 것은 아닐 수 있다.

샘플링 계획에서는 샘플 크기와 수락 기준수로 다음과 같은 부호들이 사용된다.

n: 하나의 로트로부터 검사받기 위해 선정된 제품 수로, 샘플 크기라 한다.

c: 수락 기준수로, 제품이 수락될 수 있게 허용하는 샘플 속에 있는 최대 불량품 수를 말한다.

샘플 크기와 수락 기준수는 일정한 품질 수준의 제품이 장기간에 걸쳐 어느 정도 수락되고 기각될지를 함께 결정한다.

수락 확률은 장기간에 걸쳐 취한 샘플들 중 샘플이 취해진 로트들을 수락하게 허용한 샘플들의 비율로써 백분율이나 소수점 이하의 수로 표시된다. 앞의 예제에서 공정 불량률이 3%일 때, 샘플 크기가 120이고 수락 기준수가 5인 샘플링 계획을 실시하면 10집단의 로트들 중 8로트들을 수락한다. 그러면 수락 확률은 대략 80% 또는 0.8이라 할 수 있다.

Pa: 하나의 샘플링 계획에 의해 로트가 수락될 확률을 말하며 수락 확률이라 한다.

    장기적으로 더 많이 동일한 샘플링 계획을 실시하면 좀 더 정확한 수락 확률을 구할 수 있을 것이다. 정확한 수락 확률을 계산하는 일은 확률 분포에 대한 지식을 필요로 한다. 다음은 푸아송 확률 분포를 이용하여 수락 확률을 계산한 예제이다. 더 자세한 내용에 대해서는 통계적 품질관리에 관한 문헌을 참조하기 바란다.

예제 7.2

(1) 제품이 3% 불량률을 지니고 있다. 크기가 120인 샘플들을 취하고 수락 기준수를 5로 한다고 하자. 그러면 c = 5, n = 120인 샘플링 계획이 된다. 이 계획에 따라 검사를 하면, 장기적으로 84.4% 가량 제품을 수락할 것이다. 즉, 제품의 수락 확률은 84.4% 또는 0.844가 된다. 즉 Pa = 0.844이다.

(2) 제품이 6% 불량률을 지니고 있다. 크기가 120인 샘플들을 취하고 수락 기준수를 4로 한다고 하자. 그러면 (1)과 동일한 c = 4, n = 120인 샘플링 계획이 된다. 이 계획에 따라 검사를 하면, 장기적으로 15.6% 가량 제품을 수락할 것이다. 그러면 제품의 수락 확률은 15.6% 또는 0.156이 된다. 즉 Pa = 0.156이다.

생각할 점

1. 제조공정과 관련하여서 검사의 역할에 대해 정리해보자.

2. 제조공정의 결과물을 평가하는 수락검사는 제조공정과는 완전히 분리된 기능으로 정립되어야 하는데 그 이유는 무엇인가?

3. 검사기능은 가능한 축소하거나 최소화할 필요가 있는데 그 이유는 무엇인가?

4. 검사는 모든 공정에서 필요한 활동이다. 제조공정 이외의 공정에서는 어떤 검사가 행해지는지 살펴보자.

5. 검사공정에서 샘플링 검사를 실시하면 전수검사를 실시하는 경우보다 제조공정의 손에 품질에 대한 책임을 맡기게 되는데 그 이유는 무엇인가?

6. 검사공정과 관련된 ISO 9001 요구사항을 살펴보시오.

8

제품리콜

8.1 리콜의 역할

8.2 리콜의 원인

8.3 리콜 프로그램 구축
   고려사항

8.4 제품리콜 절차

리콜은 안전하지 못한 제품의 출하로부터 소비자를 보호하기 위한 기업경영의 한 활동이다. 리콜에는 많은 비용이 소모되고 기업의 이미지에도 큰 영향을 미칠 수 있지만, 더 심각한 위기에서 기업의 위험을 경감시킬 수 있다는 점에서 모든 기업은 리콜 절차를 구축할 필요가 있다. 본 장에서는

- 리콜의 역할
- 리콜의 원인
- 리콜 프로그램 구축 고려사항
- 제품리콜 절차

등을 살펴본다.

8.1 리콜의 역할

제품의 안전성은 소비자의 제품구입 및 사용 시 제품이나 제조자에게 기대하는 당연사항 중 하나이다. 제품을 구입할 때 소비자는 먼저 자신의 필요를 충족시켜 줄 수 있는 제품의 성능이나 디자인 등 기능적 측면에 관심을 기울인다. 그렇지만 이러한 소비자의 행태는 그 저변에 안전에 대한 기본적 확보를 전제로 하고 있다. 따라서 제품의 안전성에 대한 소비자의 암묵적 기대 내지 요구를 맞추는 일은 모든 제조자에게 요구되는 사항이다. 그러나 이러한 소비자의 당연적 요구사항 또는 안전한 제품을 공급받을 권리가 종종 침해되고, 제조자에게 부과되는 당연적 의무사항이 제대로 실행되지 못하는 일이 빈번히 일어나고 있다. 이러한 일은 보통 제조자가 생산과정 중에서 제품안전에 대한 고려를 충분히 하지 못하거나 하지 않았기 때문에 발생하지만, 또한 아무리 고려를 한다고 하더라도 위협적인 요소들이 제품 속에 포함되는 현상을 완전히 차단할 수는 없다. 이는 기술적으로나 경제적으로 타당하지 않을 경우가 많기 때문이다. 그러나 위험성이 내포된 제품이 소비자에게 전달되는 경우 기업은 경제적으로는 물론 기업의 이미지에도 큰 타격을 입을 수 있다. 따라서 기업은 안전에 위협적인 제품이 소비자에게 전달되는 사태를 막기 위한 관리 활동에 만전을 기하나, 안전치 못한 제품이 소비자에게 전달될 경우를 대비한 마지막 보루로서 제품리콜을 실

시하기 위한 조처들을 갖추고 있어야 한다.

제품리콜은 기업경영의 한 활동으로서 설계나 생산 결함 또는 표식상의 문제 등으로 인하여 제품의 안전성이 위협받을 때 생산된 제품의 일부 또는 전부를 제조자에게 반환하도록 요청하는 행위 및 이와 관련된 제반 활동들을 말한다.

일반적으로 기업은 제품의 결함이 고객이나 소비자의 안전에 위협을 제공할 것으로 여겨지고 많은 소비자에게 영향을 주리라 여겨질 때 해당 제품에 대한 리콜을 실시하게 된다. 제품의 결함이 소비자의 안전과 결부되지 않는 성능이나 디자인상의 문제로 나타나거나 소수의 고객에게 국한되어 일어난다면, 기업은 제품보증이라는 수단을 통해 문제를 해결하는 것이 좀 더 유리할 수 있다. 그러나 만일 제품의 결함으로 인하여 다수의 소비자에게 사고가 발생한다면 제조자는 법적 소송은 물론 재정 및 이미지 손실을 피할 수 없다. 제품리콜은 이러한 사고를 미연에 방지하기 위한 기업의 예방적 차원의 활동이다.

기업은 안전한 제품을 공급하기 위해 설계개발에서 출하에 이르는 모든 생산과정 속에 제품의 안전성을 확보하기 위한 제품안전 프로그램과 만일의 경우 안전상 허용할 수 없는 제품의 특성이 소비자에게 전달될 경우 제품리콜을 시행하기 위한 리콜 프로그램을 구축하여 실행할 필요가 있다. 이러한 프로그램들을 통하여 안전치 못한 제품이 소비자에게 전달되는 가능성을 최소화하고, 나아가 만일의 경우 제품결함으로 인하여 발생될 수 있는 사고에 대한 법적 책임에도 대처할 수 있게 된다.

8.2 리콜의 원인

오늘날 세계의 많은 기업들은 중국 등 개발도상국들에 생산기지를 확보하여 제품 생산을 위탁하고 있다. 이는 가격 경쟁력을 강화하고자 노동 임금이 비교적 저렴한 국가를 찾아 생산시설을 이전하는 경우가 일반화되고 있기 때문이다. 그러나 생산시설을 이전하는 일은 기술의 보편화에 따라 비교적 쉽게 이루어질 수 있으나 각종 관리기술을 이전하는 일은 관리 인력의 재배치나 상주화에 따른 문화적 · 사회적 어려움 및 제도의 미비 등으로 인하여 시설 이전만큼 수월하지 못한 실정이다. 또한 생산시설의 해외 이전은 필연적으로 설계공정과의 괴리를 불러오게 되어 급속히 변화하는 고객의 요구사항을 제품 속에 신속히 반영시키는 데 어려움을 겪게 만들고 있다. 이에 따라 약화된 안전관리, 품질관리, 법제도의 미비 등은 제품의 무결함을 이룩하는 데 큰 장애 요인으로 대두되고 있다. 또한 생산시설의 해외 이전과 더불어 각종 부품 조달도 전 세계적으로 이루어지고 있다. 이는 부품 안전에 대한 검사체제 미흡, 부품 공급기업의 자금 및 기술력 확보 어려움, 가격 인하 압력으로 인한 값싼 부품 선호 등으로 인하여 완벽한 부품을 공급받는 데 점차 어려움이 가중되고 있다. 생산 및 품질관리상의 미흡으로 인해 불량 원재료나 부품의 삽입, 제조공정상의 잘못 등으로 인해 언제든지 소비자의 안전에 위협이 되는 제품이 만들어질 수 있어서 제조공정에서의 결함문제는 리콜의 가장 큰 원인으로 여겨지고 있다.

그러나 제품리콜과 관련된 원인이 가장 많이 발생하는 것은 제조공정보다 설계공정에 있음이 주장되고 있다. Andrew Was는 오늘날 제품리콜 횟수는 점차 증가 추세에 있으며 대부분의 리콜은 전자제품에 치우쳐 있고(47%), 부적절한 설계가 결함의 주요 원인(60%)으로 꼽히고 있다고 주장하고 있으며[Was, 2004], White and Pomponi는 제품리콜의 근본적 원인 중 제품개발에서의 결함이 차지하는 비율이 75% 이상이라는 보고를 제시하고 있다 [White, 2003]. 이들에 따르면, 설계단계에서 결함이 많이 발생하는 이유는 다음의 두 가지로 요약된다. 첫째는 안전성에 대한 설계단계에서의 미흡한 인식이다. 일반적으로 생산자들은 잘 만든 제품이라면 안전기준을 자동적으로 충족시킬 것이라 여기는 경향이 있다. 이러한 이유로 인해 안전기준에 대한 적합성 문제는 제품개발 공정 마지막 단계에서나 고려되거나, 설계개발 단계에서 안전상의 문제들을 충분히 수용하지 못하거나, 기타 기준관련 문제들을 충분히 고려하지 못하는 상황이 종종 발생한다. 그러다 이런 문제들이 일어나면 생산시점이 늦어지거나 아예 무기한 연기되어 버린다. 최악의 경우에는 제품이 너무 늦은 단계에서 기본적 안전성 결함이 발견되어 시장 출시 시작 바로 전에 판매중단이 발생되기도 한다. 이에 따라 설계 단계에서의 성공은 상업적 및 판매상의 요구를 만족시키는 일뿐 아니라 수많은 그리고 나날이 변하는 안전기준과 법령까지도 만족시키는 데 있다. 둘째는, 조기 출하에 대한 압력이다. 오늘날 많은 제품은 출하 시점을 매우 중시한다. 고객의 유행과 기호는 언제 바뀔지 모르며, 늦은 출하 시점은 더 많은 경쟁회사의 유사제품 진입을 가능하게 하여 기업의 이익확보를 어렵게 한다. 이에 따라 기업은 신제품 출하 시점을 매우 면밀히 검토하며 결정한다. White and Pomponi에 따르면, 신제품 출시 압력이 리콜을 발생시키는 원인으로 제시되고 있음을 밝히고 있다. 기업은 신제품 출시를 가능한 한 앞당기기 위해 많은 노력을 경주한다. 이러한 노력은 제품 설계공정에도 그대로 작용하여 설계 및 개발부서에서는 제품의 안전성에 대한 확신이 결여된 상태에서 개발을 조기에 마무리하고 제품을 생산하도록 압력을 받는다. 따라서 준비되지 않은 상태에서 제품을 시장에 공급한다면 제품 리콜이라는 값비싼 대가를 치르게 될 가능성이 높아지며, 그러면 결국 시장 출시 시간상의 단축은 이익 실현 시기를 늦추는 결과를 초래하게 될 것이다.

Yadong Luo는 2007년 미국을 비롯하여 전 세계적으로 발생한 중국제품에 대한 대대적인 리콜사태에 대해 그 원인을 분석하면서 두 가지 원인을 새로이 제시하였다[Luo, 2007]. 첫째는, 제품리콜이 부분적으로 도덕적 해이와 사회기준의 결여를 반영하고 있다고 주장한다. 그에 따르면 기업이 항상 무결점을 달성할 수 없음은 사실이지만 대규모의 리콜은 제조 또는 작업 공정상의 근본적 결함 이상을 보여주는 데 있다기보다는 그러한 공정을 조직하는 데 있어서 도덕적 위험성을 반영해주며, 위험한 제품을 지속적으로 출시하는 기업들은 그들의 사회적 책임과 대중의 복리에 대한 영향을 도외시하고 타인에 대한 더 나아가 장기적으로 자신들에 대한 비극적 결말을 고려치 않고 있다고 주장한다. 그는 도덕성의 약화는 왜 제품 안전과 표준의 문제가 납기나 이익 목표 달성에 뒤진 두 번째 문제로 전락하는지를 이해하는 근거를 제시하고 있다고 주장한다. 둘째는, 제품리콜은 잘못된 경영 및 약화된 조직관리의 결과로 야기된다고 주장한다. 빈번하면서도 대규모적인 리콜은 문제가 있고 근시적인 지도력을 보여준다. 그러한 지도력하에서는 창조적 문화나 효율적 경영, 내부 관리 및 생산적인 부서 간 협력을 가져올 수 없다. 제품리콜은 안전 프로그램이나 효과적인 품질관리 프로그램이 없는 기업에서 발생하는 경향이 있다. 잘못 경영되는 기업에서 경영자들이 안전이나 품질을 중요한 추구해야 할 목표로 삼을 가능성이 희박하다. 기업정책에 대한 표명이 부재할 뿐더러 정책이 있다고 하더라도 실행이 제대로 이루어지지 않는다.

이들 외에도, 제조물 책임법에 대한 약한 법적 구속력, 과도한 비용절감 압력, 비양심적인 지하 공장의 성장, 법적 책임을 공유토록 하는 시기상조인 하청계약 제도, 제품 안전성에 대한 효과적인 정부 감독의 부재, 도처에 널린 모조품과 이에 대한 대중 및 정부의 비효율적 저항, 정부 주도의 품질관련 인가나 증서를 얻기 위한 불량품 제조업체에 의한 뇌물을 포함한 만연된 부패를 리콜사태에 대한 원인으로 들고 있다.

8.3 리콜 프로그램 구축 고려사항

기업이 제품리콜을 시행하기 위해서는 여러 상황들이 발생할 수 있으며, 이는 기업에 따라 다를 수밖에 없다. 제품리콜이 항상 필요하지 않을 수도 있으며, 상황에 따라 제품을 안전하게 만들 수 있는 사소한 부품을 고객에게 제공하는 것으로 끝날 수도 있다. 또한 기업의 조직에 따라서 제품리콜이 발생하는 동안 부서 간의 상호관계도 동일하지 않을 수 있다. 그러나 개별적 상황에 관계없이 기업은 언제나 최악의 상황에 대처하기 위한 리콜 프로그램을 갖추고 있을 필요가 있다. 리콜은 안전치 못한 제품을 생산한 기업 자체의 문제이지만 그 여파는 고객과 사회에 영향을 미치므로 리콜 프로그램 구축 시 고려해야 할 사항들을 기업의 내부적 사항과 외부적 사항으로 구분하여 살펴본다[Recall Handbook, 1999].

내부적 고려사항

(1) 제품정보 수집

기업은 항상 안전한 제품이 생산되어 고객에게 전달되도록 설계에서부터 제조 생산, 출하에 이르기까지 철저한 품질관리 노력을 기울여야 한다. 그러나 완전무결한 제품을 만드는 일은 기술적 및 경제적으로 기업의 한계를 벗어나는 경우가 종종 있기에, 이러한 일이 발생할 때마다 불안전한 제품이 생산되거나 고객에게 전달되었을 때 이를 발견하는 일은 기업이 해야 할 기본적이고 강제적으로 요구되는 사항이다. 그러므로 기업은 언제나 제품에 대한 면밀한 검토와 분석을 실시하고 있어야 한다. 특히 고객불만 사항은 제품에 대한 정보를 잘 제공해주고 있으므로 기업은 소비자가 제품에 대한 불만을 제기할 수 있도록 하여 이를 기록으로 남기는 간단명료한 방법을 개발하고 실행에 옮기도록 함이 반드시 필요하다. 이러한 방법을 통하여 고객으로부터 제품이 어떻게 그리고 왜 불만족스러운지, 제품이 어떤 기능을 하고 또 하지 않는지, 제품이 고객에게 어떤 영향을 미치는지에 대한 소중한 정보가 전달될 수 있도록 하여야 한다. 이러한 정보는 결함이 있는 리콜제품을 파악하는 데 도움이 될 수 있다. 이 외에도 사고 보고서, 제품 위험성에 대한 종업원의 견해, 수리 보고서, 시험 및 분석 보고서 및 거래처, 무역기구 및 발행물에 실린 보고서 등도 제품 결함에 대한 정보를 제공하는 좋은 자료가 된다.

(2) 제품식별 및 추적

안전치 못한 제품을 파악하기 위해서는 개별 제품을 식별할 수 있어야 한다. 제품의 안전성과 관리를 계획하는 일 속에 제품식별을 위한 절차가 반드시 포함되도록 한다. 제조되는 제품마다 적어도 제조 연도와 월이 분명히 보이도록 지울 수 없는 날짜 코드로 각인되어 있어야 한다. 필요한 경우에는 날짜와 시간이 초 단위로까지 보이도록 한다. 불안전한 제품을 추적할 수 있는 능력은 제조일을 삽입하고, 식별표지를 붙이고, 유통과 장소에 관한 기록을 남기는 일 등을 엄격히 유지하는 프로그램이 존재하는가에 달려 있다. 이러한 관점에서 제품리콜 상황에서 필요하게 될 제품식별, 유통, 저장 및 판매에 관한 모든 사항들을 기록하는 일상의 프로그램을 수행하는 일이 기업의 주요 책무 중의 하나가 되어야 한다.

재검색이 가능하도록 기록하고 유지해야 할 특정 자료에는 특정 제품생산단위 번호와 수량 그리고 형태, 설계 또는 변경과 관련된 일련 번호, 및 모델 번호, 고객이 쉽게 제품을 인식할 수 있게 도울 수 있는 고유의 모습을 주목하여 기록으로 남긴다. 또한 시험 검사 결과를 포함하는 제조 및 품질관리 기록, 선적 정보, 유통망, 보관 기록, 보증 제도가 있을 때 구매자의 이름과 주소 및 수출품인 경우 해외 수입처나 해외 유통망 정보 등이 있다.

(3) 의사결정

제품리콜을 결정하는 일은 매우 어려운 의사결정 중 하나이다. 제품리콜에 들어가는 비용이 만만치 않아 기업의 수익구조에 즉각적이고도 직접적인 충격을 가하며, 나아가서는 장기에 걸쳐 기업의 제품에 대한 고객 및 대중의 인식에 부정적 영향을 줄 수 있다. 재정적, 신용적 그리고 도덕적 문제가 걸린 일이어서 기업의 최고 경영층에 의해 제품리콜 필요성에 대한 충분하고도 면밀한 검토가 이루어져야 한다. 제품리콜 가능성이 제기되었다고 확신된다면, 필요한 경우 독립된 외부기관에 검토를 의뢰할 수도 있다. 제품리콜 가능성이 제기되면, 먼저 제품리콜위원회를 구성하여 제품의 위험 정도를 판단하여 제품리콜이 필요한지를 결정하며, 제품리콜이 필요하다고 여겨지면 리콜이 부분적인지 전체적인지를 결정하여 만일 부분적 리콜이라면 어떤 품목을 리콜하거나 현장에서 수리해야 하는지 결정한다. 또한 상황이 추가 원자재나 부품을 고객이나 현장보급소에 공급함으로써 종료될 수 있는지, 그들을 사용하는 데 어떤 지시가 필요한지를 결정한다. 그리고 위험성 정도, 그로 말미암은 상해, 제품리콜 또는 비 회수 결정에 도달하기에 필요한 지식이나 시험 등에 관해 어떠한 외부전문가의 권고를 얻을 수 있는지도 결정한다.

제품사용이 적법하지 못하거나 비정상적 방법으로 사용하여 사고가 발생한다면, 제조자나 판매자 누구도 제품리콜에 대한 책임이 있다고 여겨지지 않는다. 그렇지만 상해를 일으킬 수 있는 예기치 못한, 그러나 올바른 방법으로부터 위험이 발생한다면 비록 사고가 보고되지 않았다 하더라도 제품리콜위원회는 제품리콜 가능성에 대한 타당성이 존재한다고 보아야 한다.

(4) 자원제공

기업은 제품리콜위원회가 필요로 하는 모든 자원이 동원될 수 있도록 하여야 한다. 이에는 리콜을 담당할 담당자와 관련 부서원들의 책임과 역할 분담 등이 있어야 하며, 리콜에는 완제품, 부품 또는 조립품 등의 물질적 교체가 필요할 수 있으므로 이들에 대한 물적 지원, 그리고 회수된 제품의 보관과 물적 지원품을 보관할 창고 등 공간 시설에 대한 확보가 필요하다.

(5) 문서화 및 기록

리콜은 예상치 못하게 갑자기 이루어져야 할 경우가 보통이므로, 리콜이 필요한 때 언제나 참조할 수 있도록 완벽하게 문서화되고 공표된 절차서가 존재하여야 하며, 리콜시행 전 과정에 걸쳐 절차서 대로 철저히 준수되어야 한다. 또한 제품리콜을 담당하는 회사 책임자는 모든 상황을 정확히 기록한 일지를 보관하여야 하며, 반환되는 품목에 대한 상세한 목록을 작성하고 점차적으로 보완해나가야 한다.

(6) 종업원과의 대화

기업 내부에서는 제품리콜에 대해 종업원들과의 의사소통에 있어 분명하고, 정확하며, 표준에 맞으며, 단순하도록 해야 한다. 제품리콜이 흔치 않은 일이기 때문에 모든 종업원들은 당연히 관심을 기울일 것이므로 적절한 수준에서 정보가 전달되도록 한다.

외부적 고려사항

리콜의 목표는 가장 실제적이고 비용효과가 좋은 방식으로 거래처와 소비자들로부터 가능한 많은 위험제품을 회수하는 것이다. 이러한 목표는 기업 단독으로 추구하기보다는 관련

기관들과 협의하여 그들의 경험과 협조가 긴밀한 공조 속에서 추진될 때 상해나 사망으로부터 소비자를 더욱 안전하게 지킬 수 있게 된다. 또한 리콜은 고객의 안전에 큰 영향을 미치며 제품에 대한 평가에 큰 영향을 미칠 수 있다. 특히 언론이 고객에 미치는 영향이 매우 크므로 이에 대한 고려가 필요하다.

(1) 고객과의 정보소통

컨슈머 리포트가 실시한 전화설문조사에 따르면[2011], 대부분의 소비자들은 자신들을 보호하기 위해 제품에 대한 아무런 확인도 하지 않으며, 또 기업들도 고객이 지속적으로 자신들의 제품에 대한 정보를 받고 있는지 확인하는 활동을 펴고 있는 것처럼 보이지 않는다고 한다. 많은 소비자들은 리콜에 대해서도 반응을 보이지 않으며 심지어는 기업이 리콜을 선언하는 주된 이유는 소송으로부터 자신들을 보호하자는 것이지 위험제품으로부터 소비자를 보호하자는 취지는 아니라고 믿는다. 그러므로 기업은 더 행동을 취할 필요가 있다. 제품 구입자들로 하여금 제품등록카드를 회송하게 하여 그들의 연락처를 확보하거나, 리콜에 대한 공지를 언론에서 보도하게 하는 방법이 있을 수 있다. 또한 중요한 안전정보를 고객에게 알릴 수 있도록 로열티 프로그램이나 상점고유 신용카드 발부를 통하여 고객에게 접근하는 등 창조적인 방법들을 고안해야 한다.

(2) 책임 회피와 언론 보도

Paul W. Beamish and Hari Bapuji는 2007년에 있었던 대규모 중국산 장난감 리콜 사태에 대한 일부 경영자들의 책임 회피와 방송 및 소비자의 편향적 인식을 제기하고 있다[Beamish, 2007]. 어린이들이 주로 가지고 노는 장난감에 대한 리콜은 중국산 제품에 대한 분노 내지는 불신을 크게 야기하였다. 그러나 이러한 미국 내 소비자들의 반응은 어떤 면에서는 잘못된 것이었다. 크게 문제가 되었던 납 성분이 함유된 페인트는 전문가들에 의하면 크게 염려할 만한 사항이 아니었으며, 장난감과 관련된 사망, 상해 및 리콜의 가장 큰 한 가지 원인은 작은 부품이었는데, 이는 제조상의 결함이라기보다는 설계상의 문제로 귀착되었다. 장난감에 대한 설계는 주로 미국 기업들에 의해 이루어져 왔으며, 단지 생산만 중국에서 이루어졌을 뿐이다. 이러한 지적에도 불구하고 방송매체, 일부 장난감 회사 임원진 및 대중은 장난감 리콜의 사실상의 모든 결함으로 중국을 비난했다. 위기 순간에 비난의 화살을 돌리는 일은 교묘하고도 복잡한 문제로 대부분, 비난은 누가 부여하는가에 달려 있다. 장난감 회사의 경영자들이 제품리콜 등의 실패에 대한 비난을 공급자를 포함하여 주변 환경 탓으로 돌리려 노력할 가능성은 매우 크다. 특히, 공급자가 해외에 위치할 때는 그들을 비난하는 일이 더 쉬워진다. 방송과 소비자들이 제품리콜의 문제를 외국산 탓으로 돌리는 이유는 소비자들의 인식적 편견, 즉 외국산 제품이 자신들의 환경 속에서 만들어지는 것들보다 낮은 수준으로 간주하는 편견에 기인할 수도 있다. 이에 더하여 생산국 내의 규제제도의 부적합성 및 부패와 같은 사회적 사건들에 대한 보도는 법적 규제의 미흡 또는 도덕적 기준의 해이와 같은 부정적 인식을 크게 부각시킬 수 있다. 이러한 편견은 한 국가의 국가적 이미지에 의해 영향을 받을 수도 있다.

(3) 법적 사항

제품리콜은 리콜이 강제적으로 실시될 때 제조자가 감내해야 될 비용과 리콜에 실패할 경우에 부과될 범칙금의 정도를 포함하는 구체적인 요구사항을 담고 있는 국가의 소비자보호법의 적용을 받는다. 제품리콜이 실시되는 경우에 리콜 선언이 담당 정부 기관의 웹사이트에서 공시되며, 일간지에 공시되거나 또한 어떤 경우에는 텔레비전 뉴스 보도에 대중에게 강조될 수 있도록 권유되기도 한다. EC directive의 조항에 따르면 '제조자는 자신이 만든 제품에 있는 결함에 의해 야기되는 피해에 책임을 져야 한다'고 명시하고 있다[1985]. 이 의미는 제품이 명시된 규격에 부합하지 않는다는 의미에서 제품이 불량이라는 것을 말하지 않는다. 6조에 따르면 모든 환경, 즉 제품의 표시, 제품이 사용될 것으로 합리적으로 기대되는 사용, 제품이 유통되는 시기 등을 고려해서 사람이 예상할 수 있는 안전을 제공하지 못하면 제품은 포괄적으로 불량으로 판정된다. 또한 제조자에 대해서도 제품의 생산자, 제품에 자신의 이름을 기재함으로써 제품의 생산자로 자신을 내세운 사람, 또는 유럽연합으로 수입업자로 정의하고 있다. 이들은 모두 기업 차원에서가 아닌 소비자 관점에서 유해한 제품으로부터 소비자의 안전을 보호하려는 법적 조처이다. 좀 더 구체적으로 소비자의 안전을 보호하기 위해 미국의 소비자제품안전위원회는 보고에 대한 요구, 결함 파악 및 평가, 신속 제품리콜 프로그램, 수정활동계획 수립, 리콜 정보 공유, 결함제품을 파악하고 제품리콜을 실시하기 위한 기업 정책 및 계획 수립, 기록 유지를 법적으로 요구하고 있다[Recall Handbook, 1999].

8.4 제품리콜 절차

자신들이 만들어내는 것이 무엇인지를 정확히 아는 기업은 매우 적다. 제품의 종류에 대해서는 확실히 파악하지만, 얼마나 잘 만들고 있는지에 대해서는 정도의 차이가 있지만 잘 알고 있지 못한다[Directive, 1985]. 제품이나 디자인에 있는 결함이 상해를 일으켰다고 판단될 수 있다면 제품 제조자는 책임을 져야 한다. 제조물로 인한 책임 상황은 경고 없이 언제든 일어날 수 있다. 이러한 상황은 가장 부주의한 조직은 물론 품질의식이 매우 강한 조직에서도 발생할 수 있다. 이러한 상황에서 기업을 보호하기 위해 어떤 조처가 있을 수 있을까? Hutchins은 다음의 네 가지 접근방법을 제시한다[Hutchins, 1998]. 첫째, 이러한 상황을 무시하고 발생하지 않기를 바란다. 둘째, 보험을 든다. 셋째, 품질 훈련을 적용하여 제품리콜의 위험 및 비용을 줄인다. 넷째, 제품리콜 절차를 구축한다. 첫째 방법은 가장 돈이 안 드는 접근이지만 회사를 앗아갈 수 있고, 둘째는 쉽지만 보험을 들 수 없는 경우가 많다. 셋째는 통계적으로 합리적인 방법이지만 제품의 결함은 통계적 합리성만으로 통제 안 되는 경우가 종종 발생한다. 그러므로 마지막 번째인 리콜 절차를 구축하여 제품의 결함으로부터 기업을 보호할 안전장치가 필요하다.

제품리콜 절차는 제품 결함으로 인한 최악의 상황에서 그 영향을 최소화하고 비용을 크게 줄일 수 있다. 제품리콜은 항상 실제 또는 잠재적 위험의 발견에 따른 결과로 취해지는데, 위험에 책임이 있는 모든 품목에 대한 가장 빠른 위치파악과 시장에서 해당 품목에 대한 제거를 필요로 한다. 비록 제조자가 모든 품목에 대해 그 위치를 안다고 해도 제품리콜에 문제가 없는 것은 아니다. 모든 구매자에 대한 정보를 가진 데이터베이스를 보유하고 있으며 엄청난 방송매체 광고에도 불구하고, 불량품의 70%만을 회수할 수 있었다는 보고가 있다. 노력했지만 그러한 품목들을 회수하지 못하여 나머지 30% 중 어느 하나라도 위험하게 남아 있다면 공급자로부터 책임을 면해주지는 않는다. 따라서 제품회수를 분명하고 신속한 행동으로 옮기지 않는다면 혼란에 처할 것이며, 그 비용은 올바른 계획이 준비된 상황보다 훨씬 많아질 것이다. 효과적이기 위해서 제품리콜 계획은 즉시 실행될 수 있어야 한다.

제품리콜과 관련된 활동은 개별 기업에 따라 다르겠지만 일반적으로 다음과 같은 내용들이 포함된다. 먼저 제품리콜과 같은 일들이 빈번히 일어나지 않도록 설계, 제조 및 검사에서 제품의 안전성을 확보토록 한다. 그리고 만일에 안전치 못한 불안전한 제품이 기업 밖으로 나갔을 경우 이를 회수토록 조처한다. 또 만일에 있을지도 모를 법적 소송에 대한 관련성도 검토해야 한다. Taylor[1989]가 제시한 리콜 관련 활동들을 참조하여 일반적인 제품리콜의 절차를 다음과 같이 제시한다.

(1) 기업은 언제나 결함 없는 제품이 출시될 수 있도록 제품의 안전성 확보활동을 전개한다. 제품의 안전성 확보활동에는 제품의 식별 및 추적이 가능한 조처들을 포함토록 한다.

(2) 제조활동 속에는 언제나 제품의 품질을 위협하는 요소들이 개입할 수 있으므로, 만일에 제품 결함이 발생하였을 경우, 이 결함이 미치는 심각성을 분석한다. 특히, 안전성 측면에서 소비자에게 미칠 위험성을 평가한다.

(3) 제품이 고객에게 유해한 정도의 결함을 지니고 있다고 판단되면 바로 리콜의 필요성을 보고한다.

(4) 리콜의 필요성이 보고되면, 즉각 리콜위원회를 소집하여 제품에 대한 리콜 여부를 결정한다. 만일 리콜이 필요하지 않다고 판단되면, 결함 원인분석을 하여 재발방지 대책을 통하여 안전성 확보활동을 개선한다. 만일 리콜이 필요하다면, 필요 자원의 규모를 파악하고 지원하는 한편, 관계 기관에 통지한다.

(5) 리콜활동에 필요한 인적 · 물적 · 공간적 자원을 제공한다.

(6) 회수해야 할 제품의 현재 위치 파악에 주력한다.

(7) 파악된 고객에게 제품반환을 요청하며, 필요시 언론 및 방송 보도를 통하여 더 많은 고객에게 리콜 사실이 전파되도록 한다.

(8) 반환된 제품에 대한 보관, 수리, 폐기 및 교환을 실시한다.

(9) 제품리콜과 관련된 비용을 산정한다.

(10) 회수와 관련된 법적 관련성을 검토한다.

(11) 회수 검토 및 사후 조정 조처를 취한다.

(12) 제품리콜을 종료한다.

위의 절차는 일반적 상황에서의 절차를 제시하고 있으며, 기업의 상황에 따라 변경될 수 있다.

제품리콜은 기업에 재정적으로나 명성에 비싼 대가를 치를 수 있다. 대부분의 기업들은 자기가 최고라는 점을 세상에 알리기 위해 많은 돈을 지출하지만, 제품을 리콜하는 것도 자신들의 제품이 실제로 매우 위험하다는 것을 설명하는 데 많은 돈을 들이는 셈이다. 이러한 점에서야말로 기업으로 하여금 어떠한 경영활동을 하더라도 처음부터 올바로 하도록 하기에 충분히 설득할 만하다. 그러나 기업이 노력해 왔음에도 불구하고 무엇인가가 잘못된다면 효과적이고 잘 고안된 리콜 시스템이 갖춰져 있는가가 무엇보다도 중요하다. 절대적 예방은 가능하지 않으며 기업이 할 수 있는 일이란 노력해서 위험을 줄이는 일이다. 시장에 물건을 공급하는 자에게는 누구나 소송의 위협 속에 놓여 있으며, 이 때문에 많은 기업들은 자신들의 리콜 시스템을 구축하고 강화시켜 나가야 한다.

▌생각할 점

1. 국내외에서 발생한 리콜 관련 사례를 들고 리콜의 원인 및 기업에 미치는 영향을 살펴보자.

2. 임의의 기업을 선정하여 리콜 정책 및 절차에 관해 살펴보자.

3. 제품리콜과 관련된 우리나라의 법과 리콜 절차를 살펴보자.

4. 제품리콜과 관련된 ISO 9001 요구사항을 살펴보시오.

9

신뢰성 경영

9.1 서론

9.2 신뢰성의 통계적 특성

9.3 수명특성곡선: 욕조곡선

9.4 시스템 신뢰도

9.5 신뢰성 프로그램

제품에 대한 신뢰는 우연히 얻어지는 것이 아니다. 시스템(장비)이나 부품 속에 구축되어야 하는 것이다.

빈번한 제품의 고장은 고객의 만족을 저하시키는 요인이 된다. 그러나 고장을 줄인다 하여 비싼 부품만을 사용한다면 제품의 가격은 비싸져 고객의 수요가 감소하게 된다. 따라서 기업은 적정한 가격 내에서 제품의 고장을 관리할 필요성이 대두된다. 신뢰도는 제품의 고장 현상을 확률적으로 수치화하고 예측하는 방법을 제공한다. 본 장에서는

- 신뢰성의 통계적 특성
- 수명특성곡선: 욕조곡선
- 시스템 신뢰도
- 신뢰성 프로그램

등을 살펴본다[원형규, 2010; TPM, 1996; Bellcore, 1986]

9.1 서론

제품에 대한 신뢰는 우연히 얻어지는 것이 아니다. 시스템(장비)이나 부품 속에 구축되어야 하는 것이다. 흔히 문제를 발생시키는 요인이 복잡한 시스템에 있지 않고 단순한 부품에 있는 경우가 많이 있다. 예를 들어, 30만 개의 부품으로 이루어진 수십억 원대의 미사일이 발사되지 못하고 고장을 일으키는 요인이 몇천 원에 불과한 저항 한 개 때문일 수도 있다. 단순한 한 개의 고정핀이 빠져 자동차 사고가 발생하여 인명 피해를 입기도 한다. 이러한 이유로 인해 기업은 제품을 만드는 초기부터 짜임새 있는 신뢰성 프로그램을 구축하여 신뢰성에 위협을 줄 만한 요소가 제품 속에 끼어들지 못하도록 철저히 차단해야 한다.

건전한 신뢰성 프로그램을 구축하기 위해서는 첫째, 시스템의 수명주기 전반에 걸쳐, 이를 테면 설계, 개발, 생산, 품질관리, 출하, 설치, 운영 및 유지보수에 이르기까지 철저한 신뢰성 관리가 이루어져야 하며 둘째, 많은 분야의 학문 및 기술, 예를 들어, 통계학, 확률론, 재료공학, 회로분석, 기계설계, 구조분석, 생산공학 등이 종합적으로 신뢰성 구축에 응용되어야 하며 셋째, 고장의 발견과 원인 치료를 위한 조직이 구축되어 적극적인 활동이

137

있어야 한다.

　제품의 탄생에서부터 사용되고 폐기될 때까지 제품의 일생을 크게 설계개발단계, 생산단계 및 사용단계로 구분한다. 이때 각 단계마다 제품의 신뢰성을 확보하기 위해 많은 활동들이 실시되어야 한다. 먼저 설계개발단계에서 설계자들은 사용자들의 용도를 주의 깊게 살펴 부품, 재료, 공정, 허용차 등을 선정하고 잘 구축된 설계절차에 따라 기존에 입증된 재료 및 공정을 적용토록 한다. 또한 앞으로의 추가 조처를 위해 불확실한 부분을 두드러지게 하거나 드러나게 하여 둔다. 마지막으로 설계자들은 프로토타잎(모형)을 개발하여 테스트를 수행하고 자료를 수집하여 미확인된 불확실한 부분을 해결하여 설계에 대한 자신감을 갖도록 한 후, 조심스럽게 제조공정계획을 세운다. 생산단계에 이르러서는 입증된 설계대로 반복하여 제품이 만들어지도록 적절한 품질관리 기법을 사용하며, 규격에 미달하는 제품들을 제거하고 제품에 대한 신뢰감을 높일 수 있도록 추가 테스트를 실시한다. 만들어진 제품은 이제 사용자가 원하는 곳으로 이동되어 성공적으로 설치를 완료한 후 사용단계로 접어들게 된다. 이때부터는 제품을 계속 운영하면서 운영에 관한 자료를 수집하고 분석하며, 예방(preventive) 및 수정(corrective) 조처들을 반복하여 실시한다. 설계자들은 운영 자료로부터 실제 사용 중에 관찰되는 신뢰도와 초기 예측값을 비교하여, 만일 필요하다면 제품에 수정조처를 취한다. 또한 미래의 제품을 개선하고 개발하기 위한 지침(guideline)을 제공하기 위해 운영 자료를 사용한다.

　특히 개발단계에서 제품의 신뢰성에 대한 요구사항을 명확히 설정함이 필요하다. 제품에 따라 요구되는 신뢰성에 대해 정량적으로 정확한 신뢰도를 파악하여 이를 적절한 방법으로 기술함은 매우 중요하다. 이 신뢰도는 설계도면 속에서 수치적으로 반영되어야 하고 생산과정에서 제품 속에서 구축되어야 하며, 이후 사용단계에서 수치적으로 확인되어야 한다. 제품에 따라 신뢰성에 대해 사용자가 요구하는 방식이 각기 다르다. 예를 들어, 텔레비전은 하루에도 몇 번씩 껐다 켜기를 반복하면서도 여러 해 동안 기능이 고장 없이 제대로 작동되기를 기대한다. 그런가 하면, 미사일은 오랫동안 발사준비 상태에 있다가 단 한 번의 발사 스위치에 고장 없이 목표물을 향해 날아가야 하며, 전화 교환기는 40년 동안 계속해서 작동되도록 설계되어야 한다. 이들은 모두 사용자들이 제품으로부터 기대하는 신뢰성에 대한 요구사항들이다.

　제품에 따른 이들 요구사항들이 정확히 정량적으로 표현되어야 제품의 수명주기(또는 라이프사이클) 동안 일관성 있는 신뢰성 관리, 즉 신뢰성에 대한 사용자 요구사항 파악, 신뢰도 예측, 구축 및 사용단계에서 확인이 가능해진다. 이들 신뢰성에 대한 요구사항들을 정량적으로 표현하기 위해 보통 신뢰도는 시간의 흐름에 따라 시스템의 성능이 성공적으로 작동하는 특성에 대한 척도로 정의되며 확률(probability)로써 표현된다.

9.2 신뢰성의 통계적 특성

신뢰성은 오랜 시간 속에서 지속적으로 동일한 상태를 경험할 때 얻어지는 특성이다. 따라서 한두 번의 경험으로 신뢰성을 판단하는 일은 섣부른 일이 아닐 수 없다. 제품의 신뢰성을 이야기할 때 한 개의 제품만을 경험해보고 이 제품의 신뢰성이 뛰어나다 또는 형편없다고 판단하면, 이 판단의 신뢰성 또한 매우 떨어진다고 볼 수 있다. 물론 하나의 경험도 없는 것보다는 낫지만 적어도 신뢰성을 논의할 때는 많은 수가 필요하다. 경험할 수 있는 제품 수가 많으면 많을수록 우리의 판단은 더욱 정확해질 것이다.

인간의 신뢰성에 대해 이야기할 때 우리는 인간이 가지는 여러 가지 품성에 대해 신뢰성을 따져볼 수 있다. 예를 들면, 도덕적 측면에서 약속을 잘 지키는가, 또는 신용적 측면에서 빌린 돈을 잘 갚는가, 아니면 능력적 측면에서 어떤 일을 맡길 만한가 등이다. 그러나 제품의 신뢰성에 대해서는 제품의 기능이 설계에서 의도된 대로 일정 기간 탈 없이 작동하는가에 그 초점이 맞춰져 있다. 여기서 탈 없이 작동한다는 말은 다시 말하면 고장이 발생하지 않음을 뜻한다. 종종 신뢰성 공학에서 제품이 동작을 처음으로 시작하여 고장이 날 때까지 지속적으로 동작하고 있는 시간구간을 가리켜 제품의 수명이라 하기도 한다. 이는 인간의 탄생에서부터 죽음까지의 기간을 인간의 수명이라 부른 데서 연유하여 제품의 고장을 인간의 죽음에 비유시킨 데서 오는 용어이다. 모든 인간이 죽는 것처럼 모든 제품은 언젠가 고장에 이른다. 이 고장까지의 시간, 즉 수명이 길수록 제품에 대한 신뢰성은 높으며, 이 수명이 짧으면 신뢰성은 떨어진다고 말한다.

모든 인간의 수명은 각기 다르다. 한날한시에 태어난 쌍둥이라도 죽는 시간까지 같을 수 없다. 이들은 태어나기 전의 조건과 태어난 후의 각기 다른 삶의 환경 속에서 수명상의 차이가 발생한다. 제품의 수명도 마찬가지로 제각기 다르다. 이러한 사실을 제품의 수명이 랜덤하게 또는 무작위로 변동한다고 말한다. 이렇게 랜덤하게 변동하는 현상은 우리 주변에서도 쉽게 찾아볼 수 있다. 예를 들면, 같은 제조사에서 생산된 동일한 종류의 냉장고라 하여도 고장 나는 시간은 제각기 다르며, 같은 날 갈아 끼운 건전지나 형광등의 수명도 각기 다르다. 이처럼 수명이 변동하는 원인으로, 첫째, 제품에 사용되는 물질의 분자적 구조 내지는 원재료의 물리적 특성이 일정하지 않으며, 둘째, 제조환경을 아무리 일정하게 유지하려고 해도, 재료에 불순물이 섞이지 않게 하려 해도, 또 동일한 기술을 구사하려 해도 이들을 모두 일정하게 관리할 수 없으며, 셋째, 제품이 사용되는 환경이 모두 일정하지 않다는 사실 등을 들 수 있다. 이처럼 물질의 분자적 특성 속에, 제조환경 속에, 그리고 사용 환경 속에 수명을 제각각 다르게 만드는 요인들이 숨어 있다.

이러한 제품 수명의 랜덤한 변동 현상은 바로 통계적 분석 대상이 된다. 랜덤이란 용어는 우리말로 무작위성이란 뜻을 가지고 있는데, 이것의 의미는 하나의 제품이 정확하게 언제 고장 날지 예언할 수는 없으나, 동일 제품들로 이루어진 대 단위 집단의 경우에는 임의의 하나의 제품이 특정 시간 동안 고장 나지 않고 작동할 확률을 예측할 수 있음을 말한다.

신뢰도는 하나의 제품이 기대되는 수명을 넘어서까지 생존할 확률 또는 규정된 작동 조건하에서 임의의 지정된 기간 동안 요구된 기능을 만족스럽게 작동할 확률로써 정의되며, 단 한 번의 고장만이 발생할 수 있는 제품의 경우에 적절한 척도이다. 이 경우는 동작시점부터 고장이 발생하는 시점까지의 시간이 바로 제품의 수명에 해당하며, 주로 한 번 사용하고 더 이상 쓸 수 없는 1회성 제품들이 해당된다. 예를 들면, 전구, 형광등, 트랜지스터, 미사일 또는 무인위성 등이 있으며, 이들은 수리가 불가능하기 때문에 수리불가능 제품군 또는 비수리가능 제품군으로 분류된다.

그러나 또 어떤 제품들은 고장 나면 수리하여 다시 사용하는 것들이 있으며, 이들의 경우에는 신뢰도보다는 가용도란 척도가 더욱 적합하게 사용된다. 가용도는 하나의 제품이 필요할 때 작동될 수 있는 확률 또는 작동상태에 있으리라 예상되는 시간의 평균비율을 말한다. 이 척도는 제품의 전체 사용기간 중에서 고장 난 시간을 제외한 순수 동작 가능시간의 비율을 계산하므로 고장이 얼마나 자주 발생하며, 고장을 수리하는 데 드는 시간이 얼마나 걸리는가에 따라 영향을 받는다. 따라서 가용도를 구할 때는 제품의 두 가지 상태, 즉 작동과 비작동(또는 고장)에 대한 확실한 구별이 필요하다. 오늘날의 많은 생활가전, 예를 들면, 휴대폰, 텔레비전, 냉장고, 세탁기 등을 비롯하여 운송수단인 자동차, 항공기, 선박 등이 해당되며, 이들은 언제나 수리가 가능하기 때문에 수리가능 제품군으로 분류된다. 수리불가능 제품군에서는 제품의 수명이 작동시점부터 고장까지 기간으로 정의될 수 있으나, 수리가능 제품군에서는 제품이 처음으로 작동되는 시점부터 시작하여 이후 고장과 수리를 반복한 후 더 이상 사용이 불가능하여 제품이 아예 폐기되는 시점까지로 정의됨이 타당하다. 따라서 제품의 수명특성을 측정할 때 제품이 수리가능한지 수리불가능한지 구별하여 신뢰도와 가용도를 적절히 사용하여야 한다.

위의 정의에 따라 임의의 제품에 대한 신뢰도를 정의하기 위해서는 다음과 같은 조건들이 필요하다.

첫째, 요구된 기능이 만족스럽게 작동되고 있는지 아니면 불만족스럽게 작동되고 있는지에 대한 판단이 필요하다. 즉 고장에 대한 명확한 정의가 있어야 한다.

둘째, 작동 조건에 대한 지정이 필요하다. 여기서 작동 조건의 지정이라 함은 기계적 조건, 온도, 전기적 조건을 포함하는 전반적인 물질적 환경에 대한 조건을 구체적으로 명시함을 말한다.

셋째, 기간에 대한 지정이 필요하다. 기간의 지정이라 함은 작동이 만족스레 지속되도록 요구되는 시간을 뜻한다. 제품에 따라서 이 기간은 미사일이나 우주선 발사체와 같이 오랜 시간 대기상태에 있다가 비교적 짧은 시간에 특정 사명을 완수하면 되는 경우가 있는가 하면 텔레비전의 리모콘이나 세탁기와 같이 켬과 꺼짐이 반복적으로 일생 동안 이루어져야 되는 경우도 있으며, 냉장고나 통신교환기와 같이 항상 작동되어 있어야 하는 경우도 있다.

위의 조건들이 모두 충족되면 신뢰도는 제품이 어느 일정 기간 동안 고장이 발생하지 않을 가능성, 즉 신뢰성을 확률로써 표현된다. 신뢰성의 확률적 표현으로서 누적분포함수, 신뢰도 함수, 밀도함수 및 고장률 등이 많이 사용된다. 이들에 대한 정의는 참조문헌을 참조하기 바란다.

9.3 수명특성곡선: 욕조곡선

비교적 복잡한 장비, 그리고 그것을 구성하는 많은 부품의 고장률은 시간에 따라 변화하는데 그 전형적인 그림을 그림 9-1에 나타냈다. 이것은 장비, 부품의 일생에서 고장률이 어떻게 변화하는가를 나타내고 있다. 전 기간은 초기고장기간, 우발고장기간 및 마모고장기간의 3구간으로 구별할 수 있으며, 그림의 모습은 욕조와 닮았기 때문에 욕조곡선(bath tub curve)이라고 한다. 또한 이 그림을 수명특성곡선이라고도 하는데, 이것은 원래 인간의 사망률을 나

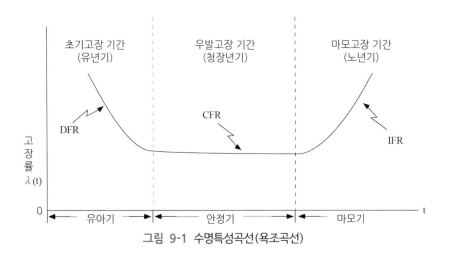

그림 9-1 수명특성곡선(욕조곡선)

타내기 위해 쓰였던 것으로써, 이 용어를 신뢰성 공학에 그대로 적용했기 때문이다.

인간의 사망률과 관련하여 그림에서 초기고장기간은 인간의 유아기 또는 유년기에 해당한다. 유년기는 여러 가지 병에 걸리기 쉽고 저항력도 약하기 때문에 탄생 초기일수록 사망률은 높아진다. 우발고장기간은 인간의 청장년기이다. 사망률은 저하하지만, 사망의 원인으로 병 이외에 자동차에 의한 차사고 등 우발적인 사망원인이 많아진다. 마모고장기간은 인간의 노년기이다. 나이를 먹음에 따라 기능이 쇠퇴하므로 사망률은 점차 높아진다.

이러한 인간의 사망특성은 장비나 부품의 경우에도 그대로 적용되어 전통적으로 고장률을 이용하여 신뢰도 현상을 설명하는 모형으로 욕조곡선(bathtub curve)란 이름으로 널리 사용되어 왔다. 욕조곡선은 고장률을 시간의 함수로 표현한 그림으로 많은 장비나 부품의 전형적 수명특성을 보여주는 모형으로 알려져 있다. 욕조곡선의 모습은 인간의 사망과 마찬가지로 한 번 고장이 나면 다시 수리하여 사용할 수 없는 제품이나 장비 또는 부품, 즉 비수리기능 제품군의 경우에 합당하게 적용된다. 그림 9-1에서 보는 바와 같이 욕조곡선은 각기 다른 고장률 특성을 지닌 3개의 시간 구간으로 구별된다. 이 시간 구간을 고장률의 모습에 따라 각각 초기고장기간을 유아기(infant mortality), 우발고장기간을 안정기(steady state), 마모고장기간을 마모기(wearout)라 한다. 유아기에서의 욕조곡선은 그림 9-1에서 DFR(decreasing failure rate)로 표시된 곡선의 모습에 나타난 바와 같이 초기 높은 고장률을 보이다가 급격히 감소하는 모습을 보인다. 고장률이 이처럼 급격히 감소하는 이유로는 설치 오류(poor installation), 약한 부품의 사용(weak parts), 조립 잘못(bad assembly), 끼워 맞춤 오류(poor fits) 등과 같은 초기의 결함 때문으로 알려지고 있다. 이러한 초기 결함을 보유한 약한 장비나 부품은 작동 즉시 치명적이지는 않지만 짧은 시간 안에 고장이 나게 된다. 유아기 동안의 고장을 나타내는 영어 표현으로 early failures, infant failures 등이 쓰이며, 또 이 기간은 early life, burn-in period, debugging period, break-in period, shake-down period 등 다양한 용어로 사용된다. 다양한 용어의 사용은 이 시기의 중요성을 단적으로 말해준다.

얼마 지나지 않아서 약한 장비나 부품들은 거의 고장 나버릴 것이고 남은 장비나 부품들은 계속 작동을 하며 안정기에 들어가게 된다. 이때가 되면 고장이 여전히 발생하지만 훨씬 낮은 비율로 진행된다. 그림 9-1에서 CFR(constant failure rate)로 표시된 곡선의 모습에 나타난 바와 같이 고장률은 변화가 거의 없이 일정 수준으로 남아 있거나 기껏해야 매우 더딘 속도로 진행된다. 이 시기야말로 성숙된 장비가 보여주는 정상 동작과 관련된 기간에 해당한다. 이 시기를 유용 수명(useful life)이라 하기도 한다. 이 시기에도 고장은 발생하지만 주로 작업자의 조작 잘못으로 인하거나 작동 환경에서 오는 지나친 부하(environmental stresses)로 말미암는 경우가 많다. 이러한 고장들은 언제 일어날지 시간적으로 예측함이 매우 어렵기 때문에 이때의 고장들을 무작위 또한 우발적 고장(random failures), 우연 고장(chance failures), 비극적 고장(catastrophic failuresd)이라 한다.

장비가 충분한 시간 동안 작동하고 나면 결국 마모기가 시작된다. 이 시기에는 그림 9-1에서 IFR(increasing failure rate)로 표시된 곡선의 모습에 나타난 바와 같이 고장률이 시간에 따라 단조로이 증가하는 모습을 갖게 된다. 마모란 말은 물리적으로 닳다가 결국 고장으로 이어지는 기계 장비들의 현상으로부터 시작된 말이지만 비 기계 장비들에게서도 그대로 목격될 수 있다. 이제껏 동작해온 많은 남은 장비들이 이제부터 집중적으로 고장 나게 되며 고장률은 증가한다. 따라서 사용 중인 장비들이 이 시기에 도달하게 되면 심각한 신뢰도 문제를 야기하게 된다.

9.4 시스템 신뢰도

조그만 장비(또는 시스템)의 경우 간단한 부품 한 개의 고장이 장비 전체의 고장으로 이어지는 경우가 종종 있다. 이렇게 부품 하나하나의 고장이 장비 전체의 고장과 직결될 때 이러한 장비는 부품들이 직렬로 연결되어 있다고 하여 '직렬 시스템'이라 한다. 그렇지만 더 거대하고 복잡한 장비의 경우, 부품 한 개의 고장이 장비 전체의 고장으로 이어지지 않

143

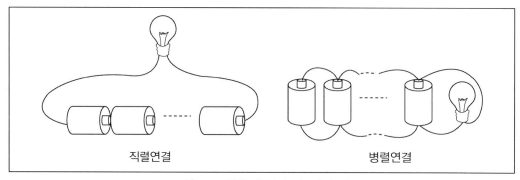

그림 9-2 직렬 및 병렬 시스템의 예

을 수도 있으며 장비 성능상 전혀 하자가 없을 수도 있다. 이러한 장비들은 부품들이 병렬로 연결되어 있다 하여 '병렬 시스템'이라 한다. 이러한 형태의 치명적 고장으로까지 가지 않는 시스템상의 문제를 '시스템 이상(system troubles, system faults)'이라 한다. 그림 9-2는 여러 개의 건전지들이 직렬과 병렬로 연결된 모습을 보여준다. 직렬연결에서는 한 개의 건전지만이라도 못쓰게 되면 전구에 불이 들어오지 않으나, 병렬연결에서는 어느 한 건전지만 살아 있으면 전구에 불이 들어온다.

부품들의 신뢰성이 전체 장비의 신뢰성에 어떤 영향을 미치고 있는가를 파악하기 위해서는 장비의 기능과 구조를 살펴볼 필요가 있다. 보통 하나 또는 그 이상의 부품들이 모여서 하나의 블록을 구성하며 여러 개의 블록들이 직렬 또는 병렬로 연결되어 하나의 장비 또는 시스템을 이룬다. 이 블록들이 어떻게 연결되느냐에 따라 전체적인 장비의 구조나 신뢰성 구조가 결정되며, 이 구조에 따라 블록 또는 부품의 중요성 또한 결정된다.

장비의 신뢰성 구조는 장비를 형성하는 블록들과 이 블록들 간의 관련성을 보여주는 신뢰성 블록 다이어그램(reliability block diagram)을 이용하여 그릴 수 있다. 신뢰성 블록 다이어그램은 장비가 작동할 조건을 기술하는 시각적 그림으로, 장비의 설계도상의 배치나 장비의 기능을 묘사하는 다이어그램과 일치하지 않을 수도 있다. 하나의 예로, 3개의 블록으로 이루어진 비교적 간단한 장비를 생각해보자. 이 장비가 작동하기 위해서는 블록 A가 작동하거나 블록 B가 작동해야 하고, 그리고 블록 C가 작동해야 한다. 이 장비의 신뢰성 다이어그램은 그림 9-3과 같이 그릴 수 있다. 이 블록 다이어그램에서 블록 A와 B는 함께 붙어 있지만 설계 도면에서 또는 실물에서 이들의 위치는 멀리 떨어져 있을 수 있다.

그림 9-3에서 화살표는 블록의 작동 방향, 즉 좌에서 우를 나타낸다. 이는 마치 전류가 좌측에서 우측으로 흘러가야만 블록이 작동됨을 말하는 것과 같다. 장비가 작동하기 위해서

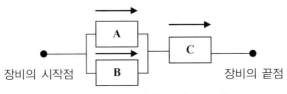

그림 9-3 장비의 블록 다이어그램

는 블록들의 화살표들로 이루어진 하나의 길 또는 경로나 통로(path)가 장비의 좌측 시작점에서 시작하여 우측 끝점까지 만들어지면 된다.

(1) 직렬 시스템

부품들이 직렬로 구성된 하나의 시스템이 작동하려면 모든 부품들이 다 작동해야 한다. 예를 들어, 이 시스템을 블록 다이어그램으로 표시하면 그림 9-4와 같다.

그림 9-4에서 부품 A, B, C, D는 하나의 경로를 구성하고 있으며, 시스템 S가 작동하기 위해서는 이 경로상의 부품 어느 하나라도 고장이 나면 안 되며 모든 부품이 다 작동상태에 놓여 있어야 한다.

그림 9-4 직렬 시스템의 블록 다이어그램

(2) 병렬 시스템

많은 시스템에서 여러 개의 통로가 동일한 동작을 수행케 해준다. 따라서 하나 또는 그 이상의 통로가 막히더라도(고장이 나더라도) 시스템 성능에 아무런 영향을 미치지 않는다면, 그러한 시스템은 병렬 모형으로 표현될 수 있다.

그림 9-5는 두 개의 부품이 각각 하나씩의 경로를 만들고 있는 모습을 보여준다. 시스템

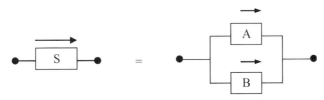

그림 9-5 병렬 시스템의 블록 다이어그램

145

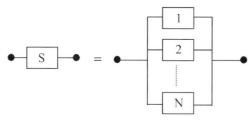

그림 9-6 시스템의 병렬 구조

이 작동하기 위해서는 부품 A가 작동하든지 또는 B가 작동하면 된다. 이를 역으로 생각해 보면, 시스템이 작동하지 않기 위해서는 두 경로가 모두 차단되어야 하므로 부품 A가 작동하지 않고 그리고 부품 B도 작동하지 않아야 한다.

일반적으로 하나의 시스템이 n개의 서로 다른 요소들로 구성되고 이들이 병렬로 연결되어 있다면 블록 다이어그램은 그림 9-6과 같다.

(3) r-out-of-n 시스템

병렬 구조에서 약간 변형된 모형으로써 시스템이 성공적으로 작동하기 위해 적어도 n개 요소 중 r개만 작동하면 되는 구조를 지닌 것이 있다. 이러한 경우에는 n개 요소가 모두 동일한 부품이고 모두 동일한 신뢰도를 갖는다.

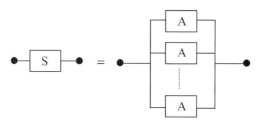

그림 9-7 r-out-of-n 시스템 구조

9.5 신뢰성 프로그램

오늘날과 같이 경쟁이 치열한 시장에서, 제조업체들은 설계와 제조에 아주 빠듯한 일정을 유지해야 하기 때문에 새로운 제품을 출하할 때에는 완전하고 종합적인 신뢰성 프로그램의 필요성이 크게 대두된다. 이 프로그램 속에는 설계와 제조단계에서 제품의 신뢰성 확보를 위해 필요한 활동들이 포함되어야 한다. 제품의 수명주기 동안 각 단계에서 필요한 신뢰성 활동들에 대해 살펴본다.

(1) 시스템 정의 단계

신뢰도는 시스템 정의 단계에서부터 가격, 크기 및 성능과 같은 요인들과 함께 고려되어야 한다. 신뢰성과 관련된 한 가지 중요한 질문은 "고객 만족 관점에서 어느 정도 수준의 현장 신뢰도가 바람직한가?"이다. 이에 따라 초기 설계 목표값들이 확실히 정해지기 전에 신뢰도, 가격, 크기 및 성능 사이에 균형을 잡는 일들이 시작되어야 한다. 예를 들면, 복합 기능을 처리할 수 있는 고 집적도의 새로운 첨단 부품은 신뢰성이 확보된 오래된 부품보다 더 좋은 성능을 발휘할 수 있고 가격에서도 더 유리할 수 있다. 시스템 분야에서는 경쟁력을 높이기 위해 새로운 부품에 전적으로 의지하려는 충동을 느낄 수도 있을 것이다. 그렇지만 새로운 부품에 대해 유용 가능한 신뢰성 자료를 면밀히 검토해보아야 한다. 어떤 부품의 종류들은 다른 시스템 특성들을 희생하고서라도 신뢰성 확보를 위해 사용이 배제되어야만 할 수도 있을 것이다.

(2) 설계목표 설정 단계

시스템에 대한 계획은 중요한데, 계획단계에서 물리적·전기적 설계방향이 거의 결정된다. 시스템 계획을 세우는 사람들은 거대하거나 복잡한 시스템의 기본구조를 결정하며, 그것을 좀 더 다루기에 용이한 블록이나 하부시스템으로 분할한다. 그런 다음 갖가지 블록들은 전체 시스템의 신뢰성 요구사항과 일치하도록 각각에 대해 신뢰도 요구사항이 배분된다. 예상되는 신뢰도를 부품의 개수와 형태에 따라, 그리고 물리적 설계 구조에 따라 대략적인 값들로부터 추정한다. 그런 다음 이 추정값들을 요구사항과 비교한다. 만일 초기 신뢰도 예측값들이 적절하지 못하면 이중구조(redundancy)와 같은 또 다른 설계가 고려되어야 한다.

(3) 제품설계 단계

일단 다양한 시스템 요구사항들이 정해지면 장비 설계자들은 신뢰성, 가격 및 성능을 염두에 두면서 실제 하드웨어 설계를 시작할 수 있다. 가능한 곳에는 모두 원숙한 기술과 높고 안정된 신뢰도를 갖춘 부품들을 사용해야 한다. 때로는 새로운 또는 신종 부품이 필수적이거나 커다란 이점이 확실히 보인다면 부품공급처와 논의하여 필요한 분석이 이루어지도록 해야 한다. 하드웨어 설계 단계에서 고려해야 할 기타 사항들에 다음과 같은 것들이 있다.

- 부품들에 대한 2차 공급처 물색
- 안전한 사용을 보장하는 스트레스 수준에 대한 검토
- 예상되는 현장 고장 유형에 대한 판단
- 일어날 수 있는 부품 고장 유형에 근거한 장비 진단 기술의 개발

일단 실제 부품 목록, 물리적 설계 및 회로 설계가 완성되면, 신뢰도 예측을 좀 더 조심스럽게 할 수 있다. 첫 단계로, 쉬운 장기(안정기) 신뢰도 예측을 하고 설계 목표값들과 비교한다. 예측값들이 허용될 수 없을 정도로 낮다면, 대체안들로써

- 손에 넣을 수 있다면 좀 더 신뢰성 있는 부품을 사용한다.
- 좀 더 집적도가 높은 부품을 재설계하여 부품 수를 줄이든지 이중구조를 취한다.
- 원래의 신뢰도 목표를 변경하고 재분석한다.

재설계의 가능성은 설계 전략이 거의 마무리되기 전에 계획 단계에서 신뢰성을 고려해야 하는 중요성을 강조한다.

장비 설계자들은 제품의 초기 신뢰성을 분석할 수 있기에 충분한 여건을 갖추지 못하는 경우가 종종 있다. 그렇지만 공표된 부품의 신뢰성 자료를 활용하면 예상되는 유아기 고장률에 대한 적절한 추정값을 계산할 수 있다. 이 추정값들이 초기에 너무 많은 현장 문제들을 일으킬 것을 보여준다면, 장기 신뢰성을 개선하기 위해 위에 언급한 대체안들이 활용될 수 있을 것이며, 초기 신뢰성도 번인(burn-in)과 같은 장비 수준의 스크리닝(screening)에 의해 개선될 수 있을 것이다.

일단 첫 신뢰도 예측이 이루어지면 다른 방법들에 대한 경제성 평가를 실시할 수 있다. 만일 스크리닝이 필요하면 가장 경제적인 방법이 찾아져야 한다. 비록 신뢰성 차원에서 요구되지 않는다 하더라도 번인과 같은 스크리닝은 경제적으로 매력적일 수 있다. 특히 공장에서의 스크리닝이 현장에서의 수리비용을 충분히 낮추어 스크리닝에 사용된 비용을 감쇄시킬 수 있는 경우에는 그 효과가 더욱 만족스러울 것이며, 이때 현장에서의 개선된 신뢰성은 추가로 얻어진 혜택이 될 것이다.

서로 다른 수리 전략들에 대한 비용도 역시 고려되어야 한다. 수리는 현장에서 이루어질

수 있으며, 서비스 센터나 공장에서 실시될 수도 있다. 어떠한 전략이 선택되느냐에 따라 직접 수리비와 현장의 재고 수준이 영향을 받게 될 것이다.

(4) 모형개발 단계

실험 모형개발 단계에 이르면, 신뢰성 노력의 중심이 다소 바뀌게 된다. 많은 회로설계 문제나 부품의 잘못 적용사례들이 발견되고 해소될 것이다. 모형이 개발되면, 설계자들은 극한 온도나 감소된 전압과 같은 최악의 작동환경을 사용하여 한계 조건들을 더 잘 이해하고 문제점들을 밝혀내는 데 도움을 받을 수 있을 것이다. 일정 기간 동안 정상 성능을 관찰하는 일은 좋은 경험이 된다. 이러한 관찰을 통해 예상보다 높은 고장률을 지닌 부품에 대한 기초 지식을 얻을 수 있다. 이 단계에서 발견되는 문제들은 보통 쉽게 그리고 경제적으로 교정될 수 있다. 장비 장애가 어떻게 발달되고 어떻게 해결되는지에 대한 면밀한 보고는 제거되는 부품의 고장 분석만큼이나 중요하다. 부품이 왜 고장 나는지를 아는 일은 문제를 해결하는 방법을 결정하는 중요한 조처가 된다.

(5) 생산 단계

초기 생산된 장비들은 제품 자격(product qualification) 테스트를 통과해야만 한다. 이러한 장비들은 모든 설계 요구사항들을 충족시켜야 하고 최악의 환경 속에서도 잘 작동해야 한다. 또한 적절한 수의 장비들을 충분히 오랫동안 작동시켜 이들의 신뢰도를 측정하여 예상되는 초기 현장 성능에 대한 유용한 예측이 가능하도록 해야 한다. 초기 추정값들과 이들 측정값들이 일치하면 초기 현장 성능의 유효성에 대한 믿음이 커질 것이다. 한편, 만일 이양자의 값들이 크게 다른 결과가 나타난다면 추가 조사가 필요한 부분들이 제시될 것이다.

완성된 장비에 대한 지속적인 공장 모니터링 프로그램과 정기적인 재자격심사가 생산관리를 제대로 하기 위해 필요하다. 비록 초기 생산품이 받아들여질 수 있다고 하더라도 그들이 지속적으로 수용가능한 제품이 생산될 수 있는지는 보장되지 않는다. 예를 들어, 장비 제조 공정에 미세한 변화가 생길 수도 있다. 지속적인 공장 모니터링 프로그램을 통해

- 부품 설계가 사용자에게 제대로 알려지도 않고 변경되었거나
- 안정된 설계들에서도 부품 파라미터들이 하나의 생산단위(lot)에서 다음 생산단위 사이에 변경되는 것

과 같은 부품이나 공정 변경에서 일어나는 문제들을 줄일 수 있다. 이러한 프로그램은 대규모로 현장에서 문제가 발생하기 전에 문제를 파악할 수 있는 가장 좋은 기회를 제공한다.

(6) 설치 단계

실제 현장에서의 신뢰성을 파악하는 데는 현장추적(field tracking) 형태보다 더 나은 방법은 없다. 현장설치 동안 재조사를 실시하여 비정상적인 수준으로 이미 도착 시 고장이 나 있는 DOA(Dead-On-Arrival)나 장비 인터페이스상의 문제들을 밝혀낼 수 있다. 이와는 대조적으로 시스템이 얼마나 잘 설계되었는지, 환경에 잘 적응되는지를 확인할 수도 있다. 이상적으로 추적연구(tracking study)를 실시하기 위해서는 1년이나 2년 동안 현장에서 몇 개의 장비들에 대한 추적을 지속적으로 해야 한다. 이 연구는 시간의 변화에 따른 실제 초기 고장률의 모습을 보여주며, 장기 고장률이 어느 정도 될지에 대한 약간의 아이디어를 줄 것이다. 고장 나는 시스템들에 대해서는 상세하게 기록으로 남겨야 한다. 그러면 부품에 대한 고장분석과 함께 부품에서 발생하는 문제형태들을 파악할 수 있다.

(7) 사용 단계

방대한 추적 프로그램이 없이도 부품 성능에 대한 약간의 자료가 수집될 수 있다. 현장에서 반환되는 것들의 수리(repair)에 대한 분석을 통해 교체(replacement)에 관한 자료를 뽑아 낼 수 있다. 교체 자료와 현장에 있는 부품 모집단에 대한 추정값들을 결합하여 대략적인 교체율을 계산할 수 있다. 어떤 부품들은 예상치 못하게 높은 교체율을 보일 수 있으며, 이런 부품들에 대한 고장분석을 통해 그 이유를 파악할 수 있다.

결론적으로 제품 수명주기 동안 필요한 신뢰성 활동들은 하나의 일관성 있는 프로그램으로써 기업 내에 구축되고 관리되어야 한다.

기업의 건전한 신뢰성 프로그램에는 설계 및 생산의 모든 단계에 걸쳐 필요한 신뢰성 활동들이 포함되어야 한다. 목표값들이 설정되어야 하고 추정값들이 초기 단계들에서 계산되어야 한다. 하드웨어가 일단 만들어지면, 실제 성능을 모니터링하는 쪽으로 활동이 변경되어야 한다. 문제들이 발견되면, 고장분석을 통해 원인을 파악하고 가능한 교정활동을 취해야 한다. 건전한 신뢰성 프로그램은 일회성 작업이 아니며 좋은 현장 결과가 입증될 때까지 시스템 개념 단계에서부터 배려가 필요하다.

1. 신뢰성을 통계적으로 기술해야하는 이유를 생각해보자.

2. 신뢰성을 기술하는 통계적 방법에는 어떠한 방법들이 있는지 생각해보자.

3. 임의의 간단한 제품을 분해하고 신뢰성 블록 다이어그램을 그려보자.

4. 신뢰성과 관련된 ISO 9001 요구사항을 살펴보시오.

10

경쟁 전략

10.1 전략적 계획

10.2 경쟁 전략

10.3 전략적 경영활동

> 판매에서의 성공은 경쟁사보다 더 좋은 제품을 공급할 수 있는 능력에 달려 있음을 역사는 보여주고 있다.
>
> Robert H. Hayes

모든 기업은 미래를 바라보고 변화하는 기업 환경에 적응하기 위해 장기 전략을 세워야 한다. 기업의 특정 상황, 기회, 목적 및 보유 자원을 고려하여 가장 타당성 있는, 시장에서 살아남기 위한 게임 계획을 세워야 한다. 본 장에서는

- 전략적 계획
- 경쟁 전략
- 전략적 경영활동

등을 기술한다.

10.1 전략적 계획

얼마 전 우리 사회에 불어 닥친 웰빙에 관한 관심사가 패스트푸드의 대명사로 알려진 맥도널드를 강타한 적이 있었다. 프렌치프라이 튀김에 사용하던 트랜스 지방과 포화 지방이 고객들의 외면을 받았던 것이다. 위기에 놓인 맥도널드는 오히려 이를 기회로 삼아 이들에 대한 식품의약안전청의 기준을 충족시키는 오일을 개발하였고, 주방의 조리과정을 낱낱이 공개하는 오픈데이를 통하여 고객의 신뢰를 회복하였다[오승훈, 2008]. 이는 비록 한 외식업체에서 위기가 닥쳐왔을 때 이를 극복한 하나의 사례에 불과하지만, 기업은 항상 위기와 변화 속에서 생존하기 위한 또는 기회를 포착하기 위한 다양한 전략을 구사하지 않을 수 없다. 전략은 일종의 계획을 세우는 경영활동으로써 먼저 계획의 필요성에 대한 논의부터 시작한다.

계획이 필요한가? 많은 기업들은 계획 없이 운영되고 있다. 신생 기업의 경영자들은 너무

나도 바빠 계획을 세울 시간조차 내지 못하며, 소기업의 경영자들은 계획이란 대기업에서나 필요한 일이라고 생각한다. 원숙한 기업의 경영자들은 계획 없이도 잘 해왔다고 주장하며 계획을 세우는 일은 그리 중요하지 않다고 말한다. 또 어떤 경영자들은 계획 문서 작성에 시간을 내는 일에 반감을 갖는다. 시장이 급변하기 때문에 계획대로 하다가는 아무것도 건지지 못한다고 주장하는 경영자들도 있다. 이러한 주장들에 대해 부분적으로 동감은 하나 그렇지만 기업은 계획을 세워야 한다. 계획을 세우는 일이 흥이 나는 것은 아니며 자기의 할 일들로부터 시간을 앗아가기는 하지만, 계획은 어떠한 기업에든 많은 이점을 가져오게 한다.

계획을 세우는 과정 자체가 그 과정에서 나오는 계획들만큼이나 중요하다. 계획을 세우는 과정을 통해 경영층으로 하여금 무엇이 일어났고, 현재 무엇이 일어나고 있으며, 그리고 무엇이 일어날 것인가에 대해 체계적으로 생각하도록 해준다. 또 기업으로 하여금 목표와 정책을 가다듬게 하고, 기업의 노력들을 더 잘 화합시키고, 좀 더 분명한 업적 기준을 제시한다. 건전한 계획을 통해 기업으로 하여금 변화를 예측하고 신속히 대응하도록 가능케 해주며, 돌발 사건에도 더 잘 준비할 수 있게 해준다.

기업에서는 보통 연차 계획, 장기 계획 그리고 전략적 계획을 세운다. 연차 및 장기 계획은 기업의 현재 사업들을 다루고 이들이 계속 지속될 수 있는 방법을 다룬다. 반면에 전략적 계획에서는 지속적으로 변화하는 환경 속에서 기회를 포착할 수 있도록 기업을 적응시키는 일을 한다. 전략적 계획이란 기업의 목적 및 능력과 시장의 환경적 변화로 생겨나는 기회의 틈 사이에서 기업의 전략적 대응책을 개발하고 유지하는 과정이라 볼 수 있다.

전략적 계획은 기업의 사명을 분명히 정하고, 기업의 목표를 설정하며, 사업 **포트폴리오**를 계획하고, 기능부서 간의 전략을 세우는 단계로 구성된다. 기업 차원에서 먼저 전반적 목적과 사명(또는 임무)을 정의한다. 이 사명은 이를 뒷받침하는 세부 목표로 전환되어 전체 기업을 인도한다. 다음에는, 어떠한 사업 및 제품 포트폴리오가 기업에 최적인가 그리고 각각의 포트폴리오에 얼마만큼의 지원이 필요한가를 경영층이 결정한다. 또한 개별 생산 및 영업부서는 기업 전체 계획을 지원하는 부서별 세부 계획을 세워야 한다.

기업의 사명에 대한 정의

기업은 무엇인가를 달성하기 위해 존재한다. 처음에는 분명한 목적과 사명을 갖고 시작하지만, 시간이 흐름에 따라 기업이 성장하고, 새로운 제품과 시장을 추가하거나 새로운 환경적 조건에 직면하거나 하면서 사명이 불분명해진다. 경영층은 조직이 표류함을 감지하면 새로운 사명을 발굴해야 한다. 우리의 사업은 무엇인가? 고객은 누구인가? 소비자는 어떤 가치를 추구하는가? 우리의 사업은 무엇이 되어야 하는가?

이러한 질문에 대한 답변은 광범위한 환경 속에서 조직이 추구하고 싶어하는 바, 즉 기업의 목적에 대한 언급으로, 미션 스테이트먼트(mission statement)라 한다. 분명한 미션 스테이트먼트는 조직원들을 이끄는 보이지 않는 손의 역할을 담당한다. 미션 스테이트먼트는 고객 지향적이어야 하며 현실적이고 구체적이어야 한다.

기업의 목표 설정

기업의 사명은 경영의 각 단계마다 세부 지원 목표로 전환되어야 한다. 각 경영진은 목표를 세우고 이를 달성할 책임을 갖는다. 이익의 확대는 종종 기업의 목표가 된다. 이익 증대는 판매를 늘리고 비용을 절감함으로써 실현될 수 있다. 판매를 늘리는 방법으로 기존 시장에서의 점유율을 높이고 새로운 시장을 개척하는 안이 추진될 수 있다. 이 방안은 현 마케팅의 목표로 채택될 수 있다. 그러면 마케팅 부서는 이 목표를 지원하기 위한 전략을 개발하여야 한다.

기존 시장의 점유율을 높이기 위해서 제품의 인지도와 고객 접근성을 높이는 데 노력을 기울일 수 있다. 또한 새로운 시장에 접근하기 위해서는 가격을 낮추는 정책을 쓸 수도 있다. 이러한 노력들은 광의의 마케팅 전략의 일환이 될 수 있다. 각 광의의 전략은 다시금 세부 전략으로 세분화되어야 한다. 즉 인지도를 높이기 위한 세부 전략으로 광고를 들 수 있는데, 이는 다시 텔레비전, 신문, 잡지, 광고 전단 등 다양한 광고 매체의 선택으로 이어진다. 이러한 방식으로 기업의 사명은 임의 기간 동안의 일련의 목표로 전환된다. 목표 설정 시 가능한 한 구체적이어야 한다. '시장을 확대하라'라는 목표보다는 '올해 말까지 15%로 시장 점유율을 높여라'라는 목표가 훨씬 유용한 목표이다.

유사하게 판매를 늘리고 비용을 절감하는 방안으로 품질 운동을 생각할 수 있다. 제품의 품질을 높여 고객의 만족도를 높여 판매를 늘려나갈 수 있으며, 폐기, 불량, 재작업, 손해 배상 청구(클레임) 등으로 발생하는 각종 품질 비용을 줄임으로써 비용을 절감할 수 있다. 예를 들어 불량률을 감소시키는 것을 현 기업의 목표로 삼고 이러한 목표를 달성하기 위해 품질 전략이 개발되어야 한다. 이를 위해서는 제품 설계 시 적절한 부품의 선정에서부터 생산시설의 유지보수 및 작업자의 에러를 줄이는 각종 전략을 개발해야 한다. 각 기능 부서에서는 불량을 줄이기 위한 세부 전략을 개발해 이를 실천해나가야 한다. 기업 차원에서 설정된 불량률 목표는 각 부서별 목표 설정으로 이어져야 한다. 예를 들어 생산부서인 경우 '금년 말까지 월별 불량률을 2% 이내로 하라'는 목표를 설정할 수 있다.

10.2 경쟁 전략

기업의 목표

기업은 기본적으로 돈을 벌기 위한 존재이다. 돈을 벌기 위해서는 투자를 해야 하고 투자를 효율적으로 운영하여 벌기 위해 들어간 돈보다 더 많은 돈을 벌어야 한다. 벌어들인 돈에서 들어간 돈을 빼면 남는 돈, 즉 이익이 된다. 기업은 이익의 극대화를 통하여 기업 활동에 참가한 사람들에게 그들의 참여에 대한 현재 및 미래에 대한 금전적 보상을 할 수 있게 된다. 그뿐만 아니라 그들은 기업의 성장을 통하여 자신들의 이익을 더 크게 만들 수 있음을 잘 알고 있다. 기업의 성장은 보통 매출이나 종업원 수의 증가 또는 지리적인 시장 확대나 취급하는 상품의 다양성을 통해 이루어지는데, 기업은 이러한 성장을 통해 경쟁사의 추격을 물리치고 시장 점유율을 높임으로써 자신이 속한 분야에서 확고한 위치를 차지하여 지속적인 이익을 확보할 수 있게 된다. 기업의 성장은 또한 종업원의 증가 및 시설 확충을 가져오게 되고, 이는 전체적으로 기업이 속한 사회의 부를 증가시켜 사회에 대한 기업의 영향력이 확대되고 사회로부터 좋은 이미지를 얻을 수 있게 된다. 이러한 기업의 사회적 인식 제고는 기업에 대한 애착 및 자긍심으로 이어져 기업 경영의 모든 참가자들에게 비금전적인 보상도 수반케 해준다.

기업은 일반적으로 위에서 언급한 것보다 복잡한 목표를 지닌 일련의 사람들에 의해 수행되는 사회적 활동의 한 형태이지만, 일반적으로 경영활동의 주요 목표로 이익의 확보, 기업의 성장 및 사회 기여 등으로 언급된다. 이러한 공동의 목표들을 추구하기 위해 사람들은 경영진, 종업원 및 주주로서 기업의 경영정책 및 전략을 정하고 수행하는 일에 참여한다. 위의 세 가지 외에 기업의 네 번째 목표로써 직무의 질이 포함되기도 한다[Ono, 1992]. 이는 종업원들이 자신들의 작업장에서 나날이 안락하고 즐거우며 동료들 간의 관계가 우호적이고 자신들의 작업 속에서 지적으로 또는 정신적으로 성장할 수 있도록 함을 말한다. 이 목표는 자체로 고유한 가치를 가지는 경영활동의 주요 목표들 중의 하나로 인식되기보다는 위의 세 가지 목표들을 추구하기 위한 하나의 수단으로서 여겨져 왔었다. 경영활동의 주요 목표를 생각할 때 주주나 최고 경영층만이 기업의 목표 추구와 관련한 주요 당사자들로서 여겨져 왔을 뿐 종업원의 기능은 두 주요 당사자들의 지시를 따르는 존재로서만 간주되었다. 때로 작업자들은 노동이라는 하나의 생산 요소로써만 인식되었다. 그러나 많은 종업원들이 낮 시간 동안의 대부분을 직장에서 보내며, 그들이 직장 동료나 관련자들과의 사회적 교류와 개인적 성취감을 통해 작업의 질을 높이는 행위는 그 자체로써 하나의 가치 있는 목표로 여겨져야 한다. 이러한 목표들에 대한 추구는 경영활동에 참가하는 관련자들의 욕구를 구체화시키고 있다. 기업은 이러한 목표들을 추구함으로써 기업의 생존과 확장에서 없어서는 안 될 경쟁력에 대한 근거를 제공하게 된다.

12가지 경쟁요소

기업이 자신의 목표를 달성하기 위해서는 기업이 보유한 각각의 사업 영역에서 얼마나 높은 경쟁력을 확보하느냐에 달려 있다. 경쟁력이란 상대 회사를 물리칠 수 있는 기업의 능력을 말하는데 고객의 관점에서 보면, 이는 많은 선택 중에서 특정 회사의 제품이나 서비스를 선정하게 만드는 매력이라 볼 수 있다. 회사가 경쟁력을 갖기 위해서는 고객이 그 회사 제품에 대해 매력을 느낄 수 있어야 한다. 이 매력을 구성하는 요소들로 품질, 가격, 인도 및 판매 후 서비스를 들 수 있다. 이제 이 네 가지 요소들을 하나의 제품 구입, 예를 들면 자동차 구입과 관련하여 생각해보자.

자동차를 구입할 때 자동차의 성능은 매우 중요한 고객의 고려사항이다. 성능에는 여러 요소들이 복합적으로 어우러져 있는데, 대표적으로 최고속도, 가속도, 연비, 안락성, 주행성 및 안전성 등이 있다. 성능 외에도 신뢰성, 내구성, 외관 등은 고객이 자동차 구입 시 중요하게 고려하는 사항들이다. 이들은 종합적으로 자동차의 품질을 구성하는 구성요소들이 된다. ISO 9000에 따르면 이들은 모두 자동차 자체의 고유한 특성들로 볼 수 있으며, 이들을 자동차의 내재적 특성들이라 한다. 이들 내재적 특성들이 바로 자동차의 품질을 구성하는 요소들이 되며, 이들 내재적 특성들이 고객의 요구사항을 어느 정도 만족시키는지 그 만족시키는 정도를 자동차의 품질이라 한다.

다음으로 가격을 들 수 있다. 여기서 말하는 가격은 자동차의 액면가를 말하는 것이 아니라 구입할 때 실제로 지불하는 액수를 말한다. 자동차 판매상에게 가면 판매상마다 약간씩 다른 가격을 제시하는데, 이는 판매상마다 매장의 비용이나 이익을 산정하는 데 차이가 있기 때문이다. 또한 사용하던 차를 교환하는 조건이라면 중고차 가격 산정에 있어 차이가 나기 때문이다.

인도는 주문한 차가 실제로 고객에게 전달될 때까지 걸리는 시간을 말한다. 이는 중요한 요인은 아닐지 몰라도 인기 차종이나 수입 모델의 경우 주문하고서 몇 개월이나 기다려야 하는 경우도 있다. 이때는 가장 염두에 두고 있는 차가 아닌 두 번째 차로 선택을 바꾸기도 한다.

자동차는 때때로 고장이 나기도 하며 사고로 인하여 수리가 필요하기도 한다. 또 일정 거리를 운행한 다음에는 부품을 교체해주어야 한다. 이럴 때 서비스를 신속히 편하게 받을 수 있는 판매 후 서비스 능력은 제품 품질만큼 중요하지는 않지만 여전히 중요한 항목이다. 수리망이 잘 갖춰지지 않은 자동차를 구입한 경우 만일 외진 곳에서 고장이 나는 경우 많은 곤란을 겪게 될 것이다.

이들 네 가지 요소들 중에서 어떤 요소가 고객의 매력을 가장 크게 끄는지는 고객의 개인적 상황에 따라 달라질 수 있다. 예를 들면, 자동차를 처음 구입하는 사람은 다양한 기능보다는 이동이라는 자동차의 기본적 기능을 중시해 비교적 값이 싼 제품을 찾으나, 자동차 사용에 익숙한 사람은 좀 더 자신의 취향에 맞는 디자인이나 기능을 갖춘, 즉 좋은 품질의 제품을 선호할 것이다.

이들 외에도 제품에 따라 고객에게 매력을 줄 수 있는 요소들로 구입의 편리성, 지불 방법, 판매 기법, 개인적 관련성 및 강제성(personal connections and obligations), 회사 이미지, 유행, 취향, 습성(continuity, discontinuity), 제품군의 다양성(Product line) 등이 있다. 이들은 모두 고객의 제품 선정에 영향을 미치고 있다[Ono, 1992].

다양한 제품을 구비한 경우 고객은 기존 제품에서 한 단계 높은 제품으로 이동하는 것이 한결 수월하다. 시간이 흘러 자신의 위치가 확보되고 금전적 여유가 생기게 되면 고객은 이제껏 타던 자동차에서 좀 더 고급스러운 차종으로 선택을 바꾸기도 한다. 이때 다양한 차종을 제시할 수 있다면 고객은 더욱 만족할 것이다. 이를 제품군의 다양성이라 한다.

이들 요소들 중 제품군의 다양성과 제품의 품질을 합하여 제품력(product power)이라 한다. 회사가 경쟁자들을 물리치고 고객의 환심을 사기 위해서는 적어도 위의 요소들 중 한

가지에서는 뛰어나야 한다. 이런 점에서 위의 요소들은 고객의 제품선택 기준이 되는 주 경쟁요소라 볼 수 있다.

경쟁자들과 비교해서 우월하면 플러스 점수를, 열등하면 마이너스 점수를 부여하여 합산을 하면, 그 총점은 상대적 경쟁력의 지표가 될 수 있다. 물론 중요한 요소에 더 큰 비중을 주어 경쟁력을 계산할 수도 있다. 회사가 다수의 상이한 사업 포트폴리오를 보유하고 있을 때 모든 영역에서 동일한 경쟁력을 갖출 필요는 없으며, 경쟁력을 회사 전체로 보다는 각 사업별(business unit, business cell)로 적용함이 권장된다.

차별화

경쟁자들을 물리치기 위한 경쟁력을 구축하기 위해서는 두 가지 방법을 사용할 수 있는데, 하나는 전방위 전략(omnidirectional strategy)이고, 또 다른 하나는 집중 전략(focused strategy)이다. 전방위 전략은 대부분의 경쟁 요소들에 있어 상대방에 필적하거나 또는 상대방을 물리치는 전략을 말하며, 집중 전략은 몇 가지 선정된 요소들에서 월등한 리드를 구축하는 전략으로 이를 차별화라 하기도 한다. 차별화는 보통 제품 차별화(product differentiation)를 말하지만 이는 경쟁요소들 중 어느 것에나 적용할 수 있다. 예를 들면, 품질의 차별화, 가격의 차별화, 인도의 차별화 등이 있을 수 있다. 경쟁회사 중 어느 누구도 따라 올 수 없는 단 한 가지 요소만에서라도 월등한 리드를 확보하고 있으면 시장에서 의미 있는 매력을 유발시킬 수 있으며, 따라서 일정부분이나마 시장의 선택을 확보할 수 있게 된다. 경험적으로 볼 때 경쟁회사로부터 시장 점유율을 빼앗아 오기 위한 적극 전법을 성공시키기 위해서는 전방위 전략보다 집중 전략이 더 효과적임이 입증되고 있다[Ono 1992].

경쟁요소들의 상대적 수준은 고객의 제품선택과 기업의 비용에 영향을 미친다. 경쟁요소들이 고객의 제품선택에 영향을 미치는 측면에 대해서는 다음과 같이 요약할 수 있다. 첫째, 어느 한 특정 요소의 수준이 경쟁제품에 비해 지나치게 뒤떨어진다면, 이 요소는 고객의 제품선택에 너무 큰 부정적 영향을 미치게 되어 다른 요소들의 긍정적 효과에 의해 보상될 수 없을 수 있다. 이 수준에 해당하는 구간을 위험지역이라 한다. 둘째, 어느 한 중요 요소가 경쟁회사와 비교해볼 때 긍정적이든 부정적이든 차이가 그리 크지 않을 때 고객 선택에 미치는 영향은 비교적 작을 것이다. 이 수준의 구간을 비차별지역이라 한다. 셋째, 기업이 어느 특정 중요 요소에서 경쟁자들을 어느 정도 이상 앞서기 시작하면 이 수준의 차이가

161

주는 긍정적 영향력은 급속도로 증가하여 이 요소에서의 차별화를 이룩하게 될 것이다. 이 수준에 해당하는 구간을 효과지역이라 한다. 마지막으로, 이 요소에서의 긍정적 차이가 지나치게 더욱 커지게 되면 이때부터 고객 선택에 미치는 영향력은 점점 줄어들게 될 것이다. 이는 해당 중요 요소가 고객에게 주는 한계효용이 점차적으로 감소하게 되기 때문이다. 여기에 해당하는 수준 구간을 과대지역이라 한다. 한편 경쟁요소들의 수준이 기업의 비용에 미치는 측면을 살펴보면, 기업이 이들 경쟁요소들의 수준을 경쟁사의 수준보다 훨씬 낮춘다고 하더라도 비용은 그만큼 비례해서 떨어지지는 않는다. 그렇지만 경쟁사들의 수준보다 높이는 데 드는 비용은 훨씬 빠른 속도로 증가하는 경향이 있다. 즉, 기업이 비용을 줄이기 위해 어느 경쟁요소를 희생한다고 해도(경쟁사보다 낮춘다 해도) 비용절감효과는 그리 크지 않으며, 어느 경쟁요소든지 경쟁사보다 높은 수준으로 올리기 위해선 비용이 급속도로 증가하게 된다.

위의 두 가지 측면을 잘 이해하게 된다면 시장 점유율을 확대하기 위한 다음과 같은 경쟁전략을 세울 수 있다[Ono, 1992].

첫째, 경쟁력을 구성하는 어느 주요소든지 비용절감의 효과가 크게 예상되지 않는다면, 결정적으로 부정적 효과를 줄 정도의 수준으로 떨어뜨림을 피하라. 즉, 어떤 요소든지 위험지역에 놓여서는 안 된다.

둘째, 비록 여러 개의 요소들이 경쟁사 수준보다 약간 떨어진다고 해도 비차별지역 내에서 위치를 유지한다면 걱정할 필요 없다.

셋째, 주요소들 중 적어도 한 가지는 효과지역으로 그 수준을 높여 우월적 지위를 획득하라. 즉 이 요소의 차별화를 이룩하라.

넷째, 어느 주요소든지 지나치게 압도적인 수준을 달성하려 하지 말고, 미래에 있을 효과지역으로의 진입에 대처하기 위해 일시적으로 과대지역에 머무르는 것을 제외하고는 과대지역에서 벗어나도록 하라.

위의 전략은 경쟁력의 주요소들에 관하여 설명하고 있지만, 주요소들은 또 다시 각각 하부요소들로 나누어질 수 있다. 그러므로 경쟁의 중요성을 고려하여, 이를 테면 어느 한 주요소에 대해 고객이 더 많은 중요성을 부여한다면, 고객은 주요소를 구성하는 하부요소들에 더 많은 관심을 기울일 것이다. 자동차의 품질은 매우 중요한 고객의 선정 기준이 되는데,

자동차의 품질은 성능, 신뢰성, 내구성 및 외관들로 구성되어 있고, 성능에는 가속성, 최고속도, 주행성, 연비, 정보 표현성 등이 하부요소들이다. 신뢰성도 엔진, 변속기, 브레이크 등의 주요 부품들로 구분할 수 있다. 따라서 경쟁의 성격에 따라 더 세분화하여 위의 전략을 사용할 수 있다. 예를 들면, 연비를 경쟁차종과 비슷한 수준으로 유지하면서, 내장의 고급화와 안락함에서 차별화를 이룩할 수 있다.

하부요소들을 포함하여 경쟁력을 구성하는 다양한 주요소들 간의 상대적 중요성은 관련 업종이나 고객에 따라 다를 것이며 또한 시기에 따라 변할 것이다. 효율적 경쟁전략을 도출하기 위해서 기업은 목표로 하는 고객들이 가장 중요하다고 여기는 요소들을 중심으로 차별화를 시도해야 한다. 그렇지만 모든 기업들은 각기 다른 한정된 자원을 보유하고 있고 다른 장점과 약점을 가지고 있다. 따라서 가장 실제적인 접근 방식은 각 기업이 장점을 가지고 있는 더 중요한 요소들 가운데 선택을 하여 그들을 강화시키려 노력하는 것이다.

지금까지 설명한 차별화 전략은 기업이 시장 점유를 높이려고 하는 공격적 시도를 전제로 하였다. 이를 성사시키기 위해서 기업은 타 기업의 제품을 사용하고 있던 고객들을 설득하여 자신의 제품으로 변경하도록 해야 한다. 이러한 고객 행동을 유발시키기 위해서는 고객들이 현재 사용하고 있는 제품에서 차별화를 이룩하여 그들이 선호하는 브랜드를 변경시킬 수 있는 정도로 충분한 충격을 줄 수 있어야 한다.

그렇지만 시장에서의 지배력에 어떠한 변동도 원하지 않는 시장 선도기업들에 있어서는 약간 다른 전략이 필요하다. 현재 50% 이상의 시장을 지배하고 있는 기업이라면 현재의 위치를 유지하면서 효과적으로 이익을 거두기를 원할 것이다. 이러한 선도기업의 경우 무자비하게 시장 점유를 확대하려 한다면, 독점에 대한 비판을 초래하게 될지도 모른다. 이러한 기업은 어느 도전 기업도 효과적인 차별화를 이룩할 수 없도록 해야 한다. 즉, 주경쟁기업들과 관련된 모든 경쟁요소들에서 선도기업의 수준이 가능한 한 비차별지역의 양의 측면에 오도록 위치시켜야 한다. 이러한 시도는 전방위 전략(omnidirectional strategy)을 채택하는 것과 동일하다.

그러나 시장 점유를 확대하려고 애쓰는 도전기업들은 이미 좋은 반응을 얻고 있는 시장에서 현재 위치를 고수하려는 선도기업들과는 다른 경쟁전략을 채택해야 한다. 소비자들은 이미 자신에게 익숙해진 제품을 계속 사용하려는 보수적 기질을 가지고 있기 때문에 굳이 자신들의 구매 및 소비 행위를 바꾸어 타사 제품으로 바꾸도록 설득되기 위해서는 일정수준 이상의 큰 충격을 필요로 한다.

그럼에도 불구하고 기업들 간의 시장 경쟁은 극도로 역동적이기 때문에 작은 자극이라도 그 효과를 무시해서는 안 된다. 많은 시장 선도기업들이 현 상황을 낙관한 나머지 현 상태만을 유지하려는 방어전략에 집착하다가 기술축적으로 어느새 우월적 차별전략을 이룩하게 된 후발 도전자들에 어려움을 겪게 되는 일이 발생하곤 한다. 선도기업들이 비차별지역에 도전기업들을 묶어두는 데 실패하여 서서히 시장에서 사라지는 비운을 맞기도 한다.

10.3 전략적 경영활동

시장 경쟁에서 살아남기 위해서는 고객의 제품선정 기준이 되는 주 경쟁요소들 중 한 가지 이상에서 차별화를 이룩해야 한다[Ono, 1992]. 기업은 경영활동을 통해 차별화를 만들어 내야 한다. 더구나 차별화를 이룩하기 위한 활동들을 하기 위해서 인적 및 자본과 같은 여러 자원을 투입해야 한다. 한정된 자원을 효과적으로 사용하여 경쟁을 유리하게 이끌기 위해 경영층은 기업의 모든 경영활동들 중에서 우선순위를 정하여 신중하고 단합된 활동 방향으로 추진해 나가야 한다.

이러한 단합된 활동을 추진하기 위해 가장 중요한 점은 특정의 주요소의 차별화 내지는 개선활동이 한 기능 분야의 일만은 아니라는 것이다. 효과적 경쟁전략을 개발하는 기본은 모든 기능 분야가 차별화를 목표로 하는 주요소들을 개별적으로 개선시키는 방법들을 모색하면서 동시에 함께 일을 해나가도록 하는 데 있다.

예를 들어, 기업이 제품의 품질을 차별화할 것을 결정하였다고 생각하자. 이러한 품질 차별화 전략에서 가장 노력을 많이 기울여야 할 첫째 기능은 연구개발 부문(R&D)이다. 이것은 타 기업의 제품이 따라올 수 없는 고성능의 독특한 디자인을 지닌 제품을 개발함을 의미하며, 나아가 제품기술을 특허로 보호함을 말한다. 그렇지만 제품 차별화를 진작시키는 일은 R&D만의 일은 아니다.

구매부서에서는 원자재 및 부품공급업체들과 긴밀히 협력하여 제품의 결함을 야기시킬 수 있는 품질문제를 제거하면서 다른 기업들보다 앞서 R&D에서 요구하는 신재료를 확보하고 이들에 대한 독점적 공급권을 확보하는 데 온 노력을 기울여야 한다.

유사하게, 제조부서에서는 제조기술 및 공정능력을 개선하여 의도된 기능들이 완벽하게 작동할 수 있는 제품을 시장에 공급해야 하고, R&D 부서로 하여금 제조기술에 대한 제약사항들을 걱정하지 않고서 더 앞선 제품들을 만들어낼 수 있도록 해야 한다. 또한 특정 제품 분야의 전문화에 치중하면서 통합생산체제를 갖춘 공장을 건설함으로써 시제품 제작 속도를 높이고 대량 생산이 시작되면 고장이 없도록 지속적 제품 개선이 이루어질 수 있도록 해야 한다.

동일한 목적으로 마케팅 및 판매부서에서는 R&D에서 수행하는 신제품 개발이 고객지향적인지를 확실히 하기 위해 고객이 원하는 제품 종류나 타 기업이 출시한 신제품 및 이들이 시장에서 받는 평판 등에 관한 관련 정보를 수집하여야 한다. 이와 동시에 마케팅 및 판매부서에서는 자사의 차별화된 제품의 이점들을 목표고객들이 충분히 인지할 수 있도록 효과적인 광고수단을 사용하여 고객의 실제 구매행위에 영향을 미칠 수 있도록 해야 한다.

제품 차별화 전략에서 금융부서의 역할은 아마도 간접적이고 일반적 수준에 그칠 것이다. 제품 차별화 전략을 추진함에 있어 여러 형태의 풍부한 자금 투자가 분명히 선행되어야 한다. 이러한 투자를 위해 금융부서는 저비용 및 저위험성의 자금을 장기적으로 확보해야 한다. 이외에도 인사부서는 최고의 설계 기술자, 제조 기술자, 구매 및 마케팅 요원들을 채용하고, 훈련시키며 보상할 수 있는 효과적 시스템을 개발하고 운영해야 한다. 이들이야말로 차별화된 제품을 개발하는 미래의 주역이 될 것이다.

지금까지 제품 품질의 차별화 전략에 대해 언급하였는데 이는 가격차별화 내지는 다른 경쟁력 주요소를 차별화하는 데 동일하게 적용될 수 있다. 그렇지만 어느 주요소를 차별화하느냐에 따라 기업의 여러 기능부서들은 각기 다른 역할을 담당하게 될 것이다. 예를 들어 제조부서는 제품 품질, 가격, 인도 등에서 차별화를 모색할 때 선도적 역할을 담당해야 하겠지만 서비스, 구매 편리성 및 기업 이미지의 차별화에서는 간접적 지원역할만을 감당하면 될 것이다. 지불조건이나 판매기술의 차별화에 있어서는 훨씬 작은 역할에 국한될 것이다. 어떤 차별화 전략이 채택되더라도 여기서 재삼 강조하고 싶은 점은 다양한 기능부서들 간의 전략적 행동은 독립적이 아니라 기업의 통합된 차별화 전략의 일환으로서 참여해야 한다는 것이다. 주요 기능부서들에 의한 화합된 행동에 기반을 둔 경쟁전략은 기업 구성원들의 가치를 반영하는 목표를 구체화할 수 있도록 모든 것을 포괄하는 기업전략의 부분으로서 위치해야 한다.

▌ 생각할 문제

1. 특정의 경쟁요소를 개선하는 일은 어느 한 특정 부서의 일만은 아니다. 다음의 경쟁요소를 개선시키고자 할 때 각 기능부서에서 할 일에는 어떤 것들이 있는가?
    (1) 가격
    (2) 인도
    (3) 기업 이미지

2. 특정 경쟁요소를 강화하고자 할 때 모든 기능부서들이 협력하여 일을 해야 하지만 그 중에서도 더욱 책임 있게 일을 추진해야 하는 부서가 있다. 다음의 경쟁요소를 강화하고자 할 때 어떤 기능이 주된 역할을 해야 하는가?
    (1) 제품 품질
    (2) 서비스
    (3) 지불조건

3. 환경적 변화에 대응하기 위해 취한 기업전략의 사례를 들어 보시오.

11

공정의 정의

11.1 공정의 정의

11.2 공정 구성요소

11.3 공정 정의 5단계

공정은 제품을 만들기 위한 과정이며 품질이 형성되는 공간이다. 그러므로 공정을 파악하는 일은 제품의 품질을 관리하고 개선하는 데 있어 매우 중요한 품질활동의 기초가 된다. 본 장에서는 공정에 대한 정확한 이해를 돕고자

- 공정의 정의
- 공정 구성요소
- 공정 정의 5단계

등을 기술한다.

11.1 공정의 정의

우리가 사용하는 모든 제품들은 다양한 과정을 거쳐 만들어진다. 농부가 생산한 밀은 제분공장으로 보내져 밀가루로 만들어지고, 포장된 밀가루는 다양한 경로와 과정을 거쳐 최종 제품인 빵, 과자, 국수, 라면 등으로 탄생된다. 광산에서 채굴된 철광석은 제련소로 운반되어 석회석과 혼합되는 소결공장과 유연탄이 투입되는 코크스공장을 거쳐 고로에서 쇳물이 나오며, 이 후 수많은 과정을 거치며 최종적으로 강판, 형강, 철근 및 강관 등으로 만들어진다. 이들은 다시 교량, 선박, 차량, 건설 현장에 투입되어 다양한 형태로 사용된다. 이처럼 원재료에서부터 시작하여 최종 제품이 나오기까지 많은 과정을 거치게 되는데, 이들이 거쳐 가는 하나하나의 과정을 공정이라 한다.

공정은 하나의 변환활동이라 할 수 있다. 밀이 밀가루로, 밀가루가 빵으로 변화되듯이 하나의 공정을 거칠 때마다 그 결과물은 처음 공정에 투입될 때와는 다른 모습으로 태어난다. 보통 공정하면 앞서 언급한 예들처럼 제조공장에서 원재료를 가공하고 부품을 조립하여 반도체, 휴대폰, 자동차, 선박 등 오늘날의 많은 문명의 이기들을 만들어내는 일련의 작업들을 연상한다. 그렇지만 이처럼 눈에 보이는 물품을 만들어내는 작업들뿐만 아니라 다양한 서비스를 제공하는 행위들, 예를 들면 은행에서 돈을 맡기고 찾는 행위, 의사들의 진료행위, 음식점에서 음식을 제공하는 행위, 그리고 회사의 부서에서 이루어지는 활동은 물론 부서원 개개인의 활동도 공정으로 볼 수 있다. 공정은 이처럼 개개인의 활동, 더 작게는 개개인의

어느 한 신체부위가 행하는 활동과 같이 매우 작은 범위에서 이루어지는 단순한 활동이 있는가 하면 많은 수의 작업자들이 어우러져 일하는 대규모 작업장이나 하나의 공장 전체와 같이 훨씬 복잡한 공정도 있다.

공정을 단순히 변환활동으로만 볼 것인지 아니면 활동에 관계된 모든 것들을 포함하는 개념으로 볼 것인지에 따라 다음과 같은 정의들이 쓰이고 있다. 첫째로, 공정이란 입력물을 출력물로 변환시키는 상호 관련되거나 상호 작용하는 활동들의 모임이다[ISO 9000, 2015]. 둘째로, 주어진 결과(즉 제품)를 만들어내기 위해 함께 작업하는 조건들 또는 원인들의 모임으로 작업자의 활동은 물론, 사용하는 장비와 도구 및 시설을 모두 말한다[Statistical, 1956]. 전자에서는 공정을 변환활동들로만 이루진 개념으로 보고 있으나 후자에서는 변환활동에 필요한 도구와 시설을 모두 포함하고 있다.

공정이 전자의 정의에 따라 변환활동이라 하면 변환활동의 결과가 존재하게 되는데, 이 결과로 나타나게 되는 것을 결과물 또는 제품이라 한다. 한편 변환활동의 결과물은 이제 공정을 벗어나게 되는데, 이러한 행위를 출력이라 하며 출력되는 결과물을 출력물이라 한다. 그러므로 출력물, 결과물, 제품 모두 같은 의미로 사용된다. 변환활동을 하기 위해서는 변환의 대상이 되는 원자재나 반제품들이 공정에 투입되어야 하는데, 투입되는 행위를 입력이라 하며 투입되는 모든 대상들을 입력물이라 한다. 그러므로 공정은 사실상 세 가지 요소인 입력물, 변환활동 및 출력물로 구성된다고 볼 수 있다.

임의의 공정을 묘사할 때 그림 11-1과 같은 직사각형을 사용하여 관련된 변환활동들의 모임을 묘사하며, 이 직사각형의 앞과 뒤에 화살표를 추가하여 입력 및 출력이 있음을 나타낸다. 자연스럽게 입력물은 입력화살표의 왼쪽에, 출력물은 출력화살표의 오른쪽에 기술된다.

공정의 정의

입력물을 출력물로 변환시키는 서로 관련되거나 작용하는 활동들의 모임으로, 임의의 공정은 앞뒤의 화살표와 함께 다음과 같은 상자의 모습으로 표시된다.

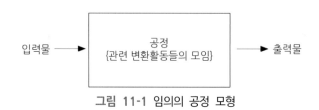

그림 11-1 임의의 공정 모형

11.2 공정 구성요소

앞 절에서 공정은 세 가지 요소, 즉 입력물, 출력물 및 공정의 본체를 이루는 변환활동으로 구성됨을 언급하였다. 이제 이들 세 가지 요소에 대해 좀 더 자세히 살펴보자(그림 11-2).

입력물

공정의 입력물에는 변환활동을 전개하기 위해 변환의 직접 대상이 되는 원료나 자재, 반제품과 같은 물질적인 것과 이들에 대한 변환 지시내용을 담은 작업지시서, 도면과 같은 정보가 있다. 이 외에도 변환에 직간접으로 이용되는 도구, 장비, 설비 및 유틸리티를 포함한 기반시설 등이 있다. 노동력도 입력물에 해당한다. 이렇게 보면, 입력물이란 공정에서의 변환활동에 필요한 모든 것을 말하며 이들을 다음과 같이 분류한다.

- 원자재: 출력물로의 변환 대상이 되는 물질을 총칭하는 말

  예: 원료(화공, 액체, 기체, 고체, 분말), 자재, 부품, 부분품, 완제품, 미가공된 지식이나 정보 등

- 정보: 변환활동에 필요한 지식 또는 지식이 담긴 문서

  예: 제품 사양, 도면, 작업지시서, 작업절차서 등

- 기반시설: 변환활동을 하기 위해 필요한 인적, 물적, 시설 자원

  예: 노동력, 장비, 도구, 시설 등

- 유틸리티: 자원을 사용하기 위한 공공재

  예: 전기, 수도, 가스 등

공정의 입력물과 출력물

공정의 입력물로 원자재, 정보, 기반시설 및 유틸리티 등이 있으며, 출력물을 제품이라 하는 제품에는 물품(H/W), 소프트웨어 및 서비스가 있다.

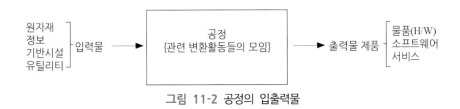

그림 11-2 공정의 입출력물

이들은 다시 출력물의 일부를 형성하는 데 사용되는 실질 입력물과 공정에 남아 지속적으로 변환활동에 가담하는 고정 입력물로 분류된다. 실질(실) 입력물은 변환의 직접 대상으로 출력물을 구성하는 요소가 된다. 원자재, 부품 또는 이들의 변환방법, 변환 모습 등의 정보를 포함한다. 고정 입력물(자원)은 입력물 중 비교적 공정에 오랫동안 남아 변환활동에 지속적으로 참여하는 자원의 일부를 말한다. 이에는 공정에 투입되는 노동력, 기반시설이 있다. 출력물의 양과 직접 관련이 없다. 공정 모형에서 이들을 구분할 필요가 있을 때, 실질 입력물은 공정 상자의 왼쪽에, 그리고 고정 입력물은 아래쪽에 위치시킨다(그림 11-3).

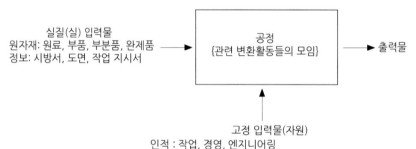

입력물의 분류

입력물은 실제 제품으로 변환되는 원자재와 이들에 적용될 기술정보를 포함한 실질(실) 입력물과 공정에 남아 지속적으로 변환활동에 참여하는 고정 입력물인 자원으로 구별된다.

그림 11-3 공정 입력물의 분류

출력물

제품이 공정의 출력물임은 앞서 말한 바 있다. 그러나 공정의 출력물에는 제품과 함께 각종 부산물이 발생한다. 제품과 부산물을 구분하기 위해서 출력물을 좀 더 확대하여 출력물을 공정의 변환활동의 결과로 산출된 모든 것으로 정의하고 제품을 일차 출력물 그리고 부산물을 이차 출력물이라 한다. 일차 출력물은 고객에게 가치를 제공하기 위해 공정에서 변환되어 출력된 결과물로서 일반적으로 제품이라 하며, 이는 다시 물품(하드웨어), 소프트웨어, 서비스 및 가공물질로 구분된다[ISO 9000, 2015].

일차 출력물, 즉 제품의 분류는 다음과 같다.

- 물품 HW: 자동차, 부품, 부분품, 완제품과 같이 물리적 형태의 모습을 지닌다.

- 소프트웨어 SW: 숙달된 인력, 개선된 기술, 보고서, 작업지시서, 도면, 시방서
- 서비스: 운반, 금융, 병원진료, 교육
- 가공 물질: 원유 가공 물질(휘발류, 중유 등), 각종 윤활류 등

이차 출력물은 공정 변환활동의 결과로서 산출되는 출력물 중 일차 출력물, 즉 제품을 제외한 것으로 부산물을 말한다. 원자재 중 제품 구성의 일부가 되지 못하고 남은 폐자재 및 자원사용으로 발생되어 공정 내에서 처리되지 못하고 공정 밖으로 출력되는 에너지의 일부 및 원하지 않은 공해물질을 일컫는다.

이차 출력물, 즉 부산물의 분류는 다음과 같다.

- 폐기물: 폐자재, 폐원료
- 공해물질: 오염수, 소음, 연기, 진동, 먼지, 냄새 등

그림 11-4는 이들을 구분하여 그린 공정 모형의 모습을 보여준다.

출력물의 분류

출력물은 일차 출력물(제품)과 이차 출력물(부산물)로 구성된다.

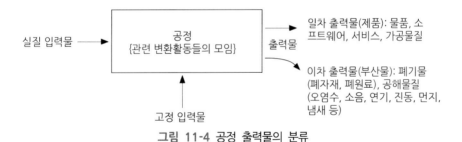

그림 11-4 공정 출력물의 분류

공정 변환활동

공정은 변환활동을 통해 입력물의 가치보다 더 많은 출력물의 가치를 생성시킨다. 가치를 창조시키는 공정의 변환활동에는 시간적 변환, 공간적 변환 및 형태적 변환이 있다[Gitlow, 2005]. 시간적 변환활동으로는 창고보관과 같은 저장활동을 들 수 있는데, 예를 들면, 값이 쌀 때 많이 사서 보관한 다음 값이 비쌀 때 출하하여 이익을 남기거나, 시장에서 사온 채소나 생선을 냉장고에 보관하였다가 필요할 때 요리를 하는 활동 등이다. 그리고 공간적 변환

173

변환활동의 유형

공정의 변환활동에는 장소, 시간 및 형태적 변환이 있다.

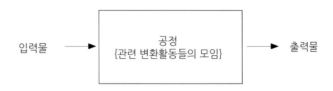

- 장소 변환활동 : 운수(육로, 해상, 항공), 배달, 우편 등
- 시간 변환활동 : 창고, 보관, 저장 등
- 형태 변환활동 : 가공, 조립 등

그림 11-5 공정 변환활동의 분류

은 장소적 변환을 뜻하는데, 농산물 산지에서 싸게 구입하여 도시의 소비자에게 전달하는 행위나 국가 간 무역활동도 이에 포함된다. 그리고 형태적 변환은 제조 현장에서 행하여지는 가공 및 조립활동들이 포함된다. 즉 입력물을 변환시켜 사용자에게 필요한 형태로 만들어 출력하는 활동이 이에 해당한다(그림 11-5).

공정에서는 이들 세 가지 유형 중 한 가지 또는 복합된 활동으로 가치의 창조 또는 증대를 모색한다.

- 시간: 출력물은 고객이 필요로 할 때 제공된다면 시간적 가치를 가진다.

  예: 배 고플 때 냉장고 안에 보관 중인 음식
- 장소(또는 공간): 출력물은 고객이 필요로 하는 곳에 제공된다면 장소(또는 공간)적 가치를 가진다.

  예: 어시장에서 사온 생선

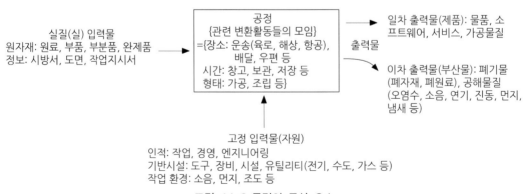

그림 11-6 공정의 구성 요소

- 형태: 출력물은 고객이 필요로 하는 형태로 제공된다면 형태적 가치를 가진다.

  예: 도마에서 잘린 생선

그림 11-6은 지금까지 살펴 본 공정의 세 가지 요소들을 합하여 표시한 그림이다. 그림에서 변환활동들에 대한 분류가 상자 안에 표시되고 있다.

11.3 공정 정의 5단계

기업에는 많은 공정들이 서로 관련되어 상호작용을 하며 기업이 목표로 하는 제품들을 생산하고 있다. 제품 생산과 관련된 모든 활동들이 제품의 품질에 영향을 미치고 있으므로 제품의 품질을 관리하기 위해서는 제품이 이루어지는 전 과정, 즉 하나하나의 공정을 모두 파악하고 관리할 필요가 있다. 비교적 단순한 활동으로 이루어진 공정은 파악하기가 쉬우나 다소 복잡한 활동들로 이루어진 공정은 연계된 선행 또는 후속 공정들과의 경계를 분명히 구분짓기가 쉽지 않다. 본 절에서는 임의의 공정을 정의하는 방법을 살펴본다[Juran, 1993].

공정은 변환활동에 관련된 활동들의 집합이므로 활동들에 대한 명확한 파악이 필요하다. 그리고 전환시키기 위해 투입되는 입력물이 있어야 하며, 활동의 결과 나오는 출력물이 정의되어야 한다. 먼저 관련 변환활동들의 모임을 표현하기 위해 직사각형 상자를 하나 중앙에 그리고, 필요시 활동들을 구분하여 표시한다. 입력물을 상자의 왼쪽으로 들어오는 화살표로, 그리고 출력물을 오른쪽으로 나가는 화살표로 표시한다. 임의의 활동들을 공정으로 파악하는 5단계를 제시한다.

- 1단계: 대상 활동의 시작과 끝의 경계를 명확히 하며, 활동에 참여하는 주요 그룹들을 파악한다.
- 2단계: 출력물과 고객을 파악한다.
- 3단계: 입력물과 공급자를 파악한다.
- 4단계: 대상 공정 내의 하부공정들 및 이들의 흐름을 파악한다.
- 5단계: 실효성을 확인한다.

하나의 예로 과제를 PPT로 작성하여 발표하는 활동을 하나의 공정으로 정의하는 과정

1단계: 공정의 범위(경계)를 정하고 주요 그룹을 파악한다.

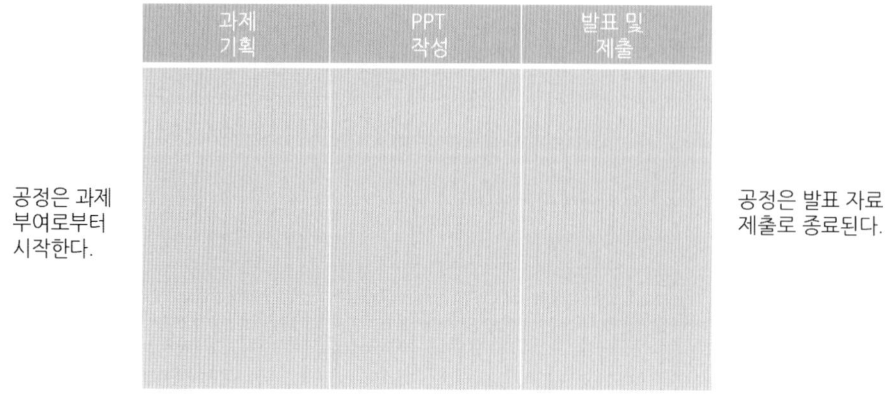

과제
기획
PPT
작성
발표 및
제출
공정은 과제
부여로부터
시작한다.
공정은 발표 자료
제출로 종료된다.

그림 11-7 공정 정의 1단계

을 예시한다.

1단계: 공정의 경계를 명확히 하고, 주요 관련 그룹들을 파악한다(그림 11-7).

공정 상자 그림을 시작하기 전에 먼저 공정의 목적을 간략히 기술한다. 그림 11-7에서 공정은 과제를 부여받음으로써 시작하고 발표 자료를 제출함으로써 종료됨을 보여준다. 또한 공정에 참여하는 주요 그룹들을 기획팀, PPT 작성팀 및 발표팀으로 구분하고, 팀 이름에 따라 상자를 3등분한다.

- 공정의 범위(경계): 공정은 과제를 부여받음으로써 시작하고, 발표 자료를 제출함으로써 종료된다.

2단계: 출력물과 고객을 파악한다.

과제
기획
PPT
작성
발표 및
제출
담당
강사
발표
자료

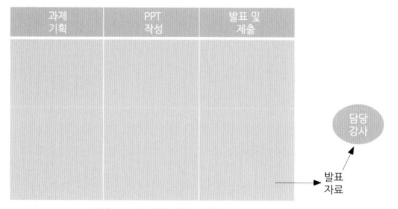

그림 11-8 공정 정의 2단계

- 공정 내의 주요 그룹: 과제 기획팀, PPT 작성팀 및 발표팀으로 구성된다. 필요한 경우 팀원을 중복 편성한다. 공정 상자를 그룹 이름에 따라 구분을 짓는다.
- 공정의 목적: 본 공정의 목적은 부여된 과제를 PPT를 이용하여 발표하고 발표 자료를 제출하는 것이다.

2단계: 출력물과 고객을 파악한다(그림 11-8).

그림 11-8에서 공정의 출력물(발표 자료)을 공정 상자의 오른편에 기술하고 출력물의 오른쪽에 고객(담당 강사)을 추가로 기재한다.

- 공정의 출력물(발표 자료)을 공정 상자의 오른편에 기술한다.
- 고객(담당 강사)을 출력물의 오른쪽에 기재한다.

3단계: 입력물과 공급자를 파악한다(그림 11-9).

3단계에서는 공정의 입력물(과제 부여)을 공정 상자의 왼편에 기술한다. 그리고 입력물의 공급자(강사)를 입력물의 왼쪽에 추가로 기술한다.

- 공정의 입력물(과제 부여)을 공정 상자의 왼편에 기술한다.
- 입력물의 공급자(강사)를 입력물의 왼쪽에 기재한다.

4단계: 대상 공정 내의 하부공정들 및 이들의 흐름을 파악한다(그림 11-10).

4단계에서는 입력물이 공정에 투입되는 행위를 시작으로 하여, 공정에서 이루어지는 모

그림 11-9 공정 정의 3단계

든 활동(하부공정)들 간의 출력물의 흐름을 보여준다. 예에서 입력물인 과제 부여는 기획팀에서 요구사항을 분석하는 활동으로부터 시작하여 PPT 작성팀에 작성 요구사항이, 그리고 발표팀에 발표와 관련된 요구사항이 전달된다. 그리고 기획팀에서는 발표 주제를 선정하고 자료 조사에 들어간다. 최종적으로 PPT 발표가 발표팀에 의해 이루어지고 지적된 사항에 대한 보강 후 최종 자료를 제출한다.

4단계: 하부공정 및 흐름을 파악한다.

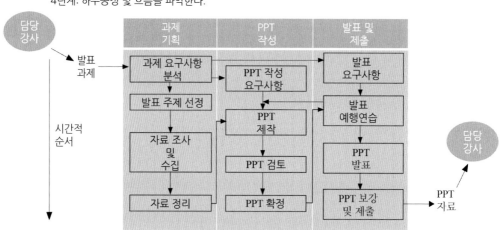

그림 11-10 공정 정의 4단계

5단계: 공정의 유효성을 검증한다.

공정 정의의 마지막 단계에서는 작성된 공정 다이어그램의 유효성을 확인하고 개정을 통해 최신으로 유지한다. 샘플 자료를 사용하여 작업활동들을 순서대로 처리해가면서 현 공정에서 일어나는 일들이 정확하게 반영되고 있는지를 확인한다.

1. 실제 공정의 모습을 조사하여 입력물과 출력물 및 변환활동에 대해 살펴보자.

2. 임의의 활동을 선정하고 5단계 방법으로 하나의 공정으로 도식화해보자.

12

공정의 평가

12.1 공정의 부가가치

12.2 공정 성능 평가

12.3 수익성

12.4 품질 비용

공정은 변환활동을 통하여 부가가치를 창출함으로써 기업의 수익성을 확보하는 기본 역할을 담당하고 있다. 부가가치는 공정의 출력물의 가치와 입력물의 가치의 차이로 계산된다. 본 장에서는 출력물의 가치에 기여하는 요소들과 입력물의 가치를 구성하는 요소들을 살펴본다. 제품 품질의 차이는 제품의 가격에 영향을 미치며 품질 차이의 기본 원인은 공정에서 발생하는 변동으로 파악되고 있다. 이러한 변동을 관리하기 위해 각종 품질 활동들이 공정 운영에 참여하고 있다. 품질활동들의 정당성은 부가가치 창출에 기여하는 정도에 달려 있다고 볼 수 있다. 본 장에서는

- 공정의 부가가치
- 공정 성능 평가
- 수익성
- 품질 비용

등을 살펴본다.

12.1 공정의 부가가치

공정은 입력물을 출력물로 변환시키는 활동들의 집합으로 많은 요소들로 구성되어 있으며 이들은 모두 공동의 목적을 달성하도록 조직된다. 변환활동의 궁극적 목적은 입력물의 가치를 부가시키거나 창조하여 더 많은 가치를 지니는 출력물을 생산하는 역할에 있는데, 이러한 역할은 입력물에 대한 세 가지 차원에서의 변환, 즉 시간, 장소(공간) 또는 형태적 변환을 통해 이루어진다. 입력물이 시간적 변환을 통해 부가적 가치를 갖기 위해서는 고객이 필요로 하는 때에 제공되어야 한다. 예를 들면, 가을에 추수한 곡식을 봄에 내다 판다든지, 생산 라인에서 조립작업 시 보관 중인 부품이 필요할 때 조달되도록 한다. 이 예들은 또한 장소적 변환을 통해 가치를 증대시키고 있는데, 즉 들판에서 거두어들인 곡식을 도시로 운반한다든지, 부품 생산공장으로부터 조립 생산공장으로 부품을 운송하여 조립 작업자가 필요로 하는 장소까지 이동시키는 활동을 포함하고 있다. 추수된 벼는 그대로 우리의 식탁에 오를 수는 없다. 방앗간에서 도정이라는 과정을 여러 번 거쳐 벼의 껍질을 벗겨낸다. 부품은 조립과정을 통해 완제품의 모습으로 변화된다. 이는 형태적 변환을 통해 우리가 사

183

공정 변환활동의 목적 : 가치 창조

공정은 입력물의 변환을 통해 가치를 창조하거나 증대시키는 활동들을 수행하며
공정 출력물의 가치는 입력의 가치보다 커야 한다.

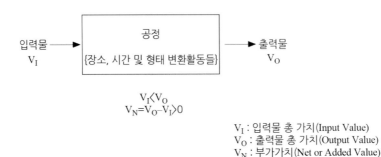

$$V_I < V_O$$
$$V_N = V_O - V_I > 0$$

V_I : 입력물 총 가치(Input Value)
V_O : 출력물 총 가치(Output Value)
V_N : 부가가치(Net or Added Value)

그림 12-1 공정의 부가가치

용할 수 있는 모습으로 바뀌는 활동들이다. 고객이 원하는 형태로 모습을 바꾸면서 가치를 증대시킨다.

따라서 변환활동의 부가가치 창출로 인해 출력물의 총 가치는 입력물의 총 가치보다 커야 한다. 즉,

$$V_I(\text{입력물의 가치}) < V_O(\text{출력물의 가치})$$

의 공식이 공정에서 성립해야 한다. 이들의 차이

$$V_N = V_O - V_I$$

를 공정의 부가가치라 한다(그림 12-1).

자동차 공장은 하나의 거대한 제조공정으로 다양한 크기와 모습으로 차제를 구성하는 각 부분품들이 각종 철판으로부터 잘려나와 운반되고, 용접되고, 수많은 다른 부품들과 함께 조립되어 자동차로 출력된다. 이 공정에는 원재료에 해당하는 철판과 부품들 외에도 제조활동에 필요한 입력들로써 작업자, 각종 기계 및 장비류, 전기와 물 등을 공급하는 기반시설, 그리고 도면과 작업절차서 등을 포함하는 각종 기술정보가 입력으로 투입된다. 이들 중 실제로 제조공정에 의해 자동차로 출력되는 것은 철판과 부품들이고, 나머지들은 공정을 형성하는 공정요소로 공정 속에 남아 철판과 부품들의 변환활동에 지속적으로 참여하여 가치를 증대시키는 역할을 담당한다. 기술정보로는 일반적으로 설계기술과 제조기술이 있는데, 전자는 고객의 요구사항과 경제성을 고려하여 제품설계공정(product design process)이라는

공정을 통해서 제품, 부분품 및 부품들에 대한 사양 및 도면들을 작성하고, 후자는 공정설계 (process design)에 따라 순차적으로 정해진 하부공정들을 따라 각 하부공정에 배치된 작업자들의 숙련된 기계, 장비, 도구의 사용을 통해 입력물을 점차적으로 출력물로 변환시킨다.

이러한 많은 원재료, 부품 및 기술의 투입과 공정 속의 다양한 시설 및 노동력을 이용하여 탄생되는 출력물의 가치는 입력물로 투입되는 가치의 총합보다 커야 하나 항상 그렇지만은 않을 수도 있다. 이는 출력물 속에 항상 고객이 만족할만한 제품만이 있는 것은 아니고, 다양한 부산물들, 예를 들면 각종 원자재 폐기물이나 많은 공해 요소들이 함께 만들어져 출력물의 가치를 감소시키기 때문이다. 만일 공정에서 생산된 제품의 가치가 투입된 입력물의 획득비용뿐 아니라 생산 중 발생하는 각종 경영비용과 공정에서 발생하는 각종 폐자재 및 원하지 않는 부산물의 처리비용에 들어가는 모든 비용을 충당하지 못한다면, 공정에서의 변환활동은 결국 중단되고 말 것이다. 따라서 입력물을 출력물로 전환시키는 공정 활동들의 최종 목표는 부가가치의 증대에 있다고 볼 수 있다. 2015년에 개정된 국제품질경영 시스템에서는 공정의 부가가치를 지속적으로 증대시키기 위한 요구사항들을 새로이 포함시키고 있다. 지속적 부가가치의 증대를 위해 공정들 속에서 발생할 수 있는 위험 요소들, 예를 들면 부적합품이나 각종 부산물의 발생 등을 사전에 방지하기 위한 계획과 실행을 통해 부가가치의 감소를 사전에 차단하고자 하는 위험바탕의 사고(risk-based thinking)를 도입하고 있다[ISO, 2015].

공정에 투입되는 입력물의 총 가치를 화폐가치로 환산한 것을 비용이라 한다. 많은 공학 및 경영활동들은 공정의 변환활동을 통하여 최소의 비용으로 가장 많은 부가가치를 창출하고자 노력하고 있다. 공정에서의 품질경영의 역할도 다양한 품질활동들을 통해 비용을 줄이고 출력물, 즉 제품의 가치를 높이는 데 초점을 맞추고 있다. 이를 테면, 자동차 제조공정의 품질경영활동은 품질 좋은 자동차를 생산하여 그로부터 얻는 총 수익이 원자재와 부품, 각종 장비, 기계, 노동, 유틸리티 및 그 외 입력물로 투입된 모든 것을 획득하는 데 들인 총 비용보다 크도록 하는 활동들을 전개한다(그림 12-2).

그림 12-2에서 입력물의 가치는 실질 입력물의 획득에 소요된 비용 C_{11}, 고정 입력물 비용 C_{12}, 엔지니어링 및 경영활동에 소요된 C_{13}의 비용으로 구성되며, 출력물의 가치는 일차 출력물인 제품의 가치 V_{O1}과 이차 출력물인 부산물의 가치 V_{O2}로 이루어진다. 그러나 부산물의 가치 V_{O2}는 실질적으로는 부산물을 처리하는 데 소요되는 비용 C_{O2}에 해당하므로 출력물의 가치 V_O를 그만큼 감소시킨다. 따라서 부가가치를 높이기 위해서는 일차 출력물의

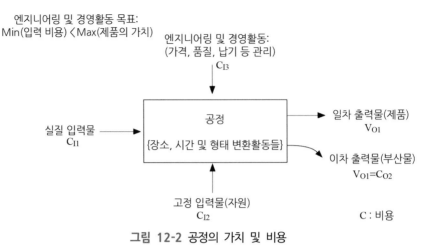

그림 12-2 공정의 가치 및 비용

가치를 높이는 한편 입력물에 소요된 모든 비용은 물론 부산물로 인한 처리비용을 감소시키는 활동이 필요하다.

$$V_I = C_{I1} + C_{I2} + C_{I3}$$
$$V_O = V_{O1} + V_{O2}$$
$$\quad = V_{O1} - C_{O2}$$
$$V_N = V_O - V_I$$
$$\quad = V_{O1} - (C_{I1} + C_{I2} + C_{I3} + C_{O2})$$

12.2 공정 성능 평가

공정의 구축 및 운영에는 많은 비용이 투입되고 있으므로 공정의 효과적 운영은 기업의 수익성과 직결된 문제라 할 수 있다. 따라서 기업은 항상 공정에 대한 정확한 평가를 필요로 한다. 공정의 성능에 대한 평가로 주란[Juran, 1998]은 제품의 효과성(effectiveness), 효율성(efficiency), 적응성(adaptability) 및 순환시간(cycle time) 등의 4개 파라미터를 제안하고 있고, 에반스[Evans, 1987] 등은 효과성, 효율성, 혁신성(innovation), 유연성(flexibility) 및 노동 생활의 질(quality of work life)을 들고 있다. 해링턴[Harrington, 1997] 등은 비즈니스 프로세스(business process)를 평가하는 요소들로 효과성, 효율성, 적응성 및 시간성

(timeliness)을 들고 있다.

효과성

해링턴[Harrington, 1997] 등은 효과성을 올바른 장소, 올바른 시간 및 올바른 가격으로 올바른 제품을 공급하는 정도로써 정의하고 있다. 그런데 이 정의에서 '올바른'에 대한 평가는 내부 또는 외부 고객이나 소비자에 의해 정의되어야 함을 주장한다. 고객에 의해 내려지는 평가란 점에서 효과성은 품질의 개념과 유사하다고 볼 수 있다. 공정의 효과성과 관련해서는 다음과 같은 질문들을 생각해볼 필요가 있다.

- 올바른 일을 하는가?(Do the right things?), 즉 목적한 바를 얻기 위해 올바른 일을 수행하고 있는가?
- 공정의 목적을 달성하기 위해 올바른 일을 하고 있는가? 올바른 변환을 만들어내고 있는가? 목표로 하는 제품이 출력될 것인가? 올바른 제품이 만들어질 것인가? 요구사항에 맞는 제품이 만들어질 것인가? 더 나아가 제품은 고객의 욕구를 충족시킬 수 있을 것인가? 고객의 욕구를 충족시키는 데 효과가 있을 것인가?
- 감기에 걸렸을 때 이 약이 효과가 있을 것인가? 올바른 감기약인가? 효과적으로 감기를 치유할 수 있을까?

효율성

효율성은 공정이 얼마나 잘 자원을 사용하고 있는지에 대한 척도로 사용되며, 생산성 척도와 관련성이 있다. 공정의 효율성과 관련되어서는 다음과 같은 질문들을 생각해볼 필요가 있다.

- 일을 올바로 하는가?(Do things right?) 일을 올바로 하고 있는가? 자원을 올바로 사용하고 있는가? 자원을 적절히 효과적으로 사용하고 버리는 자원은 없는가? 장비를 충분히 올바로 사용하고 잘못 사용하여 장비의 사용 시간을 낭비하지 않는가? 에너지를 낭비하는 일은 없는가? 올바른 변환을 하여, 즉 효과적인 변환을 하여 비용을 줄이고, 산출량을 늘리고 품질을 높이는가?
- 효과적인 제품을 만들기 위해 효과적인 방법으로 자원을 사용하고 있는가? 좀 더 개선

할 점은 없는가? 낭비를 줄이고 품질을 좋게 할 수는 없는가? 100의 자원을 투입하면 효과적인 제품이 몇 개나 생산될 것인가?

- 감기를 낫게 하기 위해 적정한 양으로, 즉 효율적으로 약을 복용하는가? 지나치게 약을 복용하여 예상보다 많은 약값이 들어가거나, 지나치게 적게 복용하여 감기가 다 낫고도 약이 넘쳐 나지는 않는가?

혁신성

- 변하는 고객의 욕구나 수요를 만족시키는 제품을 출력하기 위해, 새로운 기술을 적용할 수 있도록, 또는 아직까지 충족되어보지 않았던 욕구를 충족시키기 위한 신제품을 만들어내기 위해 현 공정을 어떻게 적합하게 고칠 것인가?

유연성

- 다양한 제품과 생산량의 변화에 얼마나 적절히 대응할 수 있는가?

삶의 질

- 작업상의 안전과 작업자의 만족에 대한 욕구를 얼마나 충족시키는가?

이처럼 공정의 성능을 측정하기 위해 다양한 기준들이 사용되고 있다. 그리고 이 외에도 시간성과 수익성의 개념이 사용된다. 시간성은 납기나 보관과 관련된 요소로써 현 공정의 출력물이 다음 공정의 입력물로 투입되기 전까지 사용되지 않은 채 남겨지거나 입력되지 않아 다음 공정이 얼마나 오래 지연되는가에 대한 척도로 언급된다. 그리고 수익성은 무엇보다 중요한 공정에 대한 평가 기준으로 공정의 가치는 수익성으로 정량화될 수 있다. 다음 절에서 수익성에 대해 상술한다.

12.3 수익성

이익을 창출하기 위한 공정이라면 장기적으로 공정의 변환은 수익을 창출할 수 있어야 한다. 수익성이 없는 공정은 결국 독립된 객체로써 존재할 수 없으며, 따라서 다양한 방법을 통해 수익성 창출에 기여해야 한다. 수익성(profitability)은 수입(revenu)과 비용(cost)의 함수이며, 수입은 판매가격(selling price)과 판매량(sales volume)에 달려 있고, 비용은 입력물을 획득하거나 출력물을 생산하는 데 사용된 자원의 가치를 말한다.

경영자들이나 기술자들의 공정 참여는 수입, 비용 및 수익성에 직접적인 영향을 주는데, 이들의 활동을 평가하는 두 가지 중요 기준이 생산성과 품질이다. 생산성은 입력을 출력으로 변환시키기 위해 얼마만큼 입력물 및 자원이 사용되는지를 측정하며, 품질은 출력물이 고객의 욕구를 얼마나 잘 만족시키는지 정도를 측정한다.

경영이나 기술활동들은 입력, 출력 및 변환활동에 대한 의사 결정을 내리며, 이들의 활동은 생산성 및 품질에 영향을 미치고 결국 공정의 수익성, 더 나아가 기업 전체의 수익성에 영향을 미친다. 수익은 수입에서 비용을 뺀 금액이다.

$$수익 = 수입 - 비용$$

분명히 수입이 비용보다 많을 때는 수익이 남게 된다. 수익을 변화시킬 수 있게 하려면

- 출력물(제품)의 판매가격상의 변화
- 입력물(자원)의 단위비용에서의 변화
- 출력물(제품) 1단위당 사용된 자원의 양에서의 변화

를 모색할 수 있다.

일시적으로 원재료나 기타 자원의 비용이 상승한다고 생각해보자. 비용 상승분을 만회하기 위해서는 제품의 판매가격을 올리는 방안이 유력시된다. 그러나 경쟁이 치열한 시장에서 가격을 올리면 판매 수량이 줄게 되어 수입에서의 상승을 달성할 수 없게 된다. 따라서 수익성이 유지되려면, 자원의 비용 상승분을 상쇄시키기 위해 사용된 자원 1단위당 제품의 수를 높이는 시도가 필요해진다. 즉 생산성에 대한 개선이 요구된다.

생산성

생산성은 생산 공정의 효율성(efficiency)을 말하며, 생산 공정의 효율성은 다시 물질적 효율성과 경제적 효율성이 있다. 물질적 효율성은 기계적 또는 전기적 효율성과 같이 물질

적 변환의 능률을 나타내는 척도로

$$물질적\ 효율성 = eff\ (물질) = \frac{출력}{입력}$$

으로 정의되어 물리적 단위로 표시된 출력을 입력으로 나눈 비율로써 효율성은 언제나 1 또는 100%보다 작게 된다. 예를 들어 100 t의 철판을 잘라 구조물을 만들었을 때 생산된 구조물의 철판 총 무게는 결코 100 t를 초과할 수 없을 것이다. 출력된 구조물의 철판 무게를 입력된 철판의 무게로 나누면 그 값은 언제나 1 또는 100%보다 작을 것이다. 그러나 변환을 경제적 측면에서 효율성을 파악해볼 수 있는데, 이를 경제적 효율성이라 한다. 입력과 출력을 동일한 화폐 단위로 파악한 경제적 효율성은

$$경제적\ 효율성 = eff\ (경제) = \frac{가치}{비용}$$

로 기술할 수 있다. 위에서 가치는 출력물의 화폐 단위를 말하며 비용은 입력물에 대한 화폐 단위를 말한다. 물질의 효율성은 100%를 초과할 수 없지만 경제적 효율성은 100%를 초과할 수 있으며, 어느 공정이든 100%를 초과할 때에 그 역할을 인정받을 수 있게 된다.

물질적 효율성과 경제적 효율성은 서로 긴밀히 관련되어 있다. 100 t의 철판을 구입하여 만든 구조물의 총 무게가 85 t이라 하면 물질적 효율성은 85%가 된다. 그런데 생산된 구조물의 가격이 1 t당 580,000원이고 철판의 가격이 1 t당 350,000원이라면,

$$가중\ 경제적\ 효율성 = \frac{85 \times 580,000}{100 \times 350,000} = 0.85 \times 1.66 = 141\%$$

가 된다[Thuesen, 1977]. 후자의 가중 경제적 효율성은 공정의 물질적 효율성을 고려한 공정의 경제적 효율성이라 할 수 있다.

한편 수익을 변화시키는 방안으로 제품 가격상의 변화를 생각할 수 있다. 출력물의 가치는 고객에 의해 정해지므로, 고객의 요구를 충족시키는 제품을 공급하여 고객 만족을 제고할 수 있으며, 따라서 출력물의 가치를 높일 수 있다. 고객에게 가치가 높다고 평가되는 제품은 제품의 가치를 높이고, 따라서 프리미엄을 높게 책정할 수 있다. 이는 높은 제품 가격에도 불구하고 제품에 대한 수요가 높아질 수 있음을 의미한다. 또한 고객을 만족시키는

제품은 더 많은 수요를 창출하여 더 많은 제품을 공급할 수 있게 되며, 이는 비용을 낮추게 되고 많은 제품을 판매함으로써 높은 수익을 창출할 수 있게 한다. 따라서 좋은 품질의 제품을 공급함으로써 제품에 요구되는 가격을 높게 책정할 수 있도록 하고 생산 원가를 낮출 수 있을 정도로까지 제품 판매량을 증가시킬 수 있다. 고객을 만족시키는 정도에 따라 좋은 (고) 품질 또는 나쁜(저) 품질의 제품이라 한다.

품질

품질은 공정의 효과성을 측정하는 하나의 방법으로 살펴볼 수 있다. 공정의 효과성은 공정의 출력물이 공정에 부과된 요구사항을 충족시키는 정도로 측정될 수 있다.

예를 들어 제조공정을 살펴보자. 제조공정은 선행공정인 설계공정으로부터 제품의 물리적 특성뿐 아니라 성능 및 디자인에 대한 사양과 함께 설계도면을 입력받는다. 제조공정은 이들 정보를 바탕으로 제품의 구체적 모습으로 변환시킨다. 제조공정의 목적 중 하나는 설계에서 요구한 사항들을 충실히 지키는 제품을 출력하는 것이다. 효과적으로 공정의 목적을 이룩할 수 있게 시설이나 장비의 배치 및 변환 순서 등을 공정설계에서 중요시 다룬다. 공정설계대로 배치된 장비를 사용하여 변환활동을 전개할 때 과연 공정에 부과된 목적을 달성할 수 있는가? 그 효과성을 어떻게 측정할 수 있는가? 하나의 측정방법으로 출력물이 설계도면대로 만들어지는가? 하는 질문을 던질 수 있다. 이에 대한 답변으로 간단히 '예/아니요'를 관찰하여 다음과 같이 공정의 효과성을 측정하는 방법으로 공정의 불량률을 산출할 수 있다.

$$\text{공정의 불량률(p)} = \frac{\text{'아니요'라 답한 출력물 수}}{\text{관찰한 출력물 총수}}$$

위의 식에서 '아니요'라고 답한 출력물은 설계도면대로 만들어지지 않은 제품을 말하며, 이를 일반적으로 불량품이라 칭한다. 엄밀한 의미에서 공정의 입력 요구사항을 충족시키지 못하는 출력물을 부적합품이라 하며[ISO, 2015], 고객을 만족시키지 못하는, 즉 고객의 요구사항을 충족시키지 못하는 제품을 불량품이라 하나 본서에서는 명확한 구분이 필요하지 않는 한 양자 모두를 일반적 의미에서 불량품이라 언급한다.

예를 들어 48개의 제품을 조사하니 그 중 3개의 제품이 부과된 요구사항에 맞지 않는다고 판정할 때, 이 공정의 불량률은 대략적으로 6%에 달한다 말할 수 있다.

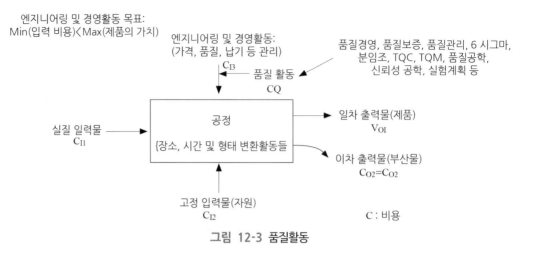

그림 12-3 품질활동

당연히 공정의 효과성을 높이기 위해서 불량품의 수를 줄여야 한다. 불량품은 고객의 만족을 저해시키는 출력물이므로 이의 발생을 줄여야 한다. 불량품을 줄이는 활동을 포함하여 전반적으로 고객을 만족시키는 제품을 공급하기 위한 기업의 모든 경영 및 엔지니어링 및 작업자의 활동을 품질활동이라 한다(그림 12-3).

12.4 품질 비용

불량품 발생의 근본적 원인은 공정의 변동성에 있음을 언급하였다. 자원, 정보, 도구 및 장비, 시설, 작업환경 작업자, 경영자, 기술자 그리고 기술에 이르기까지 모두 직간접적으로 제품의 형성과정에 참여하여 영향을 미치고 있으며 이들은 총합적으로 출력되는 제품의 변동에 영향을 준다. 이 변동은 공정에서 만들어지고 출력된다는 점에서 삼차 출력물로 구분하여 볼 수 있다. 변동은 출력물의 가치를 떨어뜨린다는 점에서 일차 출력물인 제품과 구별되며, 이차 출력물인 부산물이 제품과는 별개로 출력되는 반면 변동은 일차 출력물인 제품과 구별되지 않는다는 점에서 또 다른 형태의 부산물로써 구별된다. 그림 12-4는 변동이 공정에서 출력되는 제품과 부산물 외에 또 다른 제3의 요소, 즉 삼차 출력물로 구분되고 있음을 보여준다. 변동이 출력물의 가치를 떨어뜨린다는 점에서 이를 비용으로 분류할 수 있다. 이제 출력물의 총 가치는 모두 세 가지 유형의 가치로 구성되는데, 공정의 출력물의 가치를 높이는 일차 출력물인 양품 제품의 가치 V_{OI}, 출력물 중 비용의 요소로 편입되는

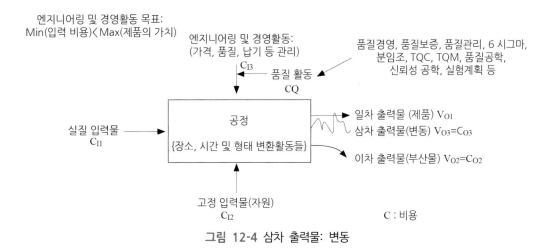

그림 12-4 삼차 출력물: 변동

부산물의 가치 C_{O2}와 변동의 가치 C_{O3}가 있다.

$$V_O = V_{O1} + V_{O2} + V_{O3}$$
$$= V_{O1} - (C_{O2} + C_{O3})$$

따라서 공정의 부가가치는 변동으로 말미암아 발생되는 비용에 따라 감소한다.

$$V_N = V_O - V_I$$
$$= V_{O1} - (C_{I1} + C_{I2} + C_{I3} + C_{O2} + C_{O3})$$

다구치는 그의 손실함수에서 변동으로 말미암아 발생되는 비용의 크기는 변동 크기의 제곱에 비례하는 양으로 파악하고 있다[Phadke, 1989]. 공정에서의 변동은 제품의 규격적합성(conformance to specification), 성능, 신뢰성, 내구성 등에 차이를 발생시킨다. 이 차이가 고객의 요구사항을 충족시키지 못하는 상황에까지 이른다면 이는 불량품으로 판단되고, 고객의 제품에 대한 믿음의 상실은 물론 이의 처리에 크고 작은 비용이 발생하게 된다. 그러나 비록 고객의 요구사항을 허용된 범위한도 내에서 만족시킨다 하더라도 정확한 목표값 또는 최적의 품질 수준에서 벗어나면 변동이 발생되고, 이는 제품 품질의 저하로 이어져 비용이 발생된다. 따라서 양품의 경우에도 변동이 존재하며 양품들 간에 품질 차이가 존재하게 된다.

공정에서 만들어지는 변동은 제품 간의 품질 차이를 일으키게 하는 기본적 원인으로 이에 대한 이해 및 관리는 품질활동의 기본이 되고 있다. "불량품 발생의 근본적 원인은 공정의 변동성에 있다."라는 신조에 따라 공정의 변동성을 최소화하기 위하여 공정의 안정성(stability)을 확보하는 품질활동이 이루어지고 있다. 이러한 품질활동을 통해 변동성의 이해, 원인분석 및 개선 활동, 공정의 안정성을 통한 공정능력 확보, 검사활동 등이 이루어지고 있다. 공정 변동성의 이해에서는 변동특성을 파악하기 위한 평균이나 표준편차와 같은 각종 수치지표들과 변동의 모습을 기술하는 각종 통계모형들이, 공정의 통계적 안정성을 확보하기 위한 이론으로 정규분포이론이, 변동성의 원인분석 및 공정능력 파악을 위한 방법으로 히스토그램 분석, 런 차트, 파레토 분석, 관리도 활용 등이 있으며, 검사 활동에서는 샘플링에 의한 검사기법이 활용된다.

이러한 품질활동에는 비용이 수반된다. 좋은 제품이 만들어지는 것은 아무 노력 없이 저절로 이루어지는 것이 아니라 공정에 참여하는 모든 것들을 관리하고 경영하기 위해서는 자본의 투자가 필요하다. 품질활동들이 정당성을 확보하려면 품질과 관련된 비용을 파악할 필요가 있다. 품질 관련 비용을 파악하는 방법으로 불량 제품을 출력함으로써 발생되는 비용을 파악하는 방법이 쓰이고 있다. 주란은 품질 관련 비용을 내부 실패 비용, 외부 실패 비용, 평가 비용 및 예방 비용으로 분류하고 있다[Juran, 1993].

내부 실패 비용에는 폐품, 재작업, 실패 분석, 불량 자재, 전수 검사, 재검사 및 재시험, 피할 수 있는 공정 손실, 등급하락 등이 있으며, 외부 실패 비용에는 보증 비용, 불만 조정, 반납품, 가격 에누리 등이 관련되어 있다. 그리고 평가 비용에는 자재 검사 및 테스트, 공정 내 검사 및 테스트, 최종 검사 및 테스트, 품질감사, 시험장비 관리, 검사 및 테스트 장비용 자재 및 서비스, 보관품 평가에 들어가는 비용 등이 있으며, 예방 비용에는 품질 계획, 신제품 검토, 공정 관리, 품질 감사, 공급자 품질 평가, 교육훈련 비용 등이 포함된다. 그러나 이러한 분류 및 목록은 품질관련 비용 전체의 빙산에 일각에 불과하며, 파악되지 못하는 더 많은 비용 부분이 숨은 품질 비용으로 처리되고 있다. 예를 들면, 잠재적 판매 손실, 품질문제로 인한 재설계 비용, 품질문제로 인한 공정 변경 비용, 품질 이유로 인한 소프트웨어 변경 비용 등이 있다. 이들은 품질비용으로 드러나지는 않지만 품질로 인하여 발생되는 비용이라 볼 수 있다.

과거의 품질활동에서는 100% 양품을 만들어내는 것보다는 작지만 일정 수준의 불량을 허용하는 것이 전체 품질비용을 최소화시킬 수 있다고 생각하고 품질활동을 전개하였으나

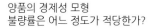

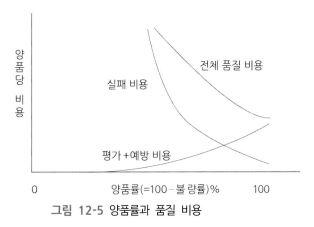

그림 12-5 양품률과 품질 비용

오늘날 무한 경쟁시대에는 약간의 불량품도 허용하지 않는 불량률 제로를 목표로 한 품질 활동이 전개된다(그림 12-5). 특히 고객의 안전 및 재산상의 피해를 줄 수 있는 위험 부품이나 제품 성능의 핵심을 담당하는 부품에 대해서는 전 세계적으로 6 시그마 운동 등을 통해 불량률 제로를 목표로 하는 무결점운동이 확산되고 있다.

1. 임의의 공정을 선정하고 이의 일차 출력물과 이차 출력물의 종류를 조사해보자.

2. 삼차 출력물(변동)로 인한 품질 문제에는 어떤 것들이 있는지 살펴보자.

3. 불량품을 처리하기 위한 효과적 방법을 살펴보자.

4. 품질 문제를 줄이기 위해 어떤 활동이 필요한지 생각해보자.

13

품질시스템 모형

13.1 품질경영 시스템의 역할

13.2 기업의 전략적 선택

13.3 품질경영 시스템 구축
　　 방법

13.4 품질경영 시스템 모형

> "품질시스템은 기업의 전략적 선택의 결과로서 구축되어야 한다."

기업은 생존하기 위해 많은 전략을 세우고 있다. 제품의 질을 높여 기업의 경쟁력을 높이는 정책도 생존을 위한 전략의 일환이라 할 수 있다. 제품의 질을 높이고자 하는 기업의 활동들을 공정으로 파악하고 시스템으로 묶어 관리한다면 좀 더 효과적으로 정책을 추진할 수 있다. 본 장에서는 품질경영 시스템이 기업 경영에 필요한가, 필요하다면 어떻게 구축할 것인가 하는 사항들을 고려하여 품질경영의 목적과 규모 및 역할에 따라 다양한 품질경영 시스템 모형들을 제시한다. 특히 본 장에서는 품질경영 시스템의

- 역할
- 전략적 선택
- 구축 방법론
- 모형

등을 기술한다.

13.1 품질경영 시스템의 역할

시계는 시간을 알려주는 하나의 시스템이다. 이 시스템은 많은 부품들, 즉 숫자판을 비롯하여 이 위를 돌아가는 시침, 분침, 초침과 이들을 정확히 돌려주는 각종 크기의 톱니바퀴, 그리고 동력을 제공하는 태엽 및 이들을 둘러싼 케이스와 시계줄 등으로 구성된다. 시계라는 시스템의 목적은 시간을 알려주는 것이며, 이를 위해 많은 부품들이 연결되어 상호 작용하고 있다. 시스템은 하나의 집합적 실체를 형성하는 상호 작용하거나, 상호 관련되거나, 상호 의존적인 요소들의 집단을 말한다고 사전적으로 정의되고 있다[Heritage Dic.]. 또는 간략히 상호 관련되거나 상호 작용하는 요소들의 집합으로 정의되기도 한다[ISO 9000, 2015]. 시스템이란 말은 매우 다양하게 사용된다. 크게는 국가도 하나의 시스템이며, 국가에 속해 있는 행정부, 국회, 법원 등도 하나의 시스템에 해당하고, 단위 행정단위인 읍이나

면 또는 동도 하나의 시스템으로 볼 수 있다. 자동차, 비행기, 세탁기, 냉장고도 여러 부품들로 구성되어 상호 작용하면서 하나의 실체를 형성하므로 시스템이다. 개인용 컴퓨터를 작동시키는 윈도와 같은 오퍼레이팅 시스템도 하나의 시스템이다.

기업에도 많은 시스템이 존재한다. 생산 시스템, 물류 시스템, 인사 시스템, 회계 시스템, 재무 시스템 등이 있다. 이러한 기업의 시스템 중 경영 시스템도 있는데, 경영 시스템이란 기업의 정책을 세우고, 목표를 설정하고, 설정된 목표들을 달성하기 위한 상호 관련된 요소들의 집합을 말한다. 기업의 경영 시스템에는 품질경영 시스템, 재무경영 시스템이나 환경경영 시스템 등과 같은 다른 경영 시스템들을 포함할 수 있다. 이들 중 품질경영 시스템은 품질과 관련하여 조직을 이끌고 관리하는 역할을 담당하는데, 품질과 관련된 기업의 활동들을 묶어서 이들을 모두 하나의 통합된 체제로 만든 것이다. 따라서 품질경영 시스템을 구축하고자 할 때 다음과 같은 두 가지의 질문들이 대두된다. 첫째는 어떤 활동들이 품질과 관련된 활동들인가? 이는 품질활동의 범위를 명확히 하는 데 필요하다. 일례로 생산 현장에 국한된 활동들만을 대상으로 할 것인가 아니면 고객 만족을 실현시키기 위한 전사적 활동으로 확장할 것인가? 이러한 문제는 기업의 전략적 선택의 결과로 정해져야 한다. 둘째는 품질관련 활동들을 어떻게 묶을 것인가? 이는 시스템의 효율성 및 효과성에 큰 영향을 미치는 사항으로써 공정 접근 방법론 및 데밍의 PDCA 사이클이 잘 알려져 있다. 위의 문제들과 관련하여 도움이 될 품질경영 방법론 및 시스템 모형들을 살펴본다. 먼저 품질경영 시스템을 구축하여 운영하기 전에 품질경영 시스템이 기업의 활동에 있어 어떠한 기여를 할 수 있는지 그 역할의 타당성에 대해 살펴본다.

기업은 생산 및 제조 시스템을 비롯하여 재무, 환경경영, 보건 및 안전, 노무, 위험성경영 등 많은 경영 시스템들을 갖추고 있다. 또 이들 시스템 사이의 원활한 정보의 유통을 위한 정보통신 시스템도 갖추고 있다. 이러한 많은 시스템에도 불구하고 기업은 왜 품질경영 시스템을 필요로 하고 있는가? 품질경영 시스템은 기업에서 어떠한 역할을 수행할 수 있으며, 그 결과 어떠한 이점을 기업에 가져올 수 있는가? 기업이 품질경영 시스템을 구축하고 운영하여야 하는 정당한 근거는 어디에 있는가?

기업은 고객 없이는 존재할 수 없다. 기업은 자본을 투자하여 원재료를 구입하고 장비, 시설 및 노동력 등의 자원을 활용하여 제품을 생산해낸다. 이 제품이 시장의 큰 호응을 얻고 잘 팔려나가면, 기업은 투자한 자본을 회수함과 동시에 많은 이익을 거두게 된다. 그러나 고객이 원하지 않는 제품을 만들면 투자한 자본마저 회수치 못하게 되어 어려운 상황에 처하게 된다. 따라서 기업의 생존에 중요한 것은 단순히 제품을 생산하는 것에 있지 아니하고 고객이 원하는 제품을 공급함에 있다.

3장에서 살펴본 바와 같이 고객은 자신의 욕구와 기대를 만족시키는 특성을 지닌 제품을 필요로 한다. 이러한 욕구와 기대는 제품의 사양(specification)으로 구체화되며, 총체적으로 고객 요구사항(requirements)이라 한다. 고객 요구사항은 고객에 의해 계약적으로 명시되거나 기업에 의해 자체적으로 결정될 수도 있다. 그러나 어떤 경우든 최종적으로 제품의 수락 여부를 결정하는 사람은 바로 고객이다. 기업이 최고의 기술력을 동원하여 첨단의 제품을 출시한다 하더라도 이를 사용해줄 고객이 없다면 기업은 불량품을 만들어낸 것이다. 따라서 고객이 원하는 제품, 고객에게 매력을 제공할 수 있는 제품을 만들어내는 일이야말로 기업에게는 가장 중요한 경영활동이 될 것이다. 이러한 활동들은 사실상 기업 경영의 많은 분야에서 이미 오랫동안 개별적으로, 그리고 때로는 통합적으로 이루어져 오고 있었지만, 오늘날에는 고객의 욕구와 기대가 더 빠른 속도로 변화하며, 국가 간 또는 기업 간의 경쟁으로 인한 압력은 더욱 첨예해지고, 첨단기술의 획기적 진보로 인한 기업의 투자는 더욱 확대되어, 기업이 고객의 입맛을 사로잡기 위해 자신의 제품과 공정에 대한 지속적 개선이 어느 때보다도 요구되고 있는 상황이다.

품질경영 시스템은 이러한 상황 속에서 기업으로 하여금 고객에게 더 큰 만족을 제공하는 제품을 공급할 수 있도록 하는 역할을 수행한다. 품질경영 시스템을 구축하기 위해 채택하는 공정 중심의 시스템 구축은 기업으로 하여금 고객 요구사항을 분석하고, 고객에 수락될 수 있는 제품을 성취하는 데 기여하는 공정들을 정의하고, 이러한 공정들을 관리 상태로 유지하도록 기업의 환경을 조성한다. 또한 고객뿐 아니라 기업의 활동과 관련된 다른 이해당사자들의 만족을 높일 수 있도록 가능케 하는 지속적 개선의 틀을 제공할 수 있으며, 고객의 요구사항을 일관성 있게 충족시키는 제품을 공급할 능력이 있다는 확신을 기업과 고객에게 제공한다. 즉, 품질경영 시스템 구축을 통해 기업 경영의 핵심원리인 고객 중심 경영을 실현시킬 수 있게 된다[ISO 9000, 2015].

13.2 기업의 전략적 선택

품질경영 시스템 구축에는 많은 투자가 필요하기 때문에 이에 대한 결정은 전략적 선택이 되어야 한다. 품질경영 시스템의 설계 및 구축에 영향을 미치는 요인들에 대해 살펴본다.

기업의 환경 변화

조직은 홀로 존재할 수 없다. 조직은 끊임없이 조직을 둘러싼 외부환경의 영향을 받으며 존재해나가고 있다. 외부의 세계는 쉴 새 없이 변화하며, 이 변화는 직간접적으로 조직에 영향을 미친다. 이 영향은 때로는 조직의 생존에 호의적일 수도 있으며, 때로는 위협적일 수도 있다. 따라서 조직은 이들 영향을 면밀히 주시하며 이들이 미치는 바를 조직에게 유리한 방향으로 이끌기 위한 노력을 지속해야 한다. 예를 들면, 현재 진행 중인 국가와 국가 간의 자유무역협정(Free Trade Act)은 기업에 큰 영향을 미칠 수 있다. 관세 없이 밀려드는 상대국의 물품은 현재 고수하고 있던 시장 점유율의 판도를 크게 위협할 수 있으며, 반대로 자국의 좁은 시장을 넘어 상대국가의 넓은 시장을 쟁탈할 수 있는 좋은 기회가 되기도 한다. 또 갑자기 불어 닥친 보호무역주의의 대두나 세계경제의 침체는 수출시장 전선에 큰 먹구름을 드리우게 되어 판매량, 더 나아가 기업의 수익성 확보에 비상이 걸리게 되며, 상대 국가와의 정치적·외교적 마찰은 급속히 상대방 국가와의 교역을 위축시키게 된다. 그리고 경쟁회사가 성능과 기능이 뛰어난 신제품을 개발하면, 당장 자사의 제품 판매는 영향을 받게 된다. 이처럼 기업의 생존에 영향을 미치는 외적 요인들로 세계적 환경 변화는 물론 자국의 경제적 상황, 정치적 법적 조건, 사회 문화적 변화, 인구의 이동, 기술적 진보 등 수많은 요인들이 존재하며, 이들은 끊임없이 기업의 생존 환경에 영향을 미쳐오고 있다.

이러한 끊임없이 영향을 미치는 외부환경의 변화에 대응하기 위해 기업은 내부 환경의 변화를 모색하게 된다. 기업의 역량을 강화하기 위한 조처로 내부의 조직 체제 및 의사 결정 구조의 변화 및 생산 제품에 대한 검토 등 다각적인 측면을 고려한다. 이러한 노력은 기업으로 하여금 시장에서의 지속적인 경쟁력을 확보하기 위한 강점들을 강화하는 전략적 선택으로 귀결된다.

오늘날 품질 중심의 극심한 경쟁 환경 속에서 고객의 요구에 부응하는 제품을 적정 가격으로 공급하여야 함은 기업이 전략적으로 선택할 수 있는 방향들 중 매우 중요한 위치를 차지한다. 따라서 고객이 요구하는 수준의 품질을 확보한 제품을 공급하기 위해 기업은 자사의 품질경영 시스템에 대한 구축을 하나의 전략적 차원에서 검토할 필요가 있다.

다음은 한미 FTA 발효 후 6개월이 지난 시점에서 코트라 북미 무역관장 좌담회에서 발췌된 기사인데, 기업이 언제 닥쳐올지 모르는 외부적 환경 변화에 능동적으로 대처하기 위해 가격을 낮추고 제품의 질을 높이기 위한 노력을 항상 하여야 함을 잘 보여주고 있다.

한미 자유무역협정(FTA)이 발효되어(2012년 3월 15일) 관세철폐로 인한 국산제품의 가격경쟁력이 높아졌다. 그러나 대기업 제품은 고가시장에서 경쟁력을 가지고 있지만, 중간 가격대 제품을 판매하는 중소기업들은 부진을 면치 못하고 있다. 미국의 한 홈쇼핑채널(QVC)에서 한국제품을 아웃소싱하기 위해 바이어를 한국으로 보냈다. 60개 중소기업이 납품을 신청했지만 이 중 15개 업체만 가격 조건을 맞추었다. 그리고 이들 중 기술력과 품질관리 기준에서 대부분 탈락하고 2개 업체만 최종 통과되었다[엄성필, 2012].

이와 같이 새로 맺어진 국가 간의 무역협정체제와 같은 환경적 변화 속에서 상대국 소비자들이 원하는 수준의 가격과 품질을 갖춘 제품을 공급하기 위해서 기업은 자사의 품질경영 시스템에 대한 강화 내지는 새로운 구축을 기업 경쟁력을 위한 하나의 전략적 선택의 기회로 받아들일 필요가 있다.

다양한 요구

기업에는 늘 다양한 목소리가 울려온다. 먼저 경영층의 요구이다. 경영자는 매출을 증대하라, 수익성을 높여라, 생산성을 향상시켜라 등 끊임없이 기업을 독려한다. 또 근로자는 복지시설을 확충하라, 근로 조건을 개선하라, 임금을 올려라 등의 요구를 한다. 기업 외에서도 정부는 정부대로 국가 경쟁력을 높이기 위한 갖가지 기업과 관련된 정책을 쏟아내고, 세금을 부과한다. 주주는 기업의 세세한 면에까지 정보를 입수하기 원하고, 주가 상승을 위한 기업의 활동을 요구하며, 배당금을 얻기 원한다. 그리고 무엇보다 고객은 가격과 함께 제품과 서비스에 대한 불평불만을 쏟아낸다. 이들의 요구는 매우 다양해서 어디까지 듣고 어디까지 충족시켜야 하는지 판단이 잘 안 갈 수도 있겠지만, 그래도 이들의 요구는 모두 기업에 들려져야 한다.

기업이 품질경영 시스템을 구축할 때 기업의 다양한 요구들을 수렴하여 품질경영 시스템의 설계 및 구축에 임해야 한다. 예를 들면, 전사적 시스템으로 구축을 할 것인가, 아니면 특별히 필요성이 대두되는 일부에 대해서만 대상으로 할 것인가? 후자에 대한 예를 들면, 불량품 감소를 위해 생산 현장에서 품질 운동을 주 대상으로 할 것인가, 기술 설계부문까지 포함할 것인가, 아니면 더 나아가 구매와 영업을 포함시킬 것인가를 선택할 수도 있다. 아무래도 구축 영역이 확대되면 될수록 시스템 구축의 어려움과 구축에 필요한 시간과 비용이 증대될 것이며, 따라서 시스템 구축으로 인한 효과는 더디게 나타날 것이다.

고객이 공급받을 제품에 대한 품질에 대해 확신하지 못할 때, 자사의 품질시스템이 ISO 9001 인증을 받았다면, 고객은 좀 더 공급받을 제품에 대한 품질에 신뢰할 수 있을 것이다. 따라서 고객은 기업으로 하여금 제품을 공급하기 전에 국제 인증을 획득하기를 요구할 수 있다. 정부에 물품을 납품하는 경우에도 정부에서는 국제 인증 또는 이에 상응하는 국내 인증을 받은 기업에 좀 더 호의적으로 납품권한을 부여하기도 한다. 따라서 정부에 납품하기 위해서는 ISO 9001 요건을 충분히 갖추는 시스템을 설계하고 구축해야 할 것이다.

조직의 특정 목표

기업은 특정 목표를 정해 놓고 이를 달성하기 위해 노력한다. 주로 일정한 기간을 설정하여 짧게는 1년, 길게는 5년 앞을 내다보며 연차적으로 추진할 목표를 설정해가기도 한다. 여러 상황에서 기업은 목표를 설정하는데, 특히 품질과 관련해서[Juran & Gryna, 1993]

1. 시장에서 품질 지도력을 확보하고 싶다거나
2. 우수한 품질의 제품 공급을 통해 수익을 개선할 기회를 인식하거나
3. 경쟁력 상실로 인하여 시장 점유율이 하락하거나
4. 빈번한 고장으로 인하여 고객 불만이 커지고 반품이 증가하여 이들을 처리하는 비용이 증대되어 이를 개선시키고자 하거나
5. 공정 개선을 통하여 폐기품을 줄이고, 재작업, 시험 및 검사에 들어가는 비용을 줄일 수 있는 새로운 기회를 포착하거나
6. 제품의 품질 저하로 인하여 고객에게 안 좋은 기업 이미지로 인하여 이를 개선할 필요가 있을 때

등일 경우에는 특정 목표를 정하여 실시할 필요가 대두된다. 목표는 구체적으로 기간과 정량적 수치를 명시함이 필요하다. 즉 "완제품 불량률을 현재의 수준에서 금년 말까지 50% 축소하라"와 같이 명시하여야 한다. 그러나 이러한 목표를 체계적으로 추진하기 위한 시스템이 기업 내에 갖추어졌는지도 함께 검토함이 필요하다.

공급 제품

기업이 공급하는 제품도 품질시스템 설계 및 구축에 영향을 미친다. 크게는 유형의 제품인지 무형의 서비스인지에 따라 관리해야 할 제품 특성도 다르고 관리하는 방법도 크게 달라진다. 또한 제품의 문제가 무엇인지에 따라 해결해야 할 방법도 좌우된다. 외주 부품의 품질문제가 지속적 관리의 대상이 된다면 외주 부품에 대한 입고 검사를 강화하거나 협력업체에 대한 품질 개선을 지원할 수 있는 쪽으로 자사의 품질시스템도 변화할 필요가 있다. 또한 설계와 제조 간의 문제라면 이들 사이의 정보를 원활하게 소통시키는 시스템을 구축함이 타당하다.

적용 공정

요즈음 많은 기업들이 설계와 판매를 주로 담당하고, 제조는 외주업체에 맡기는 경우가 많이 있다. 이러한 기업은 연구개발이나 설계 및 판매 쪽에서의 품질관리 시스템이 많은 부분을 차지해야 하며, 제조공정에서의 관리는 주로 검사에 치중하는 시스템을 구축해야 한다. 아예 물건을 수입하여 판매를 위주로 하는 기업에서는 수입검사와 사후관리에 대한 품질시스템을 설계 구축해야 한다. 따라서 어떠한 공정들에 적용할 것인가에 따라 품질경영시스템의 설계 및 구축은 영향을 받게 된다.

기업의 규모 및 조직

대기업에서는 품질요원을 확보하기 쉽고, 이들의 전문성을 십분 살리는 시스템을 구축할 수 있지만, 중소기업에서는 전문요원을 확보하기가 쉽지 않은 실정이다. 따라서 이 경우는 전사적 관리체제를 구축하여 누구나가 품질에 일정 시간을 할애할 수 있도록 시스템을 구축함이 필요하다. 따라서 자기가 만든 제품에 대해서 본인이 책임을 지는 관리체제를 구축한다. 이처럼 조직의 규모에 따라, 전문조직의 유무에 따라 품질경영 시스템의 설계 및 구축은 영향을 받는다.

13.3 품질경영 시스템 구축 방법

이제 품질경영 시스템의 구축을 기업의 경쟁력을 제고하기 위한 하나의 전략으로 채택하였다 하자. 이제 어떻게 구축할 것인가가 문제로 대두된다. 품질경영 시스템 구축 방법론으로써 공정 접근법과 지속적 개선을 위한 PDCA 사이클에 대해 기술한다.

공정 접근법

품질경영 시스템을 구축하기 위해서는 먼저 품질경영과 관련된 활동, 조직 및 시설 등을 파악하여야 한다. 이러한 활동들은 전 조직에 걸쳐 부분적으로 나뉘어져 있을 것이다. 예를 들면, 마케팅 부서에서는 물건에 대한 인도 및 인도 후의 활동들을 포함하여 고객의 요구사항을 정확히 파악하는 일, 엔지니어링 부서에서는 고객의 요구사항을 모두 충족시킬 수 있는 디자인 및 기능들을 설계도면 속에 구현하는 일, 제조 부서에서는 관리된 상태에서 제품이 생산되도록 하는 일 등 각 부서에서는 제각각 품질을 확보하거나 높이기 위한 제반 활동들을 펼치고 있다. 이러한 활동들이 제각각으로 관리되기보다는 하나의 통합된 시스템 속에서 관리된다면 고객의 요구사항을 만족시키고, 나아가 고객의 만족도를 증진시키는 효과가 더 커질 것이다. 따라서 품질경영 시스템을 구축하기 위해서는 많은 품질관련 활동들을 찾아내야 할 것이다.

대부분의 이러한 활동들은 활동하기 위해 자원이 필요하며, 이 자원을 활용하여 투입물(또는 입력물)을 출력물로 전환시키기 위해 관리된다. 이러한 활동 또는 활동들의 묶음을 공정(a process)이라 한다. 때로 한 공정에서 나오는 출력물은 곧바로 다음 공정의 입력물이 되기도 한다. 현 공정에 입력물을 제공하는 당사자를 공급자라 하며 공급자의 활동을 전 공정이라 하고, 현 공정의 출력물을 받는 당사자를 고객이라 하며, 고객의 활동은 후 공정이라 한다. 예를 들면, 설계공정은 제조공정의 전 공정에 해당하며, 검사공정은 후 공정에 해당한다. 이러한 관계는 하나의 기업 내에서 이루어지기도 하며(그림 13-1), 기업과 기업 간의 관계로 엮어지기도 한다. 그림 13-2는 타이어 제조 기업의 전 공정으로 고무 생산 공정을, 후 공정으로 자동차 제조 공정을 보여준다.

품질과 관련된 공정들을 파악하고, 이들 사이의 상호작용을 관리하여 목적하는 결과물을 생산하기 위해 이들을 하나의 시스템으로 묶고 경영하는 방식을 공정 접근법(process

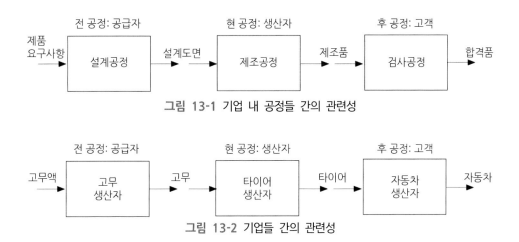

그림 13-1 기업 내 공정들 간의 관련성

그림 13-2 기업들 간의 관련성

approach)이라 한다. 활동들과 이들에 관련된 자원들이 하나의 공정으로써 경영될 때 원하는 결과가 더 효과적으로 얻어진다. 품질경영 시스템을 구축하는 데 이러한 공정 접근법을 사용한다면, 시스템 내에 있는 공정들 간의 결합 및 상호작용 그리고 연결 고리에 대해서 지속적인 관리를 제공할 수 있다. 특히, 요구사항들을 이해하고 충족시키는 일, 부가가치적 측면에서 공정을 관리하는 필요성, 공정의 성과 및 효과성에 대한 결과를 획득하는 일 및 객관적 측정에 근거하여 지속적으로 공정을 개선하는 일 등에 대한 중요성을 인식시킬 수 있다[ISO 9001, 2015].

공정의 지속적 개선

출력물의 가치가 입력물의 가치를 상회하기 위해서 변환활동은 효과적이고 효율적으로 이루어져야 한다. 여기서 효과적이란 말은 결과물이 의도된 대로 출력됨을 뜻하며, 효율적이란 말은 입력 대비 출력의 비가 높음을 뜻한다. 그러나 변환활동의 결과 모든 입력물이 의도된 대로 출력물로 변환되지는 않는다. 의도된 대로 만들어지지 못한 출력물을 부적합품 또는 불량품이라 한다. 또한 변환활동 속에는 필요한 요소들뿐 아니라 과도하게 사용되는 요소들, 불필요하게 사용되는 요소들 및 버려지는 요소들 등 많은 낭비요소들이 발생되어 효율성을 저해시킨다. 오늘날의 심화하여 가는 경쟁 속에서 이들은 축소되거나 배제되어야 한다. 불량을 줄이고, 낭비요소를 줄여가는 활동은 제조공정은 물론 기업의 전 활동(공정) 속에서 지속적으로 전개되어야 한다. 즉, 기업의 영속적 목표로 설정되어야 한다. 공정의 효과성 및 효율성을 개선하고자 하는 노력은 테일러(Frederick W. Taylor)의 과학적 경영원리에서 다루어진 주제였으며, 그의 노력은 이후 산업공학이란 학문으로 발전하게 되었다. 데밍(W. Edwards Deming)은 공정에 대한 지속적 개선활동을 위한 방법론으로써 PDCA 사이클을 주장하였다. 공정에 대한 지속적 개선을 위한 방법론으로써 먼저 단순한 형태의 피드백 루프에 관해 살펴보고 다음에 PDCA 사이클에 대해 기술한다.

(1) 피드백 루프

공정의 효과성과 효율성을 증대시키기 위한 공정의 개선활동은 피드백 루프를 공정에 추가하는 활동으로부터 출발한다. 피드백 루프는 공정에서 출력된 제품들에 대한 관찰 및 측정으로부터 시작된다. 공정의 가장 중요한 임무는 공정의 기본적 역할인 입력물에 대한 변환활동이 입력 요구사항에 맞추어 수행되도록 하는 것이다. 여기서 이러한 변환활동들이 요구된 대로 정확히 수행되고 있는지를 공정에서는 항상 확인하고, 필요한 경우 공정에 대한 조정을 실시하여야 한다. 이러한 확인 및 조정 활동을 공정 개선활동이라 하며 공정의 3요소인 입력, 출력 및 변환활동에 추가하여 제4요소로써 공정의 활동에 참여하게 된다.

개선활동은 공정에 대한 또 다른 경영 및 엔지니어링 분야인 품질경영 및 관리가 필요하게 되는 발판을 제공하게 된다. 이러한 의미에서 품질경영 및 관리 활동의 임무는 공정에 대한 개선활동이 주요 목표가 되고 있다.

개선활동은 물론 공정에 참여하는 모든 작업자 및 관리자들에게 주어진 역할로서 개별적으로 경험이나 직관 및 지식에 의해 이루어질 수 있으나, 이러한 주관적 결정에 의한 공정의 개선에는 한계가 있을 수밖에 없다. 개인적 결정은 개인에게 주어진 허락된 범위에서 주로 이루어질 수밖에 없으므로 공정에 미치는 영향이 작을뿐더러, 종종 잘못될 경우 개인에 대한 책임 문제가 대두될 수 있어 그 실시가 극히 제한적이 될 수밖에 없다. 그리고 개인의 이직으로 말미암아 지속적 개선이 난관에 봉착할 수도 있다. 따라서 개인적 오류를 최소화시킬 수 있고, 반복적으로 많은 공정들에 지속적인 개선을 가능하게 해주는 객관적 의사결정 방법의 도입이 필요하게 된다.

객관적으로 의사결정을 내리기 위해서는 공정의 출력물에 대한 관찰 및 측정, 그리고 그 결과 나오는 수치에 대한 분석을 필요로 한다. 또한 분석 결과 얻어진 정보가 공정 속에 반영되기 위해서는 면밀한 계획이 세워져 현 공정에 미치는 영향을 정확히 예측하고 공정의 새로운 표준으로써 정립되어야 한다. 따라서 공정 개선을 위한 피드백 활동에는 관찰 및 측정, 분석 그리고 개선을 위한 계획 등이 순차적으로 이루어질 때 좀 더 완벽한 공정 개선이 이루어질 수 있다. 이러한 개선 방법은 데밍이 제안한 PDCA 사이클과 일치한다.

(2) PDCA 사이클

공정에 대한 문제가 있는지, 공정에 어떤 개선 조처가 필요한지를 알아보는 가장 쉬운 방법은 공정의 출력품, 즉 제품에 대한 조사를 실시하는 것이다. 제품이 규격에 따라 만들어 졌는지, 제품의 성능이 고객이 요구한 대로 작동되는지, 또 제품을 사용하는 고객에게 직접 문의하여 제품에 대한 만족도 조사를 실시한다. 그러나 검사만으로는 공정 개선이 이루어지 않으므로 검사나 만족도 조사에서 수집된 정보가 공정에 반영되도록 해야 한다.

보통 이러한 조사는 수치적 자료로 수집되는데, 이러한 행위를 관찰 또는 측정이라 한다. 관찰은 단순한 현상을 인간의 감각기관을 이용하여 살펴보는 행위이고 측정은 제품의 중요 특성에 대해 측정 기기나 도구를 이용하는 행위이다. 어떠한 방법을 사용하든 그 결과는 수치로 나타낼 수 있다. 이 수치 자료는 그 값이 항상 일정하지 않으며, 그 속에는 공정에서 행해진 모든 변환활동으로부터 말미암은 변동에 관한 정보를 지니고 있다. 이제 변동에 대한 정보를 분석하여 공정 개선에 관한 단초를 발견할 수 있다. 따라서 공정을 개선시키기 위한 중요한 활동으로 측정 및 분석은 매우 중요하다. 이러한 일련의 행위들은 출력품뿐만 아니라 공정 내의 변환활동과 관련된 모든 요소들 대해, 그리고 입력물에 대해서도 필요한 데, 이 경우는 각 요소들의 작용을 더 작은 단위의 공정으로 간주하여 동일한 개선 활동을 실시할 수 있다. 공정에 대한 개선을 실시하기에 앞서 이를 실시하기 위한 계획을 세우는 일도 매우 중요하다. 공정에 대한 변경은 제품에 즉각적인 영향을 미칠 수 있으므로 실시 전에 면밀히 계획을 세워야 한다. 모든 개선활동이 긍정적 효과를 수반하지는 않는다. 개선 활동의 순서, 시기 및 미리 일어날 결과에 대한 예측과 함께 모든 예측 가능한 결과에 대한 준비를 함이 필요하다. 이러한 일련의 개선활동은 데밍의 PDCA 사이클의 기본이 된다.

PDCA 사이클(Plan-Do-Check-Act cycle)은 슈하트(Shewhart)의 아이디어에 기본을 두고 있 다. 슈하트는 지식을 습득하는 과학적 방법론으로 알려진 가설설정, 실험수행 및 가설검증의 3단계를 대량 생산공정에 적용하여 규격설정, 생산 및 검사의 3단계를 제창하였으며, 이 단계 들이 과학적 방법론에서의 직선 방향이 아닌 원 방향으로 지속적으로 돌아야 할 것을 주장하였 다. 이에 영향을 받은 데밍은 이 방법론을 디자인, 생산, 판매의 3단계에 4번째 단계인 시장조 사를 통한 재디자인을 추가하여 원으로 돌아가는 방법을 소개하였고[Moen & Norman],

이후 PDCA 사이클 또는 데밍 사이클로 불리게 되었다.

데밍은 임의의 공정에 대한 개선을 위해 추구하여야 할 절차로써 또한 통계적 신호에 의해 감지된 변동의 특별원인을 찾기 위한 절차로써 도움이 된다고 하였다. 이 절차는 4단계로,

- 1단계에서 다음과 같은 질문을 던진다: 이 팀의 가장 중요한 업적은 무엇이 될 수 있을 것인가? 어떤 변화가 바람직한가? 어떤 자료가 있는가? 새로운 관찰이 필요한가?

만일 이들에 대한 답이 '예'라면, 변화나 테스트를 계획한다. 관찰을 어떻게 사용할지를 결정한다.

- 2단계에서는 결정된 변화나 테스트를 되도록이면 작은 규모로 실행한다.
- 3단계에서는 변화나 테스트 결과를 관찰한다.
- 4단계에서는 결과를 검토하여 무엇을 배웠는지, 무엇을 예측할 수 있는지를 파악한다.

이후

- 5단계에서는 이제까지 축적된 지식으로 1단계를 다시 시작하며, 6단계에서는 2단계를 다시 시작하면서 그 이후 단계로 지속적으로 돌아간다. 위의 1단계는 계획(plan), 2단계는 실시(Do), 3단계는 검토(Check), 4단계는 수정(Act)에 해당한다.

PDCA 사이클은 한마디로 공정을 관리(control)하기 위한 절차이다[Juran, 1999]. 관리는 공정을 검토하고 이끌어가는 활동으로, 활동의 실제 결과를 기준이나 목표와 비교를 하고, 이 양자 사이의 차이를 관찰하여, 이 차이가 지나치게 크다면 수정 조처를 취하는 경영활동이다. 이 절차는 바로 PDCA 사이클과 동일하다. 그러나 PDCA 사이클은 완벽한 계획을 세워 절대 실패하지 않도록 관리하는 방법과는 다르다. 공정에는 정확히 관리될 수 있는 요인들만 있는 것이 아니라, 결과에 영향을 미칠 수 있는 수많은 조절할 수 없는 요인들이 항상 존재하기 때문에 모든 요인에 대해 기준을 세우고 관리한다는 것은 불가능하다. PDCA 사이클은 결과를 만들어내는 더 나은 방법을 끊임없이 추구하도록 하고 있다. 따라서 공정에 대한 개선을 추구할 때 처음에는 작은 규모로 시작하면서 점차 공정에 대한 지식 축적과 함께 좀 더 어려운 문제들을 향해 나가는 PDCA 방법은 개선을 위한 매우 효과적인 방법이 된다.

오늘날의 고도로 분업화된 산업현장에서 계획을 세우는 일은 보통 경영자나 엔지니어의 전문화된 분야이고 제조는 기능인들의 몫으로 구별된다. 즉, PDCA의 P단계(계획)와 D단계(실시)가 엄격히 분리되어 PDCA 사이클이 운영된다. 이러한 경우 잘못된 결과물이 탄생했을 때 이 분야 간의 충돌이 불가피해지는 경우가 종종 발생한다. 계획을 세우는 쪽에서는 철저히 계획을 세웠다고 주장하는 반면, 실시하는 쪽에서는 계획대로 수행했다고 항변을 한다. 이는 양 단계에서 정보의 잘못된 흐름, 즉 계획에서 실시 쪽으로의 일방적 방향만이 존재하기 때문에 발생한다. 즉, 실시단계에서 무엇을 해야 하는지(왜 지시된 변환활동이 필요한지, 왜 정해진 시간까지 이루어져야 하는지)에 대한 지식과 어느 정도 하고 있는지, 만일 목표에서 벗어났다면 조절할 수 있는 수단을 가질 수 있다면, 이러한 충돌을 피할 수 있을 것이다. 이러한 생각에서 실시단계에서 스스로 PDCA를 돌릴 수 있도록 수정된 PDCA 사이클이 사용되기도 한다[Juran, 1999].

13.4 품질경영 시스템 모형

품질경영 시스템을 구축할 때 가장 먼저 고객을 만족시키는 제품을 공급하고자 하는 품질경영의 목적에 합당하는 공정들을 파악함이 필요하다. 그런 다음 파악된 공정들을 합당한 논리적 모형에 따라(예를 들어 PDCA 사이클을 활용한 지속적 개선의 방법에 따라) 고안된 배열함이 필요하다. 그러면 어떠한 공정들이 품질경영에 합당한가에 대해서는 앞선 언급한 전략적 선택에 따라 포함시킴이 타당하다. 예를 들어 PDCA에 해당하는 전 과정을 전개할 필요가 없는 비교적 규모가 작은 기업에서는 최소한의 활동만을 선택할 수 있다. 품질시스템의 구축 범위와 규모에 따라 다양한 모형을 제시한다.

검사공정 모형

규모가 비록 작더라도 대부분의 기업도 자신의 제품이 지나치게 높은 불량품을 생산한다면, 그리고 이 제품들이 고객에게 그대로 전달된다면 고객으로부터의 항의와 반품, 나아가 이들로 말미암은 각종 사고로 인한 법적 제소 등으로 기업 생존에 어려움이 있을 것이라는 사실을 명확히 알고 있다. 따라서 생산된 제품에 대한 검사활동은 고객 만족을 위해 반드시 필요한 활동이라 볼 수 있다. 검사공정에서는 제조공정에서 출력된 제품이 과연 고객에게 전달될 수 있는 자격을 갖추었는지를 판단하는 최종 관문이라 할 수 있다(그림 13-3). 검사는 생산된 제품을 고객에게 출하하기 전 기업 내부에서 행해지는 것이 일반적이지만 고객에게 인도되기 전에 고객이 요구하는 장소에서 이루어지기도 한다. 검사가 기업 내부의 검사 담당자에 의해 이루어지는 경우 자가 검사라 하며, 고객에 의한 검사를 고객 검사, 그리고 고객을 대리하여 제3자가 실시하는 검사를 3자 검사라 한다.

기업 내부에서 실시하는 검사활동의 주 역할은 제조공정에서 출력된 제품들에 대해 고객에게 전달될 수 있는지에 대한 확인이기 때문에 제품 자체의 품질을 개선하기 위한 활동은 검사공정의 임무가 될 수 없다. 따라서 검사에서는 제품의 가치를 높이는 활동과는 무관하게 이루어지므로 검사공정의 존재는 기업의 비용을 높이고 있다. 물론 고객에게 전달되는 품질 수준을 높임으로써 고객 만족을 통한 판매 증대 효과가 있으나, 애초에 불량품의 발생을 제조현장에서 억제할 수 있으면 검사의 역할은 최소화될 수 있고, 따라서 비용도 감소시킬 수 있을 것이다. 이러한 관점에서 오늘날의 기업은 제조현장에서의 품질활동을 강화하고 있다.

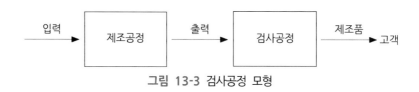

그림 13-3 검사공정 모형

피드백 공정 모형

제조공정에서의 품질활동은 피드백 활동이 기본이 된다. 작게는 작업자 자신이 자신의 작업에 대한 결과를 체크하여 작업이 제대로 이루어지고 있는지를 확인하는 행위로부터 하나의 작업 부서에서 다음 작업 부서로 결과물을 이송하기 전에 한 번 더 확인하는 행위 등

그림 13-4 피드백 공정 모형

을 들 수 있다. 앞의 검사공정과 다른 점은 검사는 현 공정과는 무관한 위치에서 현 공정의 결과물을 다음 공정에 넘길 것인지 말 것인지를 결정하는 판단이 목적이지만, 피드백 활동은 현 공정 내에서 이루어지는 품질 개선활동이라는 점이다. 피드백 공정에서 출력물에 대한 측정과 분석, 그리고 분석에 바탕을 둔 개선활동이 주요 활동이다. 그림 13-4는 검사공정과 함께 제조공정에 대한 피드백 공정을 포함한 품질시스템 모형이다.

PDCA 사이클 모형

규모가 큰 공정이라면 피드백에서 이루어지는 활동들을 PDCA 사이클에 맞추어 각각 독립된 활동으로 구분하여 실시할 수 있다(그림 13-5).

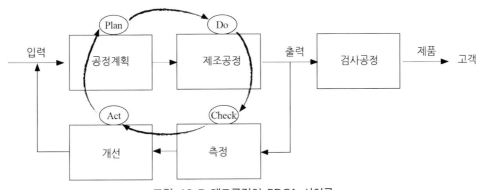

그림 13-5 제조공정의 PDCA 사이클

더 나아가 후행 공정의 요구사항을 현행 공정의 활동에 반영하고, 현행 공정의 요구사항을 전행 공정에 전달하기 위한 시스템을 구축할 수 있다(그림 13-6).

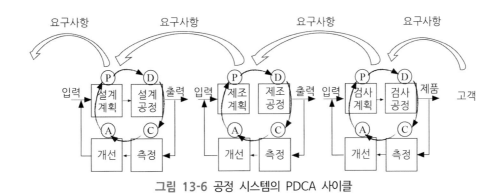

그림 13-6 공정 시스템의 PDCA 사이클

213

많은 기업들은 제품의 생산량을 각종 경제수치들, 예를 들면 전년도 판매량 등을 반영하여 금년도 생산량을 예측하고, 예측된 수치에 따라 하루하루의 생산량을 정하고, 하루의 생산량은 판매 부서를 통해 팔려나간다. 고객을 접하는 판매원들은 자신에게 할당된 수량을 판매하기 위해 전력을 기울인다. 그러나 이러한 방식은 급변하는 경제상황에 따라 생산량을 조절하기가 매우 어려워질 수 있다. 매일매일의 경제상황은 판매원들의 노력과는 무관하게 변할 수 있기 때문에 판매원들은 일별, 월별, 심지어는 연별 목표를 자신들의 노력과는 무관하게 연초의 목표에 따라 행동하게 된다. 그러나 기업의 하루하루 생산량이 판매원들의 판매실적에 따라 조절될 수 있다면, 기업은 생산량의 부족이나 과대로 말미암은 위험을 피할 수 있게 될 것이다. 또한 후행 공정의 요구사항을 반영하여 현행 공정에서 작업이 이루어진다면 현행 공정의 출력품에 대한 검사비용도 절감될 수 있을 것이다. 제조공정의 공정 능력을 고려한 설계가 설계공정에서 출력된다면 제조공정의 불량률을 현저히 낮출 수 있을 것이다.

고객 만족 모형

이제 더 나아가 기업의 품질경영활동 전체를 아우르는 품질경영 시스템을 생각해볼 수 있다.

그림 13-7의 시스템은 고객의 욕구를 면밀히 관찰하고 이들로부터 요구사항을 파악하여

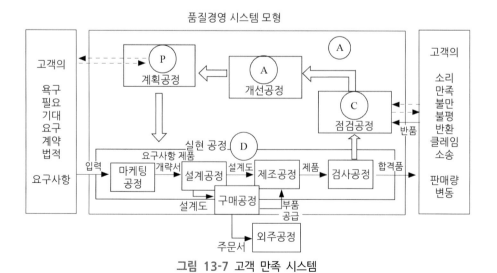

그림 13-7 고객 만족 시스템

이를 만족시킬 수 있는 제품을 고객에게 공급하는 실현공정과 실현공정의 효율성 및 효과성을 측정하고, 고객의 소리를 반영하는 점검공정, 점검에 바탕을 둔 개선공정 및 개선의 결과를 다음 실현공정에 적용하기 위한 계획공정이 연속적으로 돌아가는 순환구조의 모습을 보여준다. 본 모형에서는 기업활동 자체를 많은 작은 활동들이 엮여 고객 중심의 경영을 실현하는 하나의 거대한 공정으로 그리고 있다. 실제적으로는 기업의 규모 및 상황에 따라 공정들 간의 합체와 분리를 통해 좀 더 변형된 모습을 띨 수도 있으며, 각 단위공정들은 역할의 중요도에 따라 자체적인 PDCA 사이클을 구축하는 것도 가능하다.

계획공정에서 하는 업무로써는 전체 공정이 원활하게 돌아갈 수 있도록 전반적인 시스템의 틀과 계획을 세우고, 계획한 대로 수행될 수 있도록 필요한 자원을 적기에 공급할 수 있도록 함이 중요하다. 개선공정에서 제안되고 실시된 일들이 올바로 추진되었는지에 대한 검토와 추가 대책을 마련하고, 다음 실현공정에 반영시키기 위한 계획을 세워야 한다. 고객의 요구사항에 대한 변동 상황도 항시 검토되어 실현공정에 반영되게 한다. 시스템과 각 공정들의 목표를 세우고, 목표를 추진하는 데 필요한 자원을 공급한다. 고객의 요구사항을 만족시키는 제품을 공급하기 위한 기업의 정책을 세우고, 변하는 국내외적 환경에 대처하기 위한 전략을 입안한다. 특히 위기관리를 위한 대처방안을 강구하는 일이 최근의 ISO9001 요건으로 명시되고 있다[ISO, 2015].

실현공정에서는 계획공정에서 세워진 계획대로 제품이 구현되어 고객에게 제공될 수 있게 제품실현 공정들을 기능별로 구분하고 배치하며 순차적으로 최종제품이 인도될 수 있게 한다.

점검공정에서는 인도된 제품에 대한 고객의 평가를 파악하는 한편 계획한 대로 실현공정에서 일이 올바로 진행되는지를 측정한다.

개선공정에서는 점검공정에서 파악된 계획과 상치되는 활동이나 결과들에 대한 개선활동을 전개하며, 시스템의 성과를 개선하기 위한 활동을 전개한다.

위의 모형을 이용하여 기업의 품질시스템을 구축하고자 할 때 위의 순환활동이 원활하게 돌아갈 수 있도록 각 단위공정에서 필요한 활동들을 발췌함과 함께 하나의 기업경영 시스템으로 지속적 운영이 가능하도록 문서화함이 요구된다. ISO 9001 국제품질경영 시스템 표준서는 기업의 품질경영 시스템 구축과 운영에 필요한 요구사항들을 담고 있다.

생각할 점

1. 임의 기업을 선정하고 해당 기업의 품질활동에 대해 조사해보자.

2. 해당 기업은 품질활동들을 체계적으로 관리하기 위한 시스템을 구축하고 있는가? 본
   장에서 제안한 모형과 비교해보자.

14

ISO 9001 품질경영 시스템

14.1 서론

14.2 품질경영 시스템 기초

14.3 ISO 9001 요구사항

ISO 9000 : 무역 장벽인가 아니면 개선의 기회인가?

James L. Lamprecht

1987년 ISO 9000 품질시스템이 발표된 이래 세계 각국은 이를 자국의 표준으로 인정하여 명실공히 국제 표준으로 자리잡게 하였다. 이제 품질은 한 기업이나 한 국가의 운동으로서 뿐 아니라 국제 간의 공통 이슈가 되어 제품의 경쟁력 향상에 큰 기여를 하게 되었다.

본 장에서는 2015년에 개정 발표된 ISO 9000 및 9001에 대해

- 서론
- 품질경영 시스템 기초
- ISO 9001 요구사항

등을 살펴본다[ISO, 2015].

14.1 서론

국제 표준화 기구(ISO: the International Organization for Standardization)는 각 국가 표준 기구(ISO 회원국)들의 연합체로, 2017년 현재 162회원들로 구성되어 있다. ISO의 주된 역할은 국제 표준을 제정하는 일이며 이 작업은 ISO 기술 위원회를 통해 이루어진다. 주제별로 기술 위원회가 설립되며 해당 주제에 관심을 가진 회원국은 해당 위원회를 대표하는 권한을 갖는다. 기술 위원회가 채택한 국제 규격 초안은 회원국들에 열람되어 투표를 하며, 적어도 회원국들의 75%가 승인하면 국제 규격으로 통과된다. 본 ISO 9000 국제 규격은 품질경영 및 품질보증을 다루는 ISO TC 176 기술 위원회 산하에 있는 개념 및 용어를 정의하는 제1분과 위원회에서, 그리고 ISO 9001 품질시스템은 제2분과 위원회에 의해 작성되었다.

ISO 9000 표준서들은 3권의 핵심 표준서인 ISO 9000, ISO 9001 및 ISO 9004로 구성된다. 이 규격서들은 기업 조직이나 또는 임의의 어떤 조직으로 하여금 그 크기나 형태에 상관없이 효과적으로 품질경영 시스템을 구축하여 운영할 수 있도록 지원하기 위해 개발되었으며, 또한 국내뿐 아니라 국제 무역에서 상호 이해를 용이하게 도모해주는 일관된 품질경영 시스템 규격의 역할을 하고 있다. 이들 중 ISO 9000 규격서는 ISO 9001의 내용을 이해하고 구축하는 데 필수적인 배경지식을 제공한다. 특히 ISO 9001 요구사항들의 기반이 되는 품질경영 시스템의 기본 원리, 토대 그리고 용어, 정의 및 개념을 설명한다. ISO 9001 규격서는 품질경영 시스템의 요구사항을 기술하고 있다. 이 규격서는 인증을 통해 고객 및 법적 요구사항을 충족시키는 제품을 공급할 능력이 있음을 대내외적으로 보여줄 뿐만 아니라 실질적으로 고객 만족을 증진시킬 수 있는 하나의 시스템을 구축하는 데 필요한 요구사항들을 담고 있다. ISO 9001은 1987년 처음 공표된 이래 여러 번에 걸쳐 개정되었으며 현재는 2015년 공표된 5차 개정판이 사용되고 있다. ISO 9004 규격서는 ISO 9001의 범위를 넘어 기업의 전반적 성과를 개선시켜 나갈 수 있는 품질경영의 광범위한 분야의 주제들을 기술한다. 이들 3권의 표준서들 외에도 기업의 품질경영 시스템, 공정 또는 활동 들을 개선시키기 위한 많은 기타 표준서들이 개발되어 있다.

14.2 품질경영 시스템 기초

ISO 9001 품질경영 시스템은 인증을 위한 하나의 표준서이다. 이 표준서는 고객 및 법적 요구사항을 충족시켜 고객 만족을 이룩할 수 있는지에 대해 조직의 능력을 평가하기 위한 요구사항들로 구성되어 있다. 조직의 품질시스템이 이 표준서의 요구사항을 충족시키면 제3자 인증을 통해 이런 사실을 인정받게 된다.

조직에서 하나의 품질경영 시스템을 채택하기 위해서는 전략적 측면에서 결정되어야 한다. 즉, 조직의 다양한 욕구, 특정 목적, 공급 제품, 적용할 공정 그리고 규모나 구조 등을 고려하여 품질경영 시스템을 설계하고 구축해야 한다. ISO 9001 품질경영 시스템에는 ISO 9000에서 소개된 원리와 기초사항들에 근거하여 작성되어 있다.

품질경영 원리

조직을 성공적으로 이끌어가기 위해서 경영층은 무엇보다도 먼저 체계적이고 투명한 방식으로 조직을 경영하고 관리해야 한다. 모든 이해 당사자들의 필요사항들을 언급하면서 지속적으로 실적을 개선시킬 수 있도록 고안된 하나의 경영 시스템을 구축하고 유지해나갈 때 조직은 성공할 수 있다. 조직을 경영하는 일에는 여러 경영 분야와 함께 품질경영이 포함되어야 한다. 품질경영이란 품질과 관련하여 조직을 이끌고 관리하기 위한 하나의 경영 활동을 말한다. 조직을 이끌어 실적을 개선시키고자 경영층이 사용할 수 있는 7가지 품질경영 원리들이 제시되어 있다(표 14-1).

표 14-1 8가지 품질경영 원칙

품질경영 원칙
1. 고객 중심
2. 지도력
3. 전 구성원들의 참여
4. 공정 접근법
5. 개선
6. 증거기반의 의사결정
7. 관계 경영

첫 원리로 고객 중심을 들고 있는데, 고객의 요구사항을 만족시키고 고객의 기대 이상을 제공하려 애쓰는 일이야말로 품질경영의 가장 중요한 목적임을 밝히고 있다. 그리고 이 목적을 추진하기 위해서는 각 계층에서의 지도력이 필요하고, 지도력은 모든 구성원들의 참여를 이끌어내며, 구성원들의 활동을 상호 관련된 공정으로 파악하여 일관성 있는 하나의 시스템으로 기능할 수 있도록 할 때 일관성 있고 예측 가능한 결과가 효과적이고 효율적으로 달성될 수 있음을 들고 있다. 이러한 노력들은 지속적으로 개선되어야 하고, 자료나 정보에 근거한 의사결정이 이루어져야 하며, 마지막으로 공급자와 같은 관련자들과의 관계가 지속적 성장에 중요함을 들고 있다.

품질경영 시스템을 구축하기 위한 몇 가지 기초사항에 대해 기술한다.

품질경영 시스템의 합리적 근거

품질경영 시스템은 품질과 관련하여 조직을 이끌고 관리하기 위한 하나의 경영 시스템으로, 이 시스템은 고객 만족을 증진시키고자 하는 조직에 도움을 줄 수 있다. 고객은 언제나 자신들의 필요와 기대를 충족시켜 줄 수 있는 특성을 갖춘 제품을 요구한다. 고객의 필요와 기대를 총칭해서 고객 요구사항이라 하며, 이들은 제품 설계 속에 반영되어 제조공정을 통해 제품 속에서 구현된다. 고객 요구사항은 계약서상에 고객에 의해 명시되거나 조직 스스로에 의해 결정될 수도 있다. 어떤 경우든지 최종적으로 제품의 수용성을 결정하는 것은 고객이다. 고객의 필요와 기대감은 변화하며 또 경쟁에서 오는 압력과 기술적 진보 때문에 조직은 자신의 제품과 공정을 지속적으로 개선시켜야 한다.

품질경영을 시스템적으로 접근함으로써 조직은 고객의 요구사항들을 분석하고 고객에게 수용될 수 있는 제품을 실현시키기 위한 공정들을 정의하고 이들 공정들을 관리 상태에 있도록 해준다. 품질경영 시스템은 고객 만족과 다른 이해 관계자들의 만족을 증진시킬 수 있는 가능성을 높일 수 있는 지속적 개선의 틀을 제공할 수 있다. 또한 품질경영 시스템은 조직이 요구사항들을 일관성 있게 충족시키는 제품을 공급할 수 있다는 신뢰감을 조직 자신 및 고객에게 제공한다.

품질경영 시스템의 요구사항과 제품 요구사항

묵시적으로 또는 강제적으로 표현된 필요나 기대를 요구라 하며 요구된 내용 하나하나를 요구사항이라 할 수 있다. 조직과 관련된 이해 당사자들마다 요구사항을 제시할 수 있으며, 따라서 특정 형태의 요구사항을 구별하기 위해 제품 요구사항, 품질 경영 요구사항, 고객 요구사항 등의 수식어를 사용한다. 이러한 다양한 요구사항들은 어떤 때는 관습적으로 또는 통상적으로 요구되어 묵시적으로 언급되기도 하고, 어떤 때는 강제적 또는 의무적으로 언급되어 문서로 기록되기도 한다.

ISO 9000에서는 품질경영 시스템 요구사항과 제품 요구사항을 구별하고 있다. 품질경영 시스템 요구사항은 ISO 9001에 문서로서 명시되어 있는 사항들로써 보편성과 일반성을 띠고 있어 어느 산업이나 경제 부문 조직에도 적용 가능한 것이 그 특징이다. ISO 9001 자체는 제품 요구사항을 언급하지 않고 있다. 제품 요구사항은 고객이나 고객 요구사항을 예측한 조직이나 법에 의해 명시될 수 있'다. 또 어떤 경우에는 관련 공정에 대한 요구사항과 함께 기술 규격서, 제품 표준서, 공정 표준서, 계약 협정서 및 법적 요구서에 포함될 수 있다.

공정 접근방식

공정이란 입력물을 출력물로 변환시키기 위해 자원을 사용하는 어떤 활동이나 활동들의 집합을 말한다. 조직은 그 목적을 달성하기 위해 수많은 공정들을 구축하고 있으며 조직을 효과적으로 기능시키기 위해서 이 공정들 간의 상호 관련성을 파악하고 경영해야 한다. 공정은 서로 연결되어 있어 흔히 한 공정의 출력물은 다음 공정의 입력물로 사용된다. 한 조직 내에서 사용된 공정들, 특히 그러한 공정들 간의 상호작용에 대한 체계적 파악과 경영을 공정 접근방식이라 한다. ISO 9000 국제 표준서는 조직을 경영하기 위한 하나의 방편으로 공정 접근방식을 채택하도록 적극 권장하고 있다.

ISO 9001 품질경영 시스템을 구축하는 데 공정 접근방식은 매우 중요한 역할을 한다. 고객 요구사항을 만족시켜 고객 만족을 증진시키는 효과적인 품질경영 시스템을 설계하고 이를 구축하여 운영하기 위해서 품질과 관련된 공정들을 파악함이 필요하다. 어느 조직이든 효과적으로 기능을 발휘하기 위해서는 수많은 관련 활동들이 있게 마련이다. 공정이란 다름 아닌 이러한 활동들 중 자원을 사용하여 입력물이 출력물로 바뀔 수 있도록 하기 위해 관리되는 활동을 말한다. 종종 한 공정의 출력물은 다음 공정의 입력물로 사용되기도 한다. 조직 내에서 이러한 공정들을 파악하고 상호관계를 파악하여 하나의 시스템으로 구축하고 관리함이 필요하다. 공정 접근법은 개별 공정들 간의 연계성이나 결합 및 상호작용에 대하여 지속적 관리가 가능토록 해준다. 품질경영 시스템 내에서 공정 접근법을 사용하게 되면 요구사항들에 대한 이해와 충족, 부가가치 측면에서 공정을 고려할 필요성, 공정의 성과와 효과성에 대한 결과 얻기, 객관적 측정에 근거한 공정에 대한 지속적 개선 등의 중요성이 부각될 수 있다.

품질경영 시스템 접근방식

서로 관련되어 있거나 상호작용을 하는 요소들의 집합을 시스템이라 한다. 경영이란 조직을 이끌고 관리하는 통합된 활동을 말한다. 조직을 효과적으로 이끌어 가기 위해서는 모든 구성원의 관심을 한 곳으로 집중시킬 필요가 있는데, 이를 위해 경영자는 정책을 세우고 목표를 세운다. 이러한 정책과 목표를 세우고 이 목표를 달성하기 위한 활동(요소)들로 이루어진 집합을 경영 시스템이라 한다. 품질경영 시스템이란 품질과 관련하여 조직을 이끌고 관리하는 경영 시스템을 말한다.

고객 요구사항을 분석하고, 이를 제품 속에 실현시키기 위한 공정을 정의하며, 정의된 공정들에 대한 관리 상태를 안정적으로 유지하기 위한 하나의 품질경영 시스템을 개발하기 위해서는 그 속에 고객 및 타 이해자들의 욕구와 기대감 결정, 조직의 품질정책과 품질목표 설정, 품질목표 달성에 필요한 공정 및 책임을 결정, 품질목표 달성에 필요한 자원 결정 및 제공, 각 공정의 효과성과 효율성을 측정하는 방법을 설정, 각 공정의 효과성과 효율성을 결정하기 위해 이들 측정값들을 활용, 부적합을 예방하고 원인을 제거하기 위한 수단 결정, 및 품질경영 시스템의 지속적 개선을 위한 공정의 구축과 적용 등을 고려한다.

이러한 고려 사항들에 따라 하나의 품질경영 시스템을 개발하는 방식은 기존의 품질경영 시스템을 유지하고 개선시키는 데도 동일하게 적용 가능하다.

위의 방법에 따라 품질경영 시스템을 새로이 개발하거나 개선한 조직은 제품의 품질과 공정들의 능력에 대한 신뢰감을 만들어내며, 지속적 개선의 바탕을 마련할 수 있게 되어 고객과 타 이해 관련 당사자들의 만족 증대와 조직의 성공을 이룩할 수 있게 된다.

조직의 경영 시스템에는 품질경영 시스템뿐 아니라 재무경영 시스템이나 환경경영 시스템 등 다른 경영 시스템들도 들어 있다. ISO 9001은 하나의 품질경영 시스템으로 품질과 관련된 7개의 공정(요소)에 관한 요구사항들로 이루어져 있다. 이들 공정들은 하나의 효과적인 공정관리 방법론으로 잘 알려진 계획-실천-검사-개선 방법론(PDCA 사이클)에 입각하여 하나의 시스템으로 조직되어 있다.

14.3 ISO 9001 요구사항

그림 14-1은 PDCA 사이클을 반영한 ISO 9001의 구조 모형을 보여준다. 조항 4부터 조항 10에 이르는 7개 요구사항 및 하부 요구사항들을 그림 14-2부터 그림 14-8까지 간략히 표시한다. 자세한 내용은 ISO 9001(2015)을 참조하기 바란다.

ISO 9001은 핵심활동들이 PDCA 사이클에 따라 계획, 지원 및 작업, 성과평가 및 개선을 순환하도록 구성되었으며, 조직 및 조직의 상황, 관련자들의 필요성 및 기대, 그리고 고객의 요구사항을 입력받아 품질경영 시스템의 결과물을 출력하여 고객 만족과 조직의 명성을 얻을 수 있도록 하고 있다.

첫 번째 요구사항의 조항 4(그림 14-2)에서는 조직의 방향과 목적, 그리고 본 품질경영

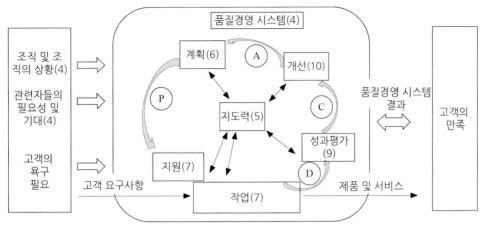

그림 14-1 ISO 9001의 구조 모형

시스템이 의도하고 있는 결과를 달성할 수 있는 능력에 영향을 미칠 수 있는 내외적 문제들을 파악하고, 관련자들의 이해관계 등을 고려하고 조직이 만들어내는 제품이나 서비스를 고려하여 시스템의 범위를 정하고, 필요한 공정들을 발췌하여 하나의 품질경영 시스템을 구축할 것을 요구하고 있다.

그림 14-2 조항 4 조직의 상황

조항 5 지도력(그림 14-3)에는 품질경영 시스템에 대한 확신을 갖고 이를 성공으로 이끌겠다는 신념을 보여줄 것을 요구하고 있다. 또한 고객 중심 경영의 중요성을 실천하겠다는 의지를 요구하고 있다. 구체적으로 품질 정책을 세우고, 대화를 하고, 역할, 책임 및 권한을 부여할 것을 요구하고 있다.

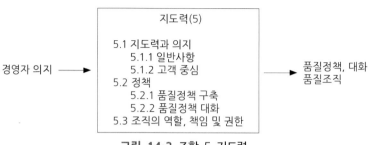

그림 14-3 조항 5 지도력

조항 6 계획(그림 14-4)에서는 내외적 상황에 따른 조직의 위험과 기회에 대처할 활동계획을 세우고, 품질목표와 이를 달성할 계획, 그리고 품질경영 시스템에 변경이 필요하면 미리 계획된 방식에 따라 처리할 것을 요구하고 있다.

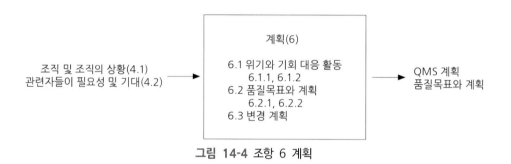

그림 14-4 조항 6 계획

조항 7 지원(그림 14-5)에서는 품질경영 시스템 구축과 운영에 필요한 자원인 인적, 기반시설, 작업 환경, 측정자원 및 작업지식을 제공하고, 사람들의 능력을 계발토록 하고, 품질정책과 목표 등을 인지토록 하며, 품질경영 시스템과 관련하여 내외적으로 대화하고, 품질경영 시스템에 대한 문서화에 대한 요구사항들을 담고 있다.

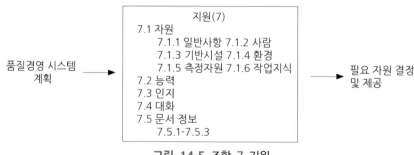

그림 14-5 조항 7 지원

그림 14-6 조항 8 작업

조항 8 작업(그림 14-6)은 제품이나 서비스를 고객에게 공급하기 위해 필요한 공정들에 대한 요구사항들을 담고 있다.

조항 9 성과평가(그림 14-7)에서는 고객 만족을 파악하고, 품질경영 시스템의 성과, 제품이나 서비스에 대한 적합성, 고객 만족도 등에 대한 관찰 및 측정에서 나오는 자료나 정보를 분석하고 평가할 것을 요구하고 있다. 그리고 내부감사 및 경영층에 의한 검토사항들을 담고 있다.

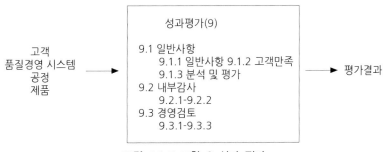

그림 14-7 조항 9 성과 평가

마지막 조항인 조항 10 개선(그림 14-8)에서는 부적합품에 대한 처리 및 수정활동과 지속적 개선에 관한 사항을 담고 있다.

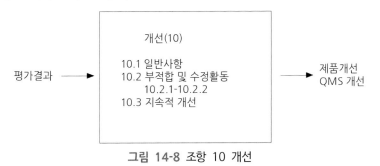

그림 14-8 조항 10 개선

생각할 점

1. ISO는 국제 표준을 제정하는 기구이다. ISO의 역할, 임무 및 조직에 대해 살펴보자.

2. 표준의 필요성 및 중요성을 사례를 들어 설명하시오.

3, ISO 9001 국제표준과 제품 표준 간의 차이를 설명해보자.

4. 7가지 품질경영 원칙들을 설명해보자.

5. 7가지 품질경영 원칙들과 ISO 9001 요구사항들 간의 관련성을 조사해보자.

6. ISO 9001 요구사항들 속에서 제품 요구사항이 어떠한 순서로 조항 속에서 처리되고 있는지 살펴보자.

7. ISO 9001 요구사항들 속에서 PDCA 사이클이 적용되는 예들을 찾아보자.

15

품질개선 기법

15.1 체크 시트를 이용한 자료
     수집

15.2 흐름도

15.3 히스토그램

15.4 파레토 차트

15.5 원인-결과 다이어그램

15.6 산점도

15.7 관리도

"좋은 제품은 좋은 도구로부터 나온다."

품질은 고객 만족에 의해 결정되며, 제품을 생산하고 지원하는 여러 공정이 얼마나 효과적이고 효율적으로 운영되는지에 달려 있다. 기업의 모든 활동 및 작업은 1개 또는 여러 개의 공정으로 구성되어 있으며, 품질개선은 공정개선에 의해 이루어진다. 품질개선은 공정의 효과성 및 효율성을 더 높이기 위한 연속적 활동으로, 이를 위한 노력은 문제 발생을 기다리기보다는 개선의 기회를 끊임없이 찾고자 하는 방향으로 나아가야 한다. 자료분석에 기초한 의사결정은 품질개선 프로젝트 및 활동에 중요한 역할을 하며, 품질개선 프로젝트 및 활동이 성공하려면 잘 개발된 도구와 기법을 적절히 활용하여야 한다. 본 장에서는 품질개선에 많이 쓰이는 기법들 중에서

- 체크 시트
- 파레토 분석
- 원인-결과 분석
- 히스토그램
- 산점도

등을 기술한다.

15.1 체크 시트를 이용한 자료 수집

자료 수집 활동은 개선을 위한 문제 파악에 중요한 역할을 하며 자료 분석에 용이한 형태로 수집되어야 한다. 자료 수집 형태는 자료 제공은 물론 경향까지도 파악이 가능한 체크 시트, 간단한 표와 같은 자료 시트 및 검사 등에 많이 활용되는 체크 리스트가 있다. 먼저 자료 수집 방법을 설명한다.

자료 수집 방법

(1) 자료 수집 목적을 명확히 한다.

품질관리에서의 주 자료 수집 목적은 다음과 같다[ISO 9004-4, 1993].

① 제조공정 관리
② 부적합품 분석
③ 검사

전압(V)	집계	빈도	누적빈도
	5　　　10　　　15　　　20		
1.610			
1.611			
1.612			
1.613			
1.614			
1.615			
1.616			
1.617	X	1	1
1.618			
1.619			
1.620			
1.621			
1.622	X	1	2
1.623	X	1	3
1.624	X X X	3	6
1.625	X X X X	4	10
1.626	X X X X X X X	7	17
1.627	X X X X X X X X X	9	26
1.628	X X X X X X X X	8	34
1.629	X X X X X X X X X X X X	12	46
1.630	X X X	3	49
1.631	X X X X X	5	54
1.632	X X	2	56
1.633			
1.634			
1.635			
1.636			
1.637			
1.638			
1.639			
1.640			
	합계	56	

그림 15-1 제조공정의 산포를 보여주는 체크 시트

(2) 자료수집 방법을 정한다.

예: 품질특성의 변동, 두 작업자 간의 비교, 두 변수 간의 관계 등

(3) 측정 자료의 신뢰성을 확인한다.

(4) 자료 기록의 적절한 방법을 모색한다.

① 자료의 원천을 명확히 기록한다.

② 쉽게 사용할 수 있도록 기록한다.

체크 시트는 체크 표를 이용하여 수치 자료를 쉽고 정확하게 수집할 수 있도록 고안된 양식지를 말한다. 그림 15-1은 유통업체로부터 구입한 특정 상표의 AAA형 건전지(1.5 V) 전압을 디지털 전압계를 이용하여 측정한 순서에 따라 체크 시트에 기록한 모습이다[원정현, 2015].

전압은 최소 1.617볼트에서 최대 1.632볼트에 걸쳐 펴져 있으며, 1.629볼트에 가장 몰려 있음을 알 수 있다. 위의 양식지에 AAA형에 대한 전압 규격을 추가하여 표시하면, 예를 들어 최소 1.620볼트, 최대 1.640볼트처럼, 규격 범위를 벗어나는 불량 백분율을 쉽게 계산할 수 있다. 임의 공정에서 품질특성에 대한 측정을 실시하면서 미리 고안된 체크 시트 양식에 표시를 해가면 공정의 불량상태 등을 실시간으로 파악할 수 있다.

체크 시트 양식은 다양한 방법으로 고안된다. 그림 15-13과 같은 불량원인별 체크 시트는 원인별 발생빈도를 쉽게 알아볼 수 있도록 고안되며, 결함 위치 체크 시트나 결함 원인 체크 시트는 불량 원인을 좀 더 수월히 찾기 위해 사용된다.

15.2 흐름도

공정도는 공정에 대한 개선 방법을 도출하기 위해 공정에서 일어나는 활동들을 충분히 자세한 수준에 이르기까지 활동의 순서, 물질의 흐름, 작업장의 배치 상황 등을 체계적으로 시각화하는 그림이다[Maynard, 1971]. 그림을 보는 사람들의 공통적인 이해를 돕기 위해, 따라서 문제를 더 쉽게 파악하고 문제에 대한 해결을 찾기 위해 공정도는 문자, 그림과 함께 몇 개의 표준화된 그림 부호들을 사용한다(그림 15-2).

233

그림 15-2 많이 쓰이는 공정 부호들

흐름도(flow diagram)는 공정의 입력물이 출력물로 변환되어가는 과정을 순차적으로 도식화한 그림이다. 그림15-3은 제조공정에서 출력된 제품에 대해 검사공정에서의 검사활동을 흐름도로 표시한 것이다. 검사공정에는 제품과 함께 고객의 요구사항 및 제품의 특성들에 대한 기준이 입력된다. 검사공정에서는 검사기준에 따라 제품을 측정하고 적합성 여부를 판단하여 적합한 제품은 고객에게 인도하고 부적합한 제품에 대해서는 원인조사를 실시한다. 조사결과 고객이 사용하기에 아무런 문제가 없다고 판단되면 고객과의 대화를 통하여 수락 여부를 문의하여, 수락된 제품은 고객의 수락 조건에 따라(예를 들면 가격 할인 등)

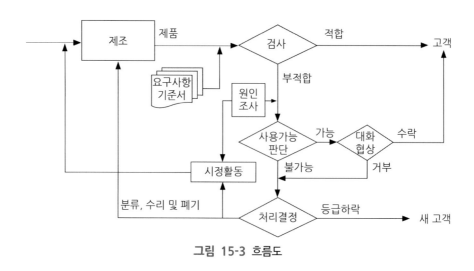

그림 15-3 흐름도

인도한다. 사용이 불가능하다고 판단되거나 고객이 거부한 제품에 대해서는 이에 대한 처리를 결정한다. 처리결정에는 사용 가능하나 고객이 거부한 제품에 대해서 등급하락을 통해 새로운 고객을 모색하거나 사용 불가한 제품에 대해서 분류, 수리 및 폐기 등의 조처가 이루어진다. 검사에서 부적합 판정을 받은 제품들에 대해서는 원인조사를 통하여 재발 방지 및 예방 조처 등의 시정활동이 제조공정에 요구된다.

흐름도는 그림이나 공학적 부호 또는 간단히 사각형, 직사각형 또는 원을 이용하여 전체 다이어그램을 작성하기도 한다. 어떤 식으로 흐름도를 그리든 중요한 점은 작성자가 의도한 목적에 맞게 이해하고 사용할 수 있으면 충분하다.

15.3 히스토그램

히스토그램 분석은 통계 분석 기법들 중 단순하면서도 현업에서 가장 많이 사용되는 기법이다[Feigenbaum, 1981]. 아마도 전 세계의 작업자들은 이 사용법에 대해 이미 많은 훈련을 받아 왔을 것이다. 히스토그램은 품질문제를 곧바로 집어내서 이에 대한 해답을 제시하는 능력을 종종 보여준다. 품질문제는 변동의 존재와 연결되어 파악해볼 수 있다. 제품의 치수가 갑자기 크거나 작아 규격을 벗어나는 제품이 만들어질 때, 이는 공정에 작용하는 변동의 원인들을 파악함으로써 그 원인을 규명할 수 있다. 이미 알려진바 대로 공정에는 시시각각 많은 요인들이 상호 작용하여 변동을 만들어내며, 변동의 요인들을 우연 원인에 의한 것과 특별 원인에 의한 것으로 구분한다. 히스토그램은 공정의 변동 상태에 대한 하나의 스냅 사진과 같다고 할 수 있다. 즉, 측정이 이루어지는 순간의 공정 상황을 가장 잘 표현해준다. 스냅 사진에 나타난 변동의 모습은 공정 속에 특별 원인이 존재하는지를 파악할 수 있게 해준다[원형규, 2004].

그림 15-4부터 그림 15-12에는 공정이 보여주는 다양한 모습의 히스토그램들을 제시하고 있다[Juran, 1993]. 그림 15-4는 공정에 특별 원인이 없는 가장 자연스런 공정의 모습으로써 공정의 변동이 수많은 작은 요인들에 의해 발생되고 있음을 말해준다. 최빈수를 중심으로 좌우대칭인 종 모양의 정규분포 모습을 보여주고 있다. 나머지 그림들은 자연스런 공정의 모습으로부터 약간씩 다른 모습들을 보여주고 있다. 이들은 공정에 무엇인가의 특별한 요인이 있어 공정의 변동이 영향을 받기 때문에 발생하는 현상이다. 특별 원인을 찾아 제거하여

그림 15-4의 모습과 같은 공정의 모습으로 되돌리고자 하는 노력이 품질 활동의 주요 목표 이다.

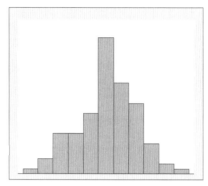

그림 15-4 하나의 정규 모형으로부터 얻은 자료

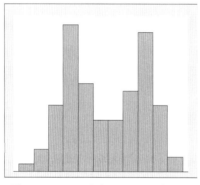

그림 15-5 두 모집단으로부터 나온 자료

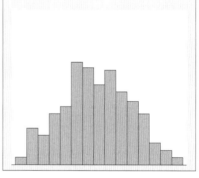

그림 15-6 여러 모집단으로부터 얻은 자료

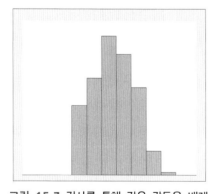

그림 15-7 검사를 통해 작은 값들을 배제

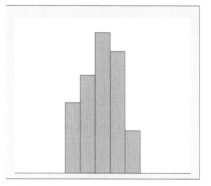

그림 15-8 검사를 통해 크거나 작은 값을 배제

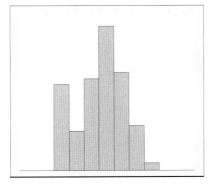

그림 15-9 규격 하한에 미달된 값에 규격
하한 값을 부여한 자료

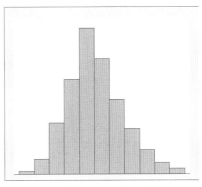

그림 15-10 약간 오른쪽이 긴 분포

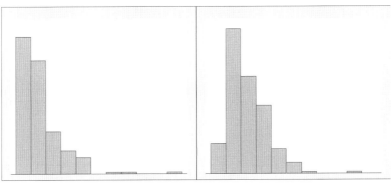

그림 15-11 고장 시간 모형에서 흔히 보이는 한쪽으로 치우친 자료

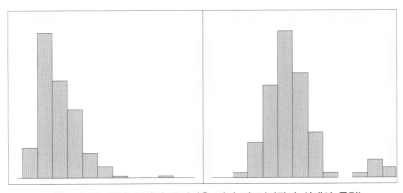

그림 15-12 하나 이상의 특이점을 지닌 자료(비관리 상태의 공정)

237

15.4 파레토 차트

파레토 차트는 히스토그램과 유사한 그림이지만 카테고리별로 빈도가 많은 순서대로 배열되는 점이 크게 다르다. 불량을 원인별로 분류해보면 소위 파레토 법칙이 적용되는 경우가 많이 있다. 파레토 법칙이란 대다수의 원인들이 전체 빈도에 미치는 영향은 미미한데 비해 소수의 중요 원인들이 전체 빈도의 상당한 부분을 차지하고 있는 사실을 말한다. 파레토 차트는 이 법칙을 잘 표현해주는 그림이다. 이 차트는 다음과 같은 순서로 작성된다.

1단계: 조사할 문제를 정하고 자료를 수집한다.

세탁 서비스의 만족도를 평가하기 위해 세탁물을 수거한 뒤 불량 유형과 빈도를 조사하여 표 15-1과 같이 정리하였다. 모두 120시트를 조사하였다[이성희, 2011].

표 15-1 세탁물 120시트에 나타난 불량 빈도

시료 번호	찢김	이물질	헤짐	얼룩	풀림
1	X	O	X	O	X
2	X	X	X	X	X
3	X	X	X	X	X
4	X	X	X	X	O
5	X	X	X	X	X
6	X	X	X	X	X
7	O	O	X	X	X
8	X	X	O	X	X
9	X	X	X	X	X
10	X	O	X	X	X
11	X	X	X	X	X
12	O	O	X	X	X
...					
120	X	O	X	X	X

2단계: 체크 시트를 작성한다.

결함 유형	집계	합
찢김	///// /	6
이물질	///// ///// ///// … … … … … … … /////	36
헤짐	//	2
얼룩	///	3
풀림	/	1
합계		48

그림 15-13 체크 시트

3단계: 파레토 그림을 위한 집계표를 작성한다.

이 표에는 불량 유형의 빈도가 큰 것부터 작은 것 순으로 배열된다.

결함 유형	빈도	누적빈도	백분율(%)	누적백분율(%)
이물질	36	36	75	75
찢김	6	42	13	88
얼룩	3	45	6	94
헤짐	2	47	4	98
풀림	1	48	2	100
합계	48		100	

그림 15-14 파레토 그림을 위한 집계표

4단계: 파레토 그림 작성

- X축(불량형태), Y축(불량 수)을 작성한다.
- 발생수의 내림 차순에 따라 불량 형태별 막대 그래프를 그린다.
- 누적 곡선(파레토 곡선)을 그린다.

파레토 그림은 발생 빈도에 따라 중요 원인들을 파악할 수 있으나 때로는 소수의 발생 빈도를 지닌 원인들이 비용 측면에서 더 중요할 때가 있다. 따라서 이런 경우는 빈도에 의한 파레토 차트와 함께 비용에 의한 파레토 차트를 함께 대조함이 필요하다.

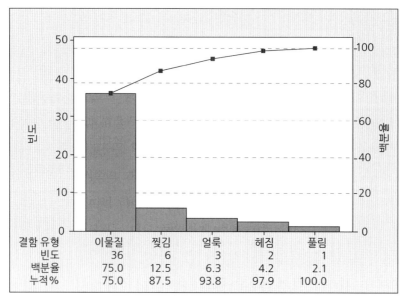

결함 유형	이물질	찢김	얼룩	헤짐	풀림
빈도	36	6	3	2	1
백분율	75.0	12.5	6.3	4.2	2.1
누적%	75.0	87.5	93.8	97.9	100.0

그림 15-15 파레토 그림

15.5 원인-결과 다이어그램

원인-결과 다이어그램은 원인과 결과 간의 인과관계를 나타내는 그림이다. 예를 들어 제품의 결함이 파악되었을 때 이러한 원치 않는 결과를 가져오게 만든 원인을 추적해야 한다. 그러나 원인이 분명하지 않을 때, 모든 가능한 잠재 원인들을 고려해야 할 것이다. 원인-결과 다이어그램은 결함을 결과 상자에 위치시키고 파악된 잠재 원인들을 유사 원인들끼리 대·중·소별로 분류하여 마치 생선뼈와 같은 모습으로 배열한다.

원인-결과 다이어그램의 작성 절차는 다음과 같다.

1) 품질 특성(결과)을 정한다.
2) 등뼈(backbone)를 그리고 주원인을 큰 뼈(big bone)로 분류한다.
3) 주원인에 영향을 미치는 부차적 원인을 중간 뼈(midium-size)로, 또 중간 원인에 영향을 미치는 원인을 작은 뼈(small bone)로 작성한다.
4) 각 원인의 중요성을 파악하고, 품질 특성에 중요한 효과를 가지는 듯한 요인들을 표시한다.
5) 필요한 정보를 기록한다.

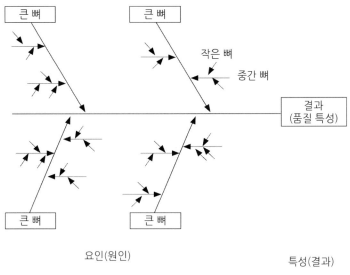

그림 15-16 원인-결과 다이어그램 구조도

그림 15-17은 운동경기에서의 패배 요인을 원인-결과 그림으로 나타낸 것이다[Kume, 1985]. 먼저 우측의 상자를 그리고 품질 특성(결과)을 운동경기 패배로 놓는다. 등뼈를 좌측으로 연결한다. 다음에 주원인들을 용기, 건강, 전략, 기술 등으로 분류하여 큰 뼈의 위치에 놓는다. 세 번째로 중간 원인과 세부 원인들을 파악하고 위치시킨다. 선수들, 감독 및 관계자들과 논의하여 중요 요인들을 파악한다. 마지막으로 필요 정보를 기록한다.

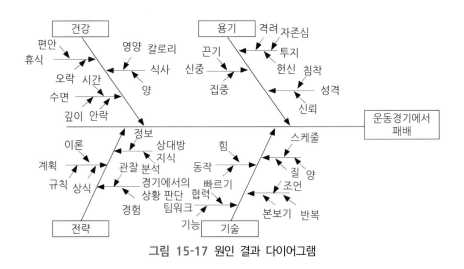

그림 15-17 원인 결과 다이어그램

241

15.6 산점도

산점도(scatter diagram)는 두 변수 간의 상관관계를 나타낸다. 상관관계에 따라 양의 상관, 음의 상관 및 0의 상관성으로 구분된다. 그림 15-18은 에스프레소를 만드는 과정에서 측정된 자료로써 샷 추출 시간에 따른 추출된 샷의 무게에 대한 산점도이다[김소진, 2016]. 샷 추출 시간이 길어질수록 추출된 샷의 무게는 무거워짐을 보여준다. 이처럼 두 변수 간의 상관성이 오른쪽 위 방향으로 관련될 때 이 두 변수 간에는 양의 상관성을 지닌다고 말한다.

그림 15-19는 미국 중고 승용차 시장 가격을 조사하여 얻은 자료로부터 구한 산점도이다 [김성욱, 2016]. 주행거리가 길수록 자동차 가격은 하락하는 추세를 보이고 있다. 자동차 가격과 주행거리는 음의 상관성을 가지고 있다.

특히 비싼 대형 승용차의 값이 급격히 하락한 반면, 소형차는 완만한 하락세를 보이고 있다.

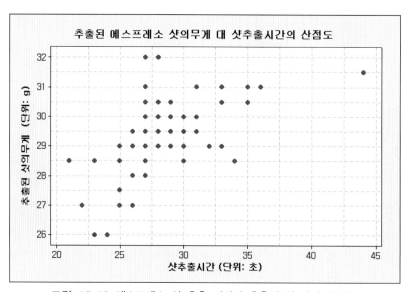

그림 15-18 에스프레소 샷 추출 시간과 추출된 양 간의 상관도

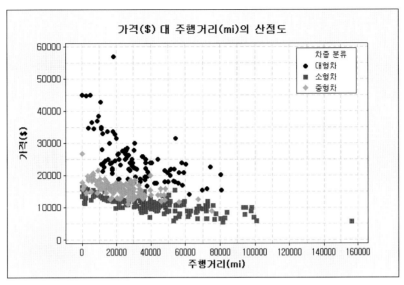

그림 15-19 승용차 주행거리와 가격 간의 상관도(미국)

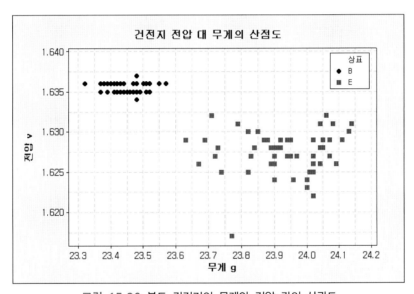

그림 15-20 볼트 건전지의 무게와 전압 간의 상관도

그림 15-20은 두 개 상표의 1.5볼트 건전지의 전압과 무게를 그린 산점도이다[원정현, 2015]. 무게가 무겁다고 전압이 높아지지도 않으며 또한 가볍다고 낮아지지도 않는다. 두 변수 간에 상관성은 없다고 판단된다. 상표 E는 전압 및 무게의 흩어짐이 큰 반면, B는 상대적으로 작음을 알 수 있다.

15.7 관리도

공정 변동을 야기시키는 원인을 추적해보면 두 가지 원인으로 귀결될 수 있다[원형규, 2004]. 즉, 랜덤(무작위 random, 보편적 common) 원인과 특별(special 또는 지정 assignable) 원인이다. 관리도는 공정의 품질 특성에 관한 측정 자료를 그래프로 보여주는 그림으로 측정 순서에 따라 기록하는 도표이다. 단위는 보통 분, 시간, 일 등으로 나타낸다.

관리도의 주요 목표는 공정에 특별 원인이 있을 때 이를 제거할 목적으로 그 존재성을 파악하는 일이다. 특별 원인이 제거되면, 공정은 관리상태라 부르는 랜덤 원인에 의한 변동만이 존재하는 상태에 놓이고, 그러면 관리도는 그 관리상태를 감독하고 관리상태를 잃어버렸을 때에는, 즉 특별 원인이 발생하면 다시 관리상태로 복귀시킨다. 주로 개선과 같은 품질상의 변화를 발견할 수 있게 한다.

거의 모든 관리도는 다음과 같은 형태로 만들어진다. 먼저 x축을 시간축으로 y축을 측정 값축으로 정하고 적절히 눈금 표시를 한다. y축 중앙에 하나의 실선을 그려 중앙선이라 하고, 중앙선 상하에 하나씩 점선을 그려 관리 상한과 하한을 표시한다. 그리고 측정된 순서에 따라 점들을 찍는다.

관리도에는 대부분의 경우 제품 하나하나로부터 측정된 값을 그대로 타점하지 않는다. 여러 개 제품의 측정값들을 하나의 묶음(그룹)으로 만들어 이 묶음으로부터 계산한 통계값을 타점한다. 이러한 묶음 또는 그룹을 실제로는 샘플이지만 특별히 서브그룹(subgroup)이라 한다. 이렇게 하는 이유는 서브그룹의 통계값들이 더 효율적으로 공정의 주요 두 가지 특성, 즉 중심성과 산포성을 보여주기 때문이다.

우리가 관리도에서 보기 원하는 것은 시간의 순서에 따라 타점된 점들이 중앙선 위아래로 무작위하게 놓이는 현상이다. 이러한 무작위한 산포는 공정이 관리상태임을, 즉 무작위

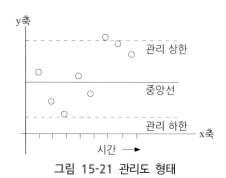

그림 15-21 관리도 형태

변동만이 존재하고 특별 원인이 없는 상태임을 보여준다. 점들이 무작위하지 않다는 것을 우리는 어떻게 알 수 있는가? 다음 두 가지 판단을 사용한다.

(1) 관리도에 찍힌 점들 중 관리 한계선을 벗어나는 것이 하나라도 있다.

(2) 점들이 관리 한계선 안에 모두 위치해 있지만 어떤 일정한 패턴을 보인다. 예를 들면, 경향성(trend), 런(runs), 사이클(cycles) 등.

그러므로 (1) 또는 (2) 중 어느 한 가지가 발생하거나, (1)과 (2)가 동시에 발생하거나 하면 공정상에 특별 원인이 있음을 의미한다.

관리 한계와 관련된 통계 이론(가설 검정론)은 대략 다음과 같다. 랜덤 원인에 의한 변동만으로는 타점된 점들이 관리 한계선을 벗어날 확률이 매우 작도록 관리 한계선들을 설정한다. 따라서 만일 한 점이라도 관리 한계선을 벗어나면, 그 점은 랜덤한 원인 때문에 발생했다기보다는 차라리 특별 원인 때문에 발생했다고 판단함이 더 현명하다. 왜냐하면 이 경우 후자의 확률이 전자의 확률보다 크기 때문이다. 마찬가지 이유로, 공정이 관리상태라고 하더라도 이 공정에 특별 원인이 없다고 말해서는 안 된다. 그 보다는 특별 원인의 존재에 대한 확고한 증거가 없으므로 어떠한 조치도 취해서는 안 된다고 말하는 것으로 보아야 한다(있다고 생각하기에는 확률이 너무 작다).

물론 특별 원인이 지적되면 그 원인이 파악되어야 한다. 많은 경우, 관리도상의 점들이 관리 한계선을 벗어나게 되면 생산 라인을 즉시 멈춘다.

표 15-2에 있는 자료는 특정 마이크로 컴퓨터 부품의 월간 생산량의 불량률이다. 불량률은 매일의 생산량 중 500개를 랜덤 샘플로 취하여 다음과 같이 계산하였다.

$$P = \frac{\text{샘플에 있는 불량품 수}}{500}$$

그림 15-22는 위의 불량률에 대한 관리도이다. 이 관리도를 불량률 관리도(P 차트)라 한다.

위의 관리도에서는 4개의 점들이 관리 한계를 벗어나는 것으로 지적되고 있다. 따라서 이들에 대한 특별 원인을 찾아야 한다. 관리 상한을 넘어가는 (1, 3, 4)는 나쁜 특별 원인으로 여겨지며, 아래 점(2)은 좋은 원인으로(검사 잘못만 아니라면) 여겨질 수 있다.

표 15-2 한 달에 걸친 마이크로 컴퓨터 부품의 불량률

일	불량률(P)
2	.038
3	.052
4	.042
5	.052
6	.032
7	.056
9	.032
10	.068
11	.010
12	.068
13	.026
14	.040
16	.044
17	.028
18	.048
19	.044
20	.040
21	.036
23	.038
24	.020
25	.038
26	.028
27	.034
28	.066
30	.030
31	.030
$\overline{P}$ = .040	

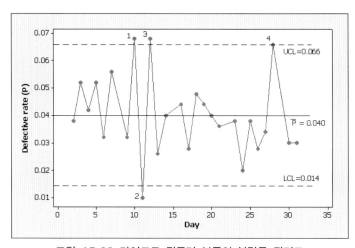

그림 15-22 마이크로 컴퓨터 부품의 불량률 관리도

위의 불량률 관리도에 그린 선들은 다음과 같이 계산된다.

$$\overline{P} = 모든\ P\ 값들의\ 평균$$

$$UCL\ =\ \overline{P} + 3\sqrt{\frac{\overline{P}(1 - \overline{P})}{N}}$$

$$UCL\ =\ \overline{P} - 3\sqrt{\frac{\overline{P}(1 - \overline{P})}{N}}$$

여기서 $N = 500$이다. 위의 P 차트에서 각 점은 일일 샘플 크기 500개 속에 포함된 불량률을 나타내고 있다.

흔히 쓰이는 관리도에는 다음 것들이 있다[Statistical, 1984].

1. $\overline{X}$ 차트: 관리도에 찍힌 점은 해당 서브그룹의 평균값이다.

2. R 차트: 관리도에 찍힌 점은 서브그룹의 범위 값(최댓값 - 최솟값)이다.

3. S 차트: 관리도에 찍힌 점은 해당 서브그룹의 표준편차 값이다. 이 차트는 서브그룹의 크기가 10 이상일 때 추천된다. 그렇지 않으면, R 차트가 선호된다. S 차트는 서브그룹의 크기가 2 이상일 때 사용될 수 있다(노트: R 차트와 S 차트는 $\overline{X}$와 함께 사용된다).

4. P 차트: 관리도에 찍힌 점은 해당 서브그룹의 불량률 값이다.

5. NP 차트: P차트와 같으나 여기서는 서브그룹에 있는 불량 품수를 찍는다.

6. C 차트: 관리도에 찍힌 점은 해당 서브그룹의 전체 결점수나 불일치수로, 한 품목당 결점수에 상한(upper limit)이 없거나 결점수가 상한과 비교해서 매우 작을 때 쓰인다(푸아송 예를 상기하라).

7. U 차트: C 차트와 같다. 여기서는 한 서브그룹의 전체 결점수 대신에 서브그룹에 있는 품목당 결함수이다. 즉, (해당 서브그룹의 전체 결점수)/(서브그룹 크기)이다.

생각할 점

1. 자료 1을 사용하여 히스토그램을 그리고 특성을 파악해보자.

2. 자료 2는 하계 올림픽에서 우리나라가 획득한 종목별 메달 집계표이다. 이를 이용하여 파레토 그림을 작성해보자.

3. 약속 시간에 늦은 이유를 분석하여 생선뼈 그림을 그려보자.

자료 1 남 여 양손 엄지의 굵기(단위: mm)

남성(45명)				여성(27명)	
좌	우	좌	우	좌	우
19.80	20.70	20.225	20.30	18.45	19.60
20.00	21.40	19.360	19.68	16.90	16.85
20.42	20.34	20.720	21.47	17.32	18.40
18.30	19.90	21.950	22.70	18.52	19.10
20.00	21.00	19.600	19.58	17.50	18.20
22.46	21.60	20.420	21.52	17.10	17.10
19.42	20.31	22.000	22.81	16.35	17.45
20.10	21.15	19.180	19.63	17.30	18.00
20.16	20.34	18.440	19.94	16.46	17.00
20.50	21.90	18.800	19.30	16.80	17.10
21.88	21.92	21.840	22.86	18.45	19.00
19.41	19.80	19.100	20.00	15.15	16.00
18.40	19.90	19.200	19.27	16.70	16.50
19.45	21.30	21.900	22.50	16.60	17.00
22.70	22.20	20.060	21.00	14.50	14.50
19.80	20.50			13.50	14.45
21.10	21.07			13.62	16.86
20.16	20.18			16.80	16.78
20.22	18.86			16.00	16.68
21.00	21.08			19.90	20.10
17.40	18.55			17.75	17.81
18.60	19.40			17.70	18.10
20.50	21.50			16.70	17.55
21.25	21.35			13.94	14.72
19.60	19.35			14.92	14.70
19.25	19.35			16.90	17.30
22.66	21.74			17.64	18.53
20.10	20.30				
17.56	16.76				
22.30	22.30				

자료 2 대한민국의 역대 올림픽 메달 수(하계)

종목	참가 연도															
	1948	1952	1956	1960	1964	1968	1972	1976	1984	1988	1992	1996	2000	2004	2008	2012
농구	0	0	0	0	0	0	0	0	1	0	0	0	0	0	0	0
레슬링	0	0	0	0	1	0	0	2	7	9	4	4	4	2	1	1
배구	0	0	0	0	0	1	0	0	0	0	0	0	0	0	0	0
배드민턴	0	0	0	0	0	0	0	0	0	0	4	4	2	4	3	1
복싱	1	1	1	0	1	2	0	0	3	4	2	1	0	2	1	1
사격	0	0	0	0	0	0	0	0	0	1	2	0	1	3	2	5
수영	0	0	0	0	0	0	0	0	0	0	0	0	0	0	2	2
야구	0	0	0	0	0	0	0	0	0	0	0	0	1	0	1	0
양궁	0	0	0	0	0	0	0	0	2	6	4	4	5	4	5	4
역도	1	1	1	0	0	0	0	0	0	2	1	0	0	2	3	0
유도	0	0	0	0	1	0	1	3	5	3	4	8	5	3	4	3
육상	0	0	0	0	0	0	0	0	0	0	1	1	0	0	0	0
체조	0	0	0	0	0	0	0	0	0	1	1	1	2	2	1	1
축구	0	0	0	0	0	0	0	0	0	0	0	0	0	0	0	1
탁구	0	0	0	0	0	0	0	0	0	4	5	2	1	3	2	1
태권도	0	0	0	0	0	0	0	0	0	0	0	0	4	4	4	2
펜싱	0	0	0	0	0	0	0	0	0	0	0	0	2	0	1	6
필드하키	0	0	0	0	0	0	0	0	0	1	0	1	1	0	0	0
핸드볼	0	0	0	0	0	0	0	0	1	2	1	1	0	1	1	0

참고문헌

1장 서론

1. 김병호, 현대 · 기아차 미판매 월 10만대 넘었다. 매일경제, 2009.9.

2. 남기현 · 문일호, '정몽구 WAY' 핵심도 협력사 품질, 매일경제, 2012.8.28.

3. 송준영, "굴러만 가면 팔린다" 졸작 양산, 맥킨지 한국재창조 보고서, 매일경제, 1998.4.6.

4. 세계경제, 중국 소비자 의식 조사, 2004.7. (WSJ 2004.7.6. 발췌)

5. Deming, W. E, Out of the Crisis, 21st Printing, 1993.

6. Hardie, N., The Effects of Quality on Business Performance, Quality Management Journal, 1998 5, No. 3, pp. 65-83.

7. ISO 9000:2015(E), Quality Management Systems-Fundamentals and vocabulary (4th ed.), ISO, 2015.9.15.

8. Matlack Carol and Ragozin Leonid, Russian Shoppers!, Bloomberg Businessweek, Dec. 29, 2014-Jan. 11, 2015, pp. 13-15.

9. Juran, J. M and F. M. Gryna, Quality Planning and Analysis (3rd. ed.), McGraw-Hill, 1993.

2장 품질의 발전 및 정의

1. Abbott, Lawrence, Quality and Competition, Columbia University Press Ch. 4 Basic and Derived Wants, Ch 6. Consumer's and Producer's Behavior, 1955.

2. ASQC's U. S. Musket: Link With QC History, Quality Progress, Vol. 3, No. 7, JULY 1970, p. 29.

3. Crosby, Philip B., Quality is free, New York, New American Library, 1979.

4. Feigenbaum A. V., Total Quality Control, 3rd. ed., McGraw-Hill, 1991.

5. Gabor Andrea, Deming demystifies the black art of statistics, Quality Progress, Vol. 24, No. 12, DECEMBER 1991, pp. 26-28.

6. Garvin David A., Managing quality, The Free Press, New York, 1988.

7. Grant, Eugene L.; Lang, Theodore E., Statistical Quality Control in the World War II Years, Quality Progress, Vol. 24, No. 12, DECEMBER 1991, pp. 31-36.

8. Hardie, N., The Effects of Quality on Business Performance, Quality Management Journal, 1998 5, No. 3, pp. 65-83.

9. Juran J. M & A. B. Godfrey (Co-Editors-in-Chief), Juran's Quality Handbook, 5th ed., McGraw-Hill, 1999.

10. Juran J. M., World War II and the Quality Movement, Quality Progress, Vol. 24, No. 12, DECEMBER 1991, pp. 19-24.

11. Juran, J. M., ed., Quality Control Handbook, Third Edition, New York, McGraw-Hill, 1974.

12. Lois Therrien, Business Week 1991, pp. 60-61.

13. McCreary, Robert M, Whence Cometh Quality Control?, Quality Progress, Vol. 9, No. 7, JULY 1976, p. 15.

14. Simon, Leslie E.; Cohen, A. Clifford Jr., Picatinny Arsenal 1934-1945, Quality Progress, Vol. 4, No. 5, MAY 1971, p. 70.

15. Wareham, Ralph E.; Stratton, Brad, Standards, Sampling, and Schooling, Quality Progress, Vol. 24, No. 12, DECEMBER 1991, pp. 38-42.

3장 품질 형성 이론

1. Abbott, Lawrence, Quality and Competition, Columbia University Press Ch. 4 Basic and Derived Wants, Ch 6. Consumer's and Producer's Behavior, 1955.

2. Golomski, William A, Quality Control - History In The Making, Quality Progress, Vol. 9, No. 7, JULY 1976, pp. 16-18.

3. Gryna, F. M., R. C. H. Chua and J. A. DeFeo, Juran's Quality Planning and Analysis, 5th ed, McGraw-Hill international ed., 2007.

4. Maslow, A. H., Motivation and Personality, 3rd ed., Harper and Row, 1987.

5. Noyes, C. Reinold, Economic Man In Relation To His Natural Environment (Two

Volumes Set). NY, Columbia University Press, 1948.

4장 품질과 마케팅

1. Berger, P. D. and R. E. Maurer, Experimental Design with Applications in Management, Engineering and the Sciences, Duxbury, 2002.
2. Dale, B. G. and J. S. Oakland, Quality improvement through standards, Stanley Thornes Ltd. 1991.
3. Deming, W. E., Out of the Crisis, MIT Center for Advanced Engineering Study, 1993.
4. ISO 9001:2015, Quality Management Systems-Requirements, ISO, 2015.
5. Kotler, P., Marketing Management, Prentice-Hall, 1980.
6. Kotler P. and G. Armstrong, Principles of Marketing, Prentice Hall, 2001, Ch. 1: Marketing in a Changing World: Creating Customer Value and Satisfaction.
7. Kotler P. and G. Armstrong, Principles of Marketing, Prentice Hall, 2001, Ch. 9: New-Product Development and Product Life-Cycle Strategies.
8. Levitt, Theodore, Marketing Myopia, Harvard Business Review, July-August 1960, pp. 45-56.
9. Priceline.com, survey questionaire on hotel usage.

5장 품질과 설계

1. Barrie Dale and John Oakland, Quality Improvement Through Standards, Stanley Thornes, Ltd., England. 1991.
2. ISO 9004:2000(E), Quality Management Systems-Guidelines for Performance Improvements, ISO, 2000.
3. ISO 9001:2015, Quality Management Systems-Requirements, ISO, 2015.
4. Quality by Design, AT&T Bell Laboratories, Quality Assurance Center, NJ, 1987.
5. Ronald G. Day, Quality function Deployment: Linking a Company with Its Customers, ASQC Quality Press, 1993.

6장 품질과 생산

1. ISO 9000: 2015, Quality Management Systems-Fundamentals and vocabulary, ISO, 2015.

2. ISO 9001:2015, Quality Management Systems-Requirements, ISO, 2015.

3. Maynard H. B. (editor-in-chief), Industrial Engineering Handbook, thrid edition, McGraw-Hill, 1971.

4. QuEST Forum, TL9000 Quality Management System Measurements Handbook, Release 3.0, 2001.

5. TL 9000 Quality System Requirements, Book One, Relase 2.5, 1999.

6. Turner W. C, J. H. Miae and K. E. Case, Introduction to Industrial and Systems Engineering, Prentice-Hall, 1978.

7. www.hyundai.com, Production Process.

7장 검사

1. 황의철, 품질경영 3판, 박영사, 1993.

2. Statistical quality control handbook, Western Electric Co., 1956.

3. Enrick, N. L., Quality Control and Reliability, Industrial Press Inc., 1972.

4. ISO/TR 8550-1 Guidance on the selection and usage of acceptance sampling systems for inspection of discrete items in lots-Part 1: Acceptance sampling, 2007.

5. Juran and Gryna, Quality Planning and Analysis, 1993.

8장 제품 리콜

1. Andrew Was, Avoiding recall shock, New Electronics, 53-54, 2004.

2. Hutchins, D., Managing a product recall, Qualityworld, 24, 30-33, 1998.

3. Directive of the Council of the European Communities, 25, (No. 85/374/EEC), 1985.

4. Gary H, Chao, Seyed M. R. Iravani and R. Canan Savaskan, Quality improvement

Incentives and Product Recall Cost Sharing Contacts, Management Science, vol. 55(7), 1122-1138, 2009.

5. ISO 9001 Quality management systems - Requirements, ISO, 2008.

6. Paul W. Beamish and Hari Bapuji, Toy Recalls and China: Emotion vs. Evidence, Management and Organization Review 4:2 197-209, 2008.

7. Recall Handbook, US Consumer Product Safety Commission, 1999.

8. Subrata Das, Safety aspects in children garment Part III: Product recall, Asian Textile Journal, 79-81, May, 2009.

9. Taylor, J. R., Quality Control Systems, McGraw-Hill international editions, 1989.

10. Trouble with recalls, Consumer Reports, 14-15, February, 2011.

11. White, T. and Pomponi, R., Gain a Competitive Edge by Preventing Recalls, Quality Progress, 41-49, August, 2003.

12. Yadong Luo, A Strategic Analysis of Product Recalls: The Role of Moral Degradation and Organization Control, Management and Organization Review 4:2, 183-196, 2008.

9장 신뢰성 경영

1. 원형규, 기초 신뢰성 공학, 한성대학교 출판부, 2010.

2. TPM 설비관리대백과사전 (1), 일본 플랜트 메인티넌스 협회, 편역: KMAC TPM 추진본부, 능률협회 컨설팅, 1996.

3. Bell Communications Research Reliability Manual, Special ReportSR-TSY-000385, Issue 1, 1986.

10장 경쟁 전략

1. 오승훈, '무트랜스 지방' 제품으로 안전성 강조 위기 돌파, AM7, 2008.11.20.

2. Deming, W. E., Out of the Crisis, MIT Center fo Advanced Engineering Study, 1986.

3. Gryna, F. M., R. C. H. Chua and J. A. Defeo, Juran's Quality Planning and Analysis, McGraw-Hill, 5th ed., 2007.

4. Juran, J. M. and A. D. Godfrey (co-editors-in-chief), Juran's Quality Handbook, McGraw-Hill, 5th ed., 1999.

5. Ono, Keinosuke and Tatsuyuki Negoro, The Stategic Management of Manufacturing Businesses, 3A Corporation, Tokyo, Japan, 1992.

11장 공정 정의

1. Gitlow Howard S., Alan J. Oppenheim, Rosa Openheim and David M. Levine, Quality Management, 3ed. McGraw-Hill, 2005.

2. ISO 9000:2015 Quality Management Systems-Fundamentals and vocabulary, ISO, 2015.

3. ISO 9001:2015, Quality Management Systems-Requirements, ISO, 2015.

4. Ono Keinosuke and Tatsuyuki Negoro, The Strategic Management of Manufacturing Businesses, 3A Corporation, 1990.

5. Juran, J. M. and F. M. Gryna, Quality Planning and Analysis, McGraw-Hill, 1993.

6. Statistical Quality Control Handbook, Western Electric, 1956.

12장 공정 성능평가

1. ISO 9000:2015 Quality Management Systems-Fundamentals and vocabulary, ISO, 2015.

2. ISO 9001:2015, Quality Management Systems-Requirements, ISO, 2015.

3. Juran J. M & A. B. Godfrey (Co-Editors-in-Chief), Juran's Quality Handbook, 5th ed., McGraw-Hill, 1999.

4. Juran, J. M and F. M. Gryna, Quality Planning and Analysis (3rd. ed.), McGraw-Hill, 1993.

5. Peace, G. H., Taguchi Methods: a Hands-on Approach, Addison-Wesley, 1993.

6. Phadke, M. S., Quality Engineering Using Robust Design, Prentice-Hall, 1989.

7. Ross, P. J., Taguchi Techniques for Quality Engineering, McGraw-Hill, 1988.

8. Thuesen H. G. , W. J. Fabrycky, G. J. Thuesen, Engineering Economy (5th Ed.), Prentice-Hall, 1977.

13장 품질시스템 모형

1. 엄성필, "한미FTA 6개월 ⋯ 코트라 북미 무역관장 좌담회", 매일경제, 2012.10.13.

2. Deming, W. Edwards, Out of the Crisis, MIT, Center for Advanced Engineering Study, Cambridge, Mass, 1986.

3. Gryna, Frank M., Quality Planning and Analysis, McGRAW-HILL BOOK COMPAY, International Edition, 2001.

4. Juran, Joseph M and A. Blanton Godfrey, co-editors-in-chief, Juran's Quality Handbook, McGraw-Hill, 1999.

5. Maynard, H. B., editor-in-chief, Industrial Engineering Handbook, McGRAW-HILL BOOK COMPAY, 1971.

6. Moen, Ronald and Clifford Norman, Evolution of the PDCA Cycle, http://pkpinc.com/files/NA01MoenNormanFullpaper.pdf.

7. International Standard ISO 9001: 2015, Quality management systems‐Requirements, 5th ed., ISO, 2015.09.15.

8. The American Heritage Dictionary of the English Language, https://ahdictionary.com/word/search.html?q=system

14장 ISO 9001 품질경영 시스템

1. Juran, J. M. and F. M. Gryna, Quality planning and analysis, 3[rd]ed. McGraw-Hill, 1993.

2. ISO 9000:2015(E), Quality management systems-Fundamentals and vocabulary, 2015, ISO.

3. ISO 9001:2015(E), Quality management systems-Requirements, 2015, ISO.

4. ISO 9004-4:1993(E), Quality management and quality system elements, Part 4: Guidelines for quality improvement, 1993, ISO.

15장 품질개선 기법

1. 김성욱, 신희범, 유우영, 이호빈, 미국 중고차 가격 조사, 출처: www.kbb.com, 2016.

2. 김소진, 장민주. 에스프레소 제조공정 측정 데이터, 2016.

3. 원정현, 1.5 볼트 건전지의 무게와 전압 측정, 2015.

4. 원형규, 품질경영 및 분석, 한성대 출판부, 2004.

5. 이성희, 홍경택, 세탁공정 측정 데이터, 2017.

6. Feigenbaum, A. V., Total Quality Control, 3rd ed., McGraw-Hill, 1981.

7. ISO 9004-4:1993, Quality Management and Quality System Elements Part 4: Guidelines for Quality Improvement, Annex A Supporting Tools and Techniques, ISO, 1993.

8. Juran, J. M. and F. M. Gryna., Quality Planning and Analysis, McGraw-Hill 1993.

9. Kume, Hitoshi, StatisticalMethods for Quality Improvement,3A Corporation, Tokyo, Japan, 1985.

10. Maynard, H. B. (editor-in-chief), Industrial Engineering Handbook, 3rd ed., McGraw-Hill, 1971.

11. Statistical Quality Control Handbook, 9th Printing, Western Electric Co., 1984.

찾아보기

(ㄱ)

가격	12
가격차별화	165
가공	174
가공물질	172
가공성	96
가공작업	96
가내수공업	30
가설검증	209, 212
가설설정	209
가용도	140
가중 경제적 효율성	190
가치 공학(valude engineering)	99
가치 사슬(value chain)	18
가치화의 과정(the process of valuation)	45
가피 원인들(assignable causes)	110
강건 설계(robust design)	28
개념 설계	76
개선	13, 221
개인의 가치 시스템	44
객관적 의사결정	208
검사	24
검사 지점	96
검사 활동	24
검사절차	96
게이지	93
결과물	170
결점수 관리도	25
결함	15
결함 나무 분석법	76
결함 예방	24
결함으로부터의 자유(freedom from deficiency)	30
경로	145
경영 시스템	223

경영 전략	17
경영성과	13
경영활동	185
경쟁력	14
경제성	12
경제적 효율성	189
계약 협정서	222
고객	206
고객 검사	212
고객 만족	13, 30
고객 요구사항	61, 222
고객 중심	221
고객의 만족도 검사	106
고객의 소리	61
고객의 요구사항	13
고유 변동	94, 107
고장	140
고장 간 평균 시간(MTBF)	33
고장률	33, 141
고정 입력물	172
고정구	24
공간적 변환	173
공공재	171
공급능력	96
공급자	206
공급자 품질관리	24
공정	87, 169, 206, 221
공정 능력	64
공정 모형	89
공정 변경	97
공정 불량률	114
공정 접근방식	223
공정 접근법(process approach)	90, 206
공정 표준서	222
공정검사(process inspection)	105, 112

공정능력 110, 194

공정능력 연구 97

공정도(process charts) 98, 233

공정설계(process design) 185

공정의 기본 요소 88

공정의 부가가치 184

공정의 불량률 191

공차 96

공통 변동 94

공학 185

과대지역 162

과학적 방법론 209

관계 221

관련성 표시도 76

관리도 25, 97, 113, 194

관찰 209

교체(replacement) 150

교체율 150

구성원들의 참여 221

구현 설계 76

국가 표준 29

국제 표준화 기구(ISO: the International
Organization for Standardization) 219

국제 품질 규격 29

국제표준 16

규격 33, 95

규격 중심 33

규격적합성 193

그램 분석 194

근시안적 마케팅 58

기반시설 171

기본 욕구 42

기술 규격서 222

기술 위원회 219

기술 혁신(innovation) 52

기업의 이미지 14

기준면 96

길드 24

(ㄴ)

납기 12

낭비요소 13

내구성(durability) 12, 28, 34

내부 실패 비용 194

내부감사 106

내재적 변동 94

노년기 142

노동 생활의 질(quality of work life) 186

노동력 16, 171

노이즈(C. Reinold Noyes) 42

누적분포함수 141

(ㄷ)

다구치(Taguchi) 28

다중활동공정도(multiple activity process charts) 98

단조 96

대량 생산 23, 30

대량 생산 체제 24

대량 시장(mass market) 49

데밍(W. Edwards Deming) 26, 208

도구 171

도면 171

도지(Harold F. Dodge) 25

동시 공학 74

동작연구(motion study) 98

디자인 12

디자인 품질(quality of design) 30

(ㄹ)

라이프사이클 138

래드퍼드(G. S. Radford) 24

랜덤 139, 244

랜덤 변동(random variation) 93, 94

랜덤 변동요인(common causes of variation) 94

런 차트	194
로믹(Harry G. Romig)	25
로트(lot)	111
리콜	121
리콜 프로그램	122

(ㅁ)

마모고장기간	141
마모기(wearout)	142
마케팅 기능	57
만족의 최적점(optimum point)	49
매슬로우(Maslow)	42
명성	14
명품	15
모형개발	149
모형화	95
목표 디자인(target design)	63
목표 시장(target market)	61
무결점(Zero Defect) 운동	27
무작위	139
무작위형 변동	94
문명화	41
문서화	97
물질적 효율성	189
물품(하드웨어)	172
밀도함수	141

(ㅂ)

반제품	170, 171
반조립품	96
번인(burn-in)	148
범위	25
법적 요구서	222
벤치마킹	61
벨 연구소	25
변동량	94

변동성(variation)	91, 192
변환활동	88, 169, 170
병렬	144
병렬 시스템	144, 145
보증 활동	26
보증비용	13
보편적(common)	244
보편적 성능(universal performance)	33
부가 기능	28
부가가치	88, 183
부가적 성능(features)	33
부산물	172
부적합품	107, 191, 207
부트레깅(bootlegging)	60
부품	96
부품들 간의 일치성(compatibility)	77
부품의 상호 교환	24
부품의 신뢰도	113
부품의 호환성	24
부하(environmental stresses)	143
분류작업(sorting)	109
분산	94
불량	91
불량 개수	25
불량률	25, 111
불량률 관리도(P 차트)	245
불량품	15, 91, 92, 191, 207
불만족	13
브랜드	16
블록	144
비규격품	105, 107
비극적 고장(catastrophic failuresd)	143
비수리가능 제품군	140
비용	26, 185
비용절감	97
비작동	140
비지정형 변동	94
비차별지역	161

(ㅅ)

사회적 불균형	16
산업 자본가	16
산업 혁명	23
산업별 국제 규격	29
산점도(scatter diagram)	242
산포성	244
삼차 출력물	192
상관관계	79, 242
상세 설계	76
상세도면	96
샘플 크기	114, 116
샘플링	61
샘플링 검사	98, 109
샘플링 계획	25
샘플링 에러(sampling errors)	112
샘플링에 의한 검사기법	194
생리적 욕구(physiological needs)	42
생리적 평형성으로부터 벗어남(deviations from homeostasis)	42
생산 공정의 효율성	189
생산 비용	13
생산성	189
생산성 증가	13
생산자의 행동	49
서베이	61
서브 샘플	97
서브그룹(subgroup)	244
서비스	12, 89, 172
서비스 능력	28, 34
선도 마케팅(pilot marketing)	51
선도기업	163
선행	175
설계 검토	75
설계 결함 형태 및 영향 분석법	75
설계 단계	28
설계 품질	74
설계 프로그램	75
설계개요(design brief)	63
설계목표	147
설비	171
설치	150
성능(performance)	12, 28, 32
소량 생산 체제	24
소속감 및 사랑에 대한 욕구(belongingness and love needs)	43
소프트웨어	89, 172
손실 함수(loss function)	33
수락 기준수(acceptable number)	114, 116
수락 샘플링 계획(acceptance sampling plan)	113
수락 샘플링 절차 시스템	25
수락 샘플링 테이블	29
수락 확률	116
수락검사(acceptance inspection)	106
수리(repair)	13, 150
수리가능 제품군	140
수리불가능 제품군	140
수리적 모형	95
수명주기	138
수명특성곡선	141
수익 증대	13
수익성(profitability)	186, 189
수정(corrective)	138
수정 분류작업(corrective sorting)	110
수치 자료	209
수치지표	94
순환시간(cycle time)	186
슈하트(W. A. Shewhart)	25, 209
스크리닝(screening)	148
시각 검사	93
시간(time study)연구	99
시간성(timeliness)	186
시간적 변환	173
시너지 효과	62
시뮬레이션 기법	76

시스템	221, 223	애보트(Abbott)		39
시스템 이상(system troubles, system faults)	144	양의 상관		242
시스템 정의 단계	147	양품		93
시작품 생산(pilot run)	97	연쇄반응		13
시장 점유율	13	예방(preventive)		138
시장 조사	51	예방 비용		194
시장 준비 상황 검토	64	예측		95
시제품	96	외부 실패 비용		194
시제품 설계도면	96	요구사항		222
시험 검사	24	욕구(wants)		42
신뢰도	138	욕구 무리(constellation of wants)	43, 45
신뢰도 예측	113	욕구의 단계론		42
신뢰도 함수	141	욕조곡선(bath tub curve)		141
신뢰성(reliability)	12, 28, 33, 138	용도의 적합성(fitness for use)		31
신뢰성 검사	106, 113	우발고장기간		141
신뢰성 공학	27	우발적 고장(random failures)		143
신뢰성 구조	144	우연 고장(chance failures)		143
신뢰성 블록 다이어그램(reliability block diagram)	144	워크 샘플링(work sampling)		99
신뢰성 예측	76	원료		171
신뢰성 프로그램	146, 150	원인		244
신제품 개발	59	원인-결과 다이어그램		240
신제품 개발 필요성	60	원자재		170
신제품 아이디어 수집	60	웨스턴 일렉트릭(Western Electric)		25
실수	13	위험성 평가 도구		75
실질 입력물	172	위험지역		161
실험 계획법(disign of experiments)	28, 98	유년기		142
실험수행	209	유아기(infant mortality)		142
심미성	28, 34	유연성(flexibility)		186
		유용 수명(useful life)		143
		유틸리티		171

(ㅇ)

		음의 상관		242
아이디어 심사	62	의사결정		221
안전 욕구(safety needs)	43	이익 증대		13
안전기준	123	이중구조(redundancy)		147
안전성	12, 109	이차 출력물		172
안정기(steady state)	142	인과관계		240
안정성	97, 107, 194	인도 시간(lead time)		96
압형작업(stamping)	96	인터페이스 설계에 대한 관리		77

일차 출력물 172
일치성 28, 31
임무 종속적 성능 32
입고검사 105
입력물 88, 170

(ㅈ)

자금 조달(financing) 18
자동차 산업 규격 29
자동화 24
자아실현을 위한 욕구(self-actualization needs) 43
자재 171
작동 140
작업 순서 96
작업 표준 24
작업공정도(operation process charts) 98
작업분석(operation analysis) 98
작업상 분류작업(operational sorting) 110
작업시간 표준 96
작업지시서 171
장기적 불량률 98
장비 171
장소적 변환 174
재무경영 시스템 224
재작업 13
적응성(adaptability) 186
적합성 품질(quality of conformance) 30
전 공정 206
전략적 품질 경영 28
전방위 전략(omnidirectional strategy) 161, 163
전수검사(screening) 109
정규분포 235
정규분포이론 194
정기적 점검 105
정보 171
정제물 89
정체 상태(stationary state) 51

정체된 사회(stationary society) 51
제조 지시서 점검(checking the manufacturing instructions) 77
제조물 책임법 시행 77
제조용 설계 77
제조용 설계도면 96
제품 88, 170
제품 개념서(product concept) 62
제품 요구사항 222
제품 자격(product qualification) 149
제품 표준서 222
제품군의 다양성 160
제품력(product power) 160
제품리콜 121
제품리콜 절차 130
제품리콜위원회 126
제품사양(product specification) 63
제품설계 147
제품설계공정(product design process) 184
제품안전 프로그램 122
제품의 다양성 40, 50
제품의 복잡성 40
제품의 수명 139
제품의 안전성 121
제품 차별화(product differentiation) 161, 165
제품특성(product features) 30
조립품 96
조립활동 174
존경(esteem needs)에 대한 욕구 43
주조 96
중심성 244
중요성 16
지그 24
지도력 221
지속적 품질개선활동 15
지정형(또는 가피) 변동(assignable variation) 94
직렬 143
직렬 시스템 143, 145

진화적 과정　　　　　　　　　　　51
집중 전략(focused strategy)　　　161

(ㅊ)

차별화　　　　　　　　　　　　164
첫 고장까지의 평균 시간(MTTF)　33
청장년기　　　　　　　　　　　142
체크 시트　　　　　　　　231, 233
초기 결함　　　　　　　　　　142
초기고장기간　　　　　　　　　141
최빈수　　　　　　　　　　　　235
최소변동　　　　　　　　　　　107
최적 가용 물품(optimum available variety)　46
최적 거래 물품(optimum bargain)　48
최적 이상적 물품(optimum conceivable variety) 46
추적연구(tracking study)　　　　150
추정 최적 물품(estimated optimum)　47
출력물　　　　　　　　　　88, 170
출하검사　　　　　　　　　　　105
측정　　　　　　　　　　24, 209
측정구　　　　　　　　　　　　24
치수　　　　　　　　　　　　　96

(ㅋ)

크레이사(Cray Research)　　　　29

(ㅌ)

타당성 조사(feasibility study)　　63
테일러(Frederick W. Taylor)　24, 207
통계값　　　　　　　　　　　　244
통계량　　　　　　　　　　　　97
통계모형　　　　　　　　　　　194
통계적 관리 상태　　　　　　　95
통계적 샘플링 기법　　　　　　97
통계적 안정성　　　　　　　　107

통계학　　　　　　　　　　25, 95
통로(path)　　　　　　　　　　145
통신 산업 규격　　　　　　　　30
통화의 가치하락　　　　　　　17
특별 변동(special variation)　93, 94
특별 변동요인(special causes of variation)　94
특별(special 또는 지정assignable) 원인　235, 244

(ㅍ)

파괴검사　　　　　　　　　　　111
파레토 법칙　　　　　　　　　238
파레토 분석　　　　　　　　　194
파레토 차트　　　　　　　　　238
파생 욕구(a derived want)　　　42
평가 비용　　　　　　　　　　194
평균　　　　　　　　　　　　　25
평균비율　　　　　　　　　　　140
평형 위치(equilibrium position)　52
폐기물의 감소　　　　　　　　13
포커스 그룹　　　　　　　　　61
표준편차　　　　　　　　　　　94
표준화　　　　　　　　　　　　29
표준화 기구　　　　　　　　　29
표준화 운동　　　　　　　　　29
푸아송 확률 분포　　　　　　　117
품질　　　　　　　　　　12, 189
품질 공학　　　　　　　　　　28
품질 기능 전개(QFD: Quality Function Deployment) 78
품질 기준　　　　　　　　　　91
품질 매뉴얼　　　　　　　　　25
품질 목표　　　　　　　　　　78
품질 변동　　　　　　　　　　93
품질 보증　　　　　　　　　　25
품질 비용　　　　　　　　　　92
품질 선택 이론　　　　　　　　43
품질 수준　　　　　　　　　　92
품질 인지성　　　　　　　　　28

품질 특성 78
품질경영 90, 185
품질경영 시스템 90, 223
품질경영 시스템 요구사항 222
품질관리 핸드북 26
품질군(the set of qualities) 52
품질의 집(house of quality) 80
프로젝트 제안 62
프리미엄 190
프리미엄 가격 14
피드백 루프 208
피할 수 없는 비용 26
피할 수 있는 분류작업(avoidable sorting) 110
피할 수 있는 비용 26

(ㅎ)

하드웨어 89
한계효용 162
합격품 92
항공 산업 규격 29
허용 간격 33
허용차 33, 75
혁신성(innovation) 186
현 공정 206
현장추적(field tracking) 150
형상 관리(configuration control) 77
형태적 변환 173
호손(Hawthorne) 공장 25
확률(probability) 139
환경 분야의 국제 규격 29
환경경영 시스템 224
효과성(effectiveness) 186
효과지역 162
효율성(efficiency) 186
후 공정 206
후속 공정 175
휘트니 공장(Whitney plant) 24
흐름공정도(flow process charts) 98
흐름도(flow diagram) 234
히스토그램 235
히스토그램 분석 98, 235

(기타)

AS 9000 30
C 차트 247
DOA(Dead-On-Arrival) 150
ISO 14000 29
ISO 9000 29
ISO 9001 16
NP 차트 247
P 차트 247
PDCA 사이클(Plan-Do-Check-Act cycle) 206, 208, 209
QFD 행렬 형태 78
QS 9000 29
QuEST 92
R 차트 247
r-out-of-n 시스템 146
S 차트 247
TL 9000 30
U 차트 247
$\bar{X}$ 차트 247
0의 상관성 242
100% 검사 109
3자 검사 212
6시그마(six sigma) 운동 29
7가지 기법들(magnificent 7 QC tools) 98